建设工程消防系列丛书

建设工程消防设计·施工·验收案例精解900问

张 燕 鲍万民 宋作俊 主 编

中国建设科技出版社有限责任公司
China Construction Science and Technology Press Co., Ltd.

北 京

图书在版编目（CIP）数据

建设工程消防设计·施工·验收案例精解900问 / 张燕，鲍万民，宋作俊主编. -- 北京：中国建设科技出版社有限责任公司，2025.6（2025.11重印）. --（建设工程消防系列丛书）.
ISBN 978-7-5160-4514-5

Ⅰ．TU892-44

中国国家版本馆CIP数据核字第2025QN0796号

建设工程消防设计·施工·验收案例精解900问
JIANSHE GONGCHENG XIAOFANG SHEJI·SHIGONG·YANSHOU
ANLI JINGJIE 900 WEN
张　燕　鲍万民　宋作俊　主　编

出版发行：	中国建设科技出版社有限责任公司
地　　址：	北京市西城区白纸坊东街2号院6号楼
邮　　编：	100054
经　　销：	全国各地新华书店
印　　刷：	北京雁林吉兆印刷有限公司
开　　本：	787mm×1092mm　1/16
印　　张：	15.75
字　　数：	360千字
版　　次：	2025年6月第1版
印　　次：	2025年11月第3次
定　　价：	98.00元

本社网址：www.jskjcbs.com，微信公众号：zgjskjcbs
请选用正版图书，采购、销售盗版图书属违法行为
版权专有，盗版必究。 本社法律顾问：北京天驰君泰律师事务所，张杰律师
举报信箱：zhangjie@tiantailaw.com　举报电话：(010)63567684
本书如有印装质量问题，由我社事业发展中心负责调换，联系电话：(010)63567692

作 者 简 介

张　燕　工程管理硕士，拥有注册电气工程师、一级注册消防工程师、注册安全工程师等执业资格，是中国工程建设标准化协会建筑防火专业委员会委员、全国建筑防火行业高端智库专家，同时担任中国消防协会、山东消防协会及淄博市消防设计审查验收专家。作为"牛丫头消防课堂"的创办人和主讲老师，张燕在学术著作方面成果丰硕，担任《石油化工工程消防设计审查验收案例及常见问题解析》主编、《建设工程消防施工及验收常见问题解析》副主编，还参与编写了《公众消防安全教育培训教程》，参与编制了山东省《建筑工程施工现场消防技术及检查标准》（DB37/T 5290—2024），《建设工程消防设计文件编制标准》（DB37/T 5311—2025）等多项地方标准，并担任山东省多个消防设计技术指引的评审专家。参与的项目在2023年及2024年山东建设科技创新成果竞赛中荣获二等奖。连续担任山东省淄博市消防审验技能竞赛裁判长的经历，充分彰显其在消防工程领域专业知识与实践经验的广泛影响力。

鲍万民　硕士研究生，高级工程师，现任淄博市建筑工程质量安全环保监督站消防技术服务科负责人，是淄博市政协委员、民建淄博市委会委员，具备注册公用设备师（给排水）、一级注册消防工程师、一级建造师、一级造价工程师、监理工程师等多项执业资格。在专业竞赛中，鲍万民成绩斐然，荣获首届山东省消防工程查验技能竞赛个人一等奖、第二届山东省建设工程消防设计审查验收技能竞赛决赛个人特等奖，还曾获得山东省建设技术创新奖、淄博市科技进步奖、青岛市科技进步奖等荣誉。在学术著作与标准编制方面，鲍万民主持编写了《淄博市建设工程消防验收技术指引》，主编《建设工程消防施工及验收常见问题解析》《石油化工工程消防设计审查验收案例及常见问题解析》等多部著作，主编《建筑工程施工现场消防技术及检查标准》（DB37/T 5290—2024），《山东省石化工程消防设计审查技术指南》两项山东省工程建设标准。此外，他研发了《消火栓充实水柱实验测试装置》等七项实用新型专利，并在山东省建设科技创新成果竞赛中获得一等奖1项、二等奖2项，展现出卓越的专业能力与创新精神。

宋作俊　一级注册消防工程师，现任淄博市消防救援支队高级工程师，毕业于山东建筑大学土木工程系。长期专注于消防监督及建筑工程消防审验工作，因在消防监督工作中的突出表现荣立三等功一次，并被山东省消防救援总队评为全省消防救援队伍防火监督领域优秀人才。宋作俊在专业学术领域成果显著，在《今日消防》《中国建材科技》《城市建筑》《中国新技术新产品》等专业期刊发表论文20余篇，具备深厚的专业知识与丰富的实践经验。

编　委　会

主编单位： 淄博市建设工程消防协会
参编单位： 山东通达工程建设有限公司
　　　　　　 山东众友安全技术有限公司
　　　　　　 牛丫头消防技术服务（惠民县）有限公司
主　　编： 张　燕　鲍万民　宋作俊
副 主 编： 王　宁　胡　博　王衍荣　赵　卫　马　超　徐盛世
参　　编： 朱名岩　陈涵琪　张　尧　史晓阳　李健斌　王书宝
　　　　　　 李　峰　吴建清　董　玉　阚光成　王东莲　孙　超
　　　　　　 付长泰　杨　妍　方云宝　何德斌　柳光泽　刘　涛
　　　　　　 邓　康　杨文喆　李成豪　毕方波　高　尚　许　可
　　　　　　 尚　涛　王海川　刘洪杰

序 言

在城市化进程加速与建筑功能多元化的当下，消防安全已成为社会可持续发展的关键议题。新兴业态场所如剧本杀、密室逃脱、电动汽车分散充电设施等，以及超高层建筑与弱势群体场所（如老年人照料设施、中小学校、病房楼等）的消防设计与审查验收面临前所未有的挑战。传统消防审查验收模式向智能化、数据化转型迫在眉睫，此时，一部兼具理论深度与实践价值的专业参考资料，对行业发展意义重大。

《建设工程消防设计·施工·验收案例精解 900 问》一书由全国建筑防火行业高端智库专家张燕领衔，携手第二届山东省建设工程消防设计审查验收技能竞赛决赛个人特等奖获得者鲍万民，联合全国 15 省份注册消防工程师，基于《消防设施通用规范》（GB 55036—2022）、《建筑防火通用规范》（GB 55037—2022）的实施应用，系统梳理了 900 余个消防工程现场问题案例，直击超高层建筑避难层设置、电动车充电设施防火隔离、公共厨房防火、排烟系统效能等高频难点，为行业提供了极具针对性的解决方案。本书内容覆盖较全面，紧密结合相关规范，通过案例对比与解析，揭示设计、施工、验收中的技术盲区，对新兴业态场所与弱势群体场所的消防隐患提出了差异化设计策略，为行业提供了可复用的审查验收指导框架。

本书不仅是实践案例的集合，更是行业智慧的结晶。作者团队将多年积累的专业知识与实战经验倾囊相授，确保了本书内容的广泛适用性与实践指导性。本书是对"主动安全"理念的践行，推动行业从"被动合规"向"主动安全"转型，助力从业人员提升专业知识与实践能力，并增强了其对专业的认同感与使命感。

科技、人才与责任的共同进步和提升，是巩固城市安全的基础，是实现人类对美好生活追求的途径。本书为读者提供了可靠的工作实践参考，是消防设计、施工、验收及管理人员的得力"助手"，更希望能够提升全社会对消防安全的重视程度。

消防资源网
2025 年 4 月

前　言

随着城市化进程的加速和建筑功能的多元化，消防安全已经成为社会可持续发展的关键议题。剧本杀、密室逃脱、电动汽车分散充电设施等新业态的涌现，加之超高层建筑和弱势群体场所（如老年人照料设施、中小学校、病房楼等）的结构与功能日益复杂，给传统的消防审验模式带来了前所未有的挑战。目前，消防审验工作正从人工化向智能化、数据化转型，亟需科技支撑与人才升级，筑牢建设工程安全的防线，坚守社会责任底线。

本书以《消防设施通用规范》（GB 55036—2022）和《建筑防火通用规范》（GB 55037—2022）的实施为背景，结合城市更新与既有建筑改造的实际需求，系统梳理了932个消防工程全周期案例，旨在为行业提供具有理论深度与实践价值的参考资料。全书涵盖以下内容：

特殊功能场所的消防问题：关注避难间、病房楼、儿童活动场所等传统高危区域，以及剧本杀、密室逃脱、撬装式加油装置等新兴业态存在的消防隐患，提出针对性解决方案。

弱势群体场所保护与新业态应对：针对老年人、儿童、病患等群体的建筑防火需求，制定差异化设计策略；同时为新兴业态提供可复制的消防审验框架。

消防工程全链条技术解析：包括消防设备用房设计、建筑防火优化、灭火设施配置、防排烟通风系统调试及消防电气工程验收要点，通过案例对比和规范解读，揭示设计、施工、验收中的技术盲区。

本书由全国建筑防火行业高端智库专家张燕（牛丫头老师）牵头，联合全国15个省份的注册消防工程师团队，基于2023—2025年消防审验改革实践中的典型案例编撰而成。书中直击超高层建筑避难层设置、电动汽车充电设施防火隔离、公共厨房排烟系统效能等高频难点问题，提供规范解读与改进建议。同时，本书着重强调消防从业者的专业认同感与使命感，推动行业从"被动合规"向"主动安全"转型。

本书的完成，得益于消防资源网石峥嵘老师等业内专家的悉心指导、各地一线注册消防工程师的无私分享，以及"牛丫头消防课堂"的技术支持与案例积累。尽管编者力求内容准确且具有前瞻性，但鉴于行业发展迅速，加之编者水平有限，书中难免存在疏漏，恳请广大读者批评指正。

我们期望本书能为消防设计、施工、验收及管理人员提供切实帮助，更希望借此加深全社会对消防安全的理解——唯有科技与人才协同进步，方能夯实城市安全根基，保障人们对美好生活的不懈追求。

编　者

2025年2月

目 录

1 特殊功能、特殊场所及新业态消防问题 ························· 1
- 1.1 避难间 ·· 1
- 1.2 避难层 ·· 4
- 1.3 病房楼、手术部 ·· 7
- 1.4 裙房与高层主体防火 ··· 15
- 1.5 商业服务网点 ·· 17
- 1.6 公共厨房 ··· 19
- 1.7 老年人照料设施 ·· 23
- 1.8 托儿所、幼儿园、儿童活动场所 ···························· 28
- 1.9 中小学校、校外培训机构 ···································· 32
- 1.10 电影院 ··· 37
- 1.11 住宅建筑 ·· 45
- 1.12 剧本杀、密室逃脱类 ······································· 52
- 1.13 加油站、撬装式加油装置 ·································· 58
- 1.14 电动汽车分散充电设施 ····································· 66

2 消防设备用房 ·· 72
- 2.1 消防水泵房、高位水箱间 ···································· 72
- 2.2 消防控制室 ··· 76
- 2.3 变电所、配电室、变压器室 ································· 80
- 2.4 柴油发电机房 ·· 84
- 2.5 锅炉房 ··· 88
- 2.6 防烟、排烟机房,补风机房 ································· 91

3 建筑防火 ··· 94
- 3.1 建筑类别定性 ·· 94
- 3.2 总平面布局 ··· 99
- 3.3 消防救援设施 ·· 102
- 3.4 建筑构件、构造防火和耐火等级 ···························· 107
- 3.5 平面布置 ··· 111
- 3.6 安全疏散 ··· 120
- 3.7 防火分隔设施 ·· 128
- 3.8 外墙保温材料 ·· 139
- 3.9 建筑内部装修和二次装修 ···································· 142

4 灭火设施 ··· 147
- 4.1 消防供水系统 ·· 147

		4.2	消火栓系统	152
		4.3	自动喷水灭火系统	156
		4.4	自动跟踪定位射流灭火系统	165
		4.5	厨房专用灭火装置	168
		4.6	气体灭火系统	169
		4.7	干粉灭火系统	174
		4.8	水喷雾灭火系统	176
		4.9	细水雾灭火系统	179
		4.10	泡沫灭火系统	183
		4.11	灭火器	186
5	防排烟及通风设施			189
		5.1	防烟设施	189
		5.2	排烟系统	194
		5.3	通风、空调系统	206
6	消防电气			210
		6.1	消防供配电及电气	210
		6.2	火灾自动报警系统	215
		6.3	应急照明和疏散指示标志	230

1 特殊功能、特殊场所及新业态消防问题

1.1 避 难 间

问题1：避难间数量不足，未能保证老年人照料设施的每座疏散楼梯间的相邻部位设置1间避难间。

参考规范：《建筑设计防火规范（2018年版）》（GB 50016—2014）第5.5.24A条

解析：3层及3层以上总建筑面积大于3000m²（包括设置在其他建筑内3层及以上楼层）的老年人照料设施，应在2层及以上各层老年人照料设施部分的每座疏散楼梯间的相邻部位设置1间避难间；当老年人照料设施设置与疏散楼梯或安全出口直接连通的开敞式外廊、与疏散走道直接连通且符合人员避难要求的室外平台等时，可不设置避难间。

问题2：避难间设置位置不符合规范要求，未靠近楼梯间。避难间应设置在靠近疏散楼梯间等方便人员就近疏散至其他安全区域的位置，供无法在火灾或烟气危及人身安全前及时疏散至安全区的人员临时停留、等待救援使用。

参考规范：《建筑防火通用规范》（GB 55037—2022）第7.1.16条

解析：避难间应靠近疏散楼梯间，以便人员就近疏散至其他安全区域，供无法在火灾或烟气危及人身安全前及时疏散至安全区的人员临时停留、等待救援使用。

问题3：未设置独立避难间的建筑，错误利用消防电梯与防烟楼梯间的合用前室、消防专用通道的楼梯间前室兼作楼层的避难间，影响消防救援行动。

参考规范：《建筑设计防火规范（2018年版）》（GB 50016—2014）第5.5.24条

解析：在火灾时建筑中需要避难的人数较少的楼层，可以利用防烟楼梯间的前室或消防电梯的前室，通过适当增加前室的净面积为人员提供避难场所，而不需要单独设置避难间。为避免影响消防救援行动，不应利用消防电梯与防烟楼梯间的合用前室、消防专用通道的楼梯间前室兼作楼层的避难间。

问题4：对于利用护士站、药品备品库房、医护人员休息室、档案室、管理员值班室、开敞式外廊兼作避难间的情况，物品、会议桌、设备存放较多，未采取保证避难区净面积的措施。

参考规范：《建筑设计防火规范（2018年版）》（GB 50016—2014）第5.5.24条、第5.5.24A条

解析：避难间内避难区的净面积是可以供避难人员及相关辅助设施停留的面积，如病床、轮椅、救生器材和设备等。避难区的净面积应满足避难间所在区域设计避难人数避难的要求，医疗建筑避难间净面积应按每个护理单元不小于25.0m²确定；老年人照料设施

避难间内可供避难的净面积不应小于 $12m^2$。

问题 5：为统一装修风格，避难间的门未采用甲级防火门，常见的错误是使用普通门或精装门。

参考规范：《建筑防火通用规范》(GB 55037—2022) 第 7.1.16 条

解析：避难间属于火灾时仍需继续使用的场所，其防火分隔要求不应低于其他类似功能房间的防火分隔要求，即应采用耐火极限不低于 2.0h 的防火隔墙和甲级防火门与其他部位分隔。

问题 6：避难间外窗的耐火极限不符合要求，常见的错误是使用普通的铝合金窗或采用耐火窗，C 类玻璃不能满足防火窗耐火隔热性要求。

参考规范：《建筑防火通用规范》(GB 55037—2022) 第 7.1.16 条、第 6.4.7 条

解析：当建筑设置避难间、避难层时，避难间的外窗、避难层上避难区的外窗、避难层上连通避难区的走道对应部位的外窗，均需要采用甲级、乙级防火窗。本规范规定的甲级、乙级和丙级防火窗均为隔热防火窗，属于《防火窗》(GB 16809—2008) 规定的 A 类防火窗。乙级防火窗为耐火完整性能和耐火隔热性能均不低于 1.00h 的隔热防火窗。C 类防火窗不具有隔热性，不能作为乙级防火窗使用。

问题 7：兼作避难间的其他房间，内部装修材料的燃烧性能不符合要求，个别房间墙面、地面使用燃烧性能为 B_1 级的装修材料，不符合规范要求。

参考规范：《建筑防火通用规范》(GB 55037—2022) 第 6.5.3 条

解析：避难间或避难层是在建筑发生火灾时供人员避难的重要区域，应严格控制其中的火灾荷载。规范规定建筑内这些区域中顶棚、墙面和地面内部装修材料的燃烧性能均应为 A 级。

问题 8：避难间未按照规范要求设置软管卷盘。

参考规范：《建筑防火通用规范》(GB 55037—2022) 第 7.1.16 条

解析：消防软管卷盘是由阀门、输入管路、卷盘、软管和喷枪等组成的，并能在迅速展开软管的过程中喷射灭火剂的灭火器具，通常以水、干粉、泡沫作为灭火剂。对于多数成年人来说，消防软管卷盘方便易操作，在消防救援人员到达前用来扑救初期火灾，避难间设置软管卷盘对于火灾时自救非常有必要。需要注意的是，不仅消防水专业应增加软管卷盘，对于建筑专业也应考虑软管卷盘安装对避难净面积的影响。确需暗装时，尚应考虑暗装消火栓箱不应破坏墙体的耐火极限，建筑墙体做法应同步考虑。

工程现状，避难间软管卷盘配置出现以下两种情况：第一种，避难间未设置软管卷盘；第二种，避难间未设置软管卷盘，在避难间门口设置软管卷盘和室内消火栓。这样也是不符合要求的，因为在火灾情况下，为防止火灾蔓延，保证避难间的安全，避难间的甲级防火门是关闭的，如果软管卷盘设置在走廊，火灾时避难间无法使用。第一种情况解决办法：将消防水管线引至避难间，在避难间内增设软管卷盘；第二种情况解决办法：应将预留的消火栓箱的洞口朝向避难间，在避难间内增设软管卷盘（墙体需要改变预留）。

问题 9：避难间未按照规范要求设置消防专线电话和应急广播。

参考规范：《建筑防火通用规范》(GB 55037—2022) 第 7.1.16 条

解析： 在火灾等紧急情况下，消防电话系统与应急广播系统发挥着至关重要的作用。消防电话系统是实现避难层、避难间与消防控制室或防灾中心直接通信的关键设施，避难层和避难间内的人员可通过消防电话与外部消防部门实时沟通，及时报告现场情况、请求救援；同时，消防部门也能借此掌握避难区域的具体状况，为精准救援提供依据。应急广播系统则可在紧急时刻向避难层、避难间内的人员发布疏散指示与安全提示，引导人员快速、有序撤离，有效降低恐慌情绪，避免疏散过程中出现混乱，保障人员疏散效率与安全。

问题 10： 避难间入口处未设置"避难间"标识。

参考规范：《建筑防火通用规范》(GB 55037—2022) 第 7.1.16 条

解析： 在避难间入口处的明显位置设置标示避难间的灯光标识的目的是在火灾等紧急情况下，帮助建筑内的人员快速识别并找到避难间，以便及时躲避火灾及其烟气。这一规定旨在提高建筑内人员在火灾等紧急情况下的安全性和逃生效率。

问题 11： 避难间未设置与正常照度一致的备用照明。

参考规范：《消防应急照明和疏散指示系统技术标准》(GB 51309—2018) 第 3.8.1 条

解析： 避难间（层）属于发生火灾时仍需工作、值守的区域，应同时设置备用照明、疏散照明和疏散指示标志。

问题 12： 避难间未采用独立的机械加压送风系统，无法保证系统工作的可靠性和送风量。

参考规范：《建筑防火通用规范》(GB 55037—2022) 第 7.1.16 条，《建筑设计防火规范（2018 年版）》(GB 50016—2014) 第 5.5.24 条

解析： 避难间应采取防止火灾烟气进入或积聚的措施，并应设置可开启的外窗，除外窗和疏散门外，避难间不应设置其他开口。避难间在某些条件下可以不采用独立的机械加压送风系统。具体来说，当避难间具备自然排烟条件，如有可开启的外窗时，根据相关规范，可以不设置独立的机械加压送风系统。这是因为自然排烟可以有效地将烟气排出，降低避难间内的烟气浓度，从而保障避难人员的安全。需要注意的是，对于不具备自然排烟条件的避难间，通常需要设置独立的机械加压送风系统，以确保在火灾等紧急情况下，避难间内能够保持正压状态，防止烟气侵入。这是保障避难人员生命安全的重要措施之一。

问题 13： 避难间独立的机械加压送风系统的送风机进风口未能直通室外，装修时为保证外立面的统一美观，设置在加压送风机房进风口所在外墙上的百叶窗被改成了统一的玻璃窗或幕墙，导致机械加压送风系统的送风机不能从室外吸入空气。

参考规范：《建筑防烟排烟系统技术标准》(GB 51251—2017) 第 3.3.5 条

解析： 机械加压送风风机宜采用轴流风机或中、低压离心风机，送风机的进风口应直通室外，且应采取防止烟气被吸入的措施。

问题 14： 避难间可开启外窗的有效面积不足 $2.0m^2$。

参考规范：《消防设施通用规范》(GB 55036—2022) 第 11.2.4 条

解析：采用自然通风方式防烟的避难层中的避难区，应具有不同朝向的可开启外窗或开口，其可开启有效面积应大于或等于避难区地面面积的2%，且每个朝向的面积均应大于或等于2.0m²。避难间应至少有一侧外墙具有可开启外窗，其可开启有效面积应大于或等于该避难间地面面积的2%，并应大于或等于2.0m²。

❓问题15：住宅项目考虑住户装修，或考虑建筑外立面统一，未按图施工，一类高层住宅建筑设计图纸中标注"临时避难间"的"乙级防火门、防火窗"未安装或用户自理。

参考依据：《建筑设计防火规范（2018年版）》（GB 50016—2014）第5.5.32条

解析：一类高层住宅建筑设计的"临时避难间"应安装乙级防火门和防火窗，且这些设施不应由用户自理。根据《建筑设计防火规范（2018年版）》（GB 50016—2014）的相关规定，一类高层住宅每户应有一间房间靠外墙设置，并应设置可开启外窗，内、外墙体的耐火极限不应低于1h。该房间的门宜采用乙级防火门，外窗的耐火完整性不宜低于1h。这样的设计是为了在火灾发生时，提供相对安全的临时避难空间，以保障居民的生命安全。因此，乙级防火门和防火窗作为"临时避难间"的重要组成部分，其安装是建筑设计和消防规范中的明确要求。这些设施的安装应由开发商或建设单位负责，并在建筑竣工验收时进行检查和确认，确保其符合消防规范的要求。

用户自理乙级防火门和防火窗的安装是不符合消防规范的。一方面，用户可能不具备专业的安装知识和技能，无法保证设施的正确安装和有效使用；另一方面，用户自理安装也可能导致设施的质量参差不齐，增加火灾风险。

1.2 避 难 层

❓问题1：因调整加大层高，导致避难层设置位置不恰当，第一个避难层（间）的楼地面至灭火救援场地地面的高度大于50m。

参考规范：《建筑防火通用规范》（GB 55037—2022）第7.1.14条

解析：建筑高度大于100m的工业与民用建筑应设置避难层，且第一个避难层的楼面至消防车登高操作场地地面的高度不应大于50m。规定第一个避难层设置高度，主要为适应目前我国主战举高消防车的救援能力。

这一规定是为了确保在火灾等紧急情况下，人员能够迅速到达避难层进行避难，并保障避难层的安全性和有效性。若避难层的设置位置不恰当，如第一个避难层（间）的楼地面至灭火救援场地地面的高度大于50m或2个避难层（间）之间的高度大于50m，将会影响人员的疏散和避难效果，增加火灾风险。因此，在建筑设计和施工过程中，应严格按照规范要求进行避难层的设置，确保避难层的位置、高度和疏散楼梯等符合规范要求，以保障人员的生命安全和消防安全。

❓问题2：人数核算不准或使用功能改变，如原来的办公楼层改为宾馆，导致避难层用于避难的净面积不能满足该避难层与上一避难层之间所有楼层全部使用人数的避难要求。

参考规范：《建筑防火通用规范》（GB 55037—2022）第7.1.15条，《建筑设计防火规范（2018年版）》（GB 50016—2014）第5.5.23条

解析：参考《〈建筑防火通用规范〉GB 55037—2022 实施指南》，避难区的净面积应满足该避难层与上一避难层之间所有楼层的全部使用人数避难的要求，避难区的使用面积应满足全部避难人数的避难停留需要。避难层要根据在火灾时需要避难的人数确定其中避难区的净面积，再按该建筑平面布置要求确定相应的尺寸。因此，前室、避难区均应采用其使用面积进行测量并判定是否符合要求，而不是建筑面积。避难层中避难区的使用面积，应满足设计避难人数的避难停留要求。正常情况下，每人平均占用面积不应小于 $0.25m^2$。

若建筑使用功能发生改变，从原来的办公建筑变为人员密集场所或公众聚集场所，除核算疏散宽度、疏散距离是否满足要求外，尚应核算人数增加对避难层、避难间避难净面积的影响。

问题 3：设备管道区、管道井和设备间与避难区或疏散走道连通处未设置防火隔间。

参考规范：《建筑防火通用规范》（GB 55037—2022）第 7.1.15 条

解析：设备管道区、管道井和设备间与避难区或疏散走道连通时，应设置防火隔间，以防止火灾蔓延和烟气侵入避难区或疏散走道。防火隔间的设置是为了在火灾发生时，能够有效地阻断火势和烟气的蔓延，为避难人员提供更多的安全时间和逃生机会。如果未设置防火隔间，一旦火灾发生，火势和烟气可能会迅速蔓延至避难区或疏散走道，严重威胁避难人员的生命安全。

问题 4：在避难层进入楼梯间的入口处，未设置"避难层"指示标识。

参考规范：《建筑防火通用规范》（GB 55037—2022）第 7.1.15 条

解析：在避难层入口处的明显位置设置标示避难层的灯光指示标识的目的是在火灾等紧急情况下，帮助建筑内的人员快速识别并找到避难层，以便及时躲避火灾及其烟气。这一规定旨在提高建筑内人员在火灾等紧急情况下的安全性和逃生效率。

问题 5：避难区没有设置在消防车登高操作场地对应区域范围内。

参考规范：《建筑防火通用规范》（GB 55037—2022）第 7.1.15 条

解析：避难区应至少有一边水平投影位于同一侧的消防车登高操作场地范围内。这一规定是为了确保在火灾发生时，消防车能够迅速接近并有效地进行救援操作，如登高救援、灭火等。如果避难区没有设置在消防车登高操作场地对应区域范围内，将会严重影响消防车的救援效率和效果，甚至可能导致救援行动受阻，增加人员伤亡和财产损失的风险。

问题 6：避难层消火栓箱内漏设消防软管卷盘。

参考规范：《建筑防火通用规范》（GB 55037—2022）第 7.1.15 条，《建筑设计防火规范（2018 年版）》（GB 50016—2014）第 8.2.4 条

解析：规范要求，避难层、避难间、人员密集的公共建筑、建筑高度大于 100m 的建筑等应设置消防软管卷盘或轻便消防水龙。避难层作为高层建筑中的特定安全区域，其消火栓箱内自然也应配置消防软管卷盘。漏设消防软管卷盘将严重影响避难层的消防安全性

能，使得在火灾等紧急情况下，人员可能无法及时、有效地进行初期火灾扑救，从而增加安全风险。

问题 7：避难层中避难区对应外墙上的窗未采用乙级防火窗，或安装非隔热耐火窗，不能满足乙级防火窗要求。

参考规范：《建筑防火通用规范》（GB 55037—2022）第 7.1.15 条

解析：同 1.1 避难间问题 6，此处不再赘述。

问题 8：避难层顶棚、墙面和地面未采用燃烧性能 A 级的装修材料，部分项目避难层作为单位的活动室，进行了简单装修，装修材料不符合规范要求。

参考规范：《建筑防火通用规范》（GB 55037—2022）第 6.5.3 条

解析：同 1.1 避难间问题 7，此处不再赘述。

问题 9：通向避难层（间）的疏散楼梯在避难层未采取分隔、同层错位或上下层断开等分隔措施，人员容易错过避难间，个别项目是由于调整楼层功能引起的，个别项目遗漏疏散楼梯间在避难层分隔的墙体，未砌筑墙体。

参考规范：《建筑防火通用规范》（GB 55037—2022）第 7.1.9 条

解析：在避难层的设计中，为了确保人员在紧急情况下能够迅速找到并到达避难层，疏散楼梯在避难层处必须采取适当的分隔措施，如同层错位、上下层断开或设置分隔墙体等。这些措施的目的是防止人员在疏散过程中错过避难层，从而确保他们的生命安全。然而，在实际的建筑项目中，楼层功能的调整或设计上的遗漏可能会导致疏散楼梯间在避难层处未砌筑分隔墙体或未采取其他分隔措施。这种情况下，人员在疏散时可能会因为无法准确识别避难层的位置而错过它，进而增加火灾等紧急情况下的安全风险。

问题 10：避难层设置的机械加压送风系统，未采用独立的机械加压送风系统。

参考规范：参考《〈建筑防火通用规范〉GB 55037—2022 实施指南》

解析：避难区应采取防止火灾、烟气进入或在避难层积聚的措施。敞开式避难层和半敞开式避难层不需要采取单独的防烟措施；封闭式避难层的避难区可以设置可开启外窗自然排烟，也可以设置独立的机械加压送风系统。

问题 11：避难层可开启有效面积不满足设计与规范要求。部分项目避难层设计百叶窗作为敞开式避难层，建设单位考虑节能、洁净卫生、安全等因素，安装了普通玻璃的固定窗，未考虑防烟需求。

参考规范：《消防设施通用规范》（GB 55036—2022）第 11.2.4 条

解析：采用自然通风方式防烟的避难层中的避难区，应具有不同朝向的可开启外窗或开口。可开启有效面积应大于或等于避难区地面面积的 2%，且每个朝向的面积均应大于或等于 $2.0m^2$。这一规定是为了确保在火灾等紧急情况下，避难层能够通过自然通风方式有效排除烟气，为避难人员提供一个相对安全的避难空间。不同朝向的可开启外窗或开口能够增加空气流通的路径，提高排烟效率。同时，要规定可开启有效面积的具体数值，以保障避难层的安全性和有效性。

问题 12：避难层仅设置同一方向的可开启外窗，应具有不同朝向的可开启外窗或开口。

参考规范：《消防设施通用规范》（GB 55036—2022）第 11.2.4 条

解析：依据同 1.2 避难层问题 11。

问题 13：封闭避难层机械加压送风机风量不能满足设计要求，无法保证封闭避难层（间）与疏散走道之间的压差。

参考规范：《消防设施通用规范》（GB 55036—2022）第 11.2.5 条，《建筑防烟排烟系统技术标准》（GB 51251—2017）第 3.4.3 条

解析：根据规范要求，封闭避难层（间）与疏散走道之间的压差应为 25～30Pa；封闭避难层（间）、避难走道的机械加压送风量应按避难层（间）、避难走道的净面积每平方米不少于 $30m^2/h$ 计算。如果机械加压送风机风量不能满足设计要求，那么封闭避难层（间）与疏散走道之间的压差就无法得到有效保证。这可能会导致在火灾发生时，烟气通过压力差较小的缝隙侵入避难层，严重威胁避难人员的生命安全。

问题 14：避难层未设置备用照明，仅设疏散照明。

参考规范：《消防应急照明和疏散指示系统技术标准》（GB 51309—2018）第 3.8.1 条

解析：避难层需要设置疏散照明，以确保人员在紧急情况下能够迅速找到疏散路径，还必须配备备用照明。备用照明的设置是为了确保在火灾等紧急情况下，即使主照明系统受损或失效，避难层内仍然有足够的照明，以便避难人员能够安全地停留和等待救援。同时，备用照明也能为消防人员提供必要的照明条件，有助于他们进行救援行动。

问题 15：避难层应急照明和疏散指示标志配电回路未采用单独设置配电回路。

参考规范：《消防应急照明和疏散指示系统技术标准》（GB 51309—2018）第 3.3.4 条

解析：根据《消防应急照明和疏散指示系统技术标准》（GB 51309—2018）以及《建筑电气与智能化通用规范》（GB 55024—2022）的相关规定，避难层作为重要的消防安全设施，其应急照明和疏散指示标志的配电回路必须采用单独设置的方式，以确保在火灾等紧急情况下，避难层内的照明和指示系统能够持续稳定工作，为避难人员提供必要的照明和疏散指示。单独设置配电回路可以有效避免其他区域或系统的故障对避难层照明和指示系统的影响，提高系统的可靠性和安全性。

1.3 病房楼、手术部

问题 1：建筑高度超过 24m 的医疗建筑未按照一类高层公共建筑进行消防设计，个别项目被定性为二类高层公共建筑，建筑物定性错误。

参考规范：《建筑设计防火规范（2018 年版）》（GB 50016—2014）表 5.1.1

解析：建筑高度大于 24m 的医疗建筑，应为一类高层公共建筑。

条文说明中表示，在高层建筑中将性质重要、火灾危险性大、疏散和扑救难度大的建筑定为一类。例如，将高层医疗建筑、高层老年人照料设施，划为一类，主要考虑了建筑中有不少人员行动不便、疏散困难，建筑内发生火灾易致人员伤亡。

❓ 问题 2：医院门诊楼与病房楼之间、病房楼与病房楼之间设计的室外连廊，消防验收时室外连廊安装了普通玻璃变成室内空间，未进行防火分隔，将多栋建筑通过封闭连廊合成一个建筑，建筑防火、消防设施与原设计不一致。

参考规范：《建设工程消防设计审查验收工作细则》第十七条

解析：现场评定应当依据消防法律法规、经审查合格的消防设计文件和涉及消防的建设工程竣工图纸、消防设计审查意见，对建筑物防（灭）火设施进行检修、检查和测试。医院门诊楼与病房楼之间、病房楼与病房楼之间设计的室外连廊，在消防验收时若出现安装普通玻璃使其变为室内空间，且未进行防火分隔，进而将多栋建筑通过封闭连廊合成一个建筑，这将导致建筑防火、消防设施与原设计不一致。

在消防设计中，室外连廊通常被视为开放空间，有助于建筑的通风和疏散。然而，当室外连廊被封闭并安装了普通玻璃后，其性质就发生了变化，从开放空间变成了室内空间。这种变化可能影响建筑的防火分区、疏散路径和消防设施的配置。特别是，若未对封闭连廊进行防火分隔，将多栋建筑通过封闭连廊合成一个建筑，这将极大地增加火灾风险。因为一旦其中一栋建筑发生火灾，火势很容易通过封闭连廊蔓延到其他建筑，造成火势的扩大和蔓延。同时，封闭连廊也可能阻碍疏散路径，使人员在火灾中难以迅速撤离。其原设计是基于对建筑功能、使用性质和火灾风险的全面评估而制定的，任何对原设计的更改都需要经过严格的审查和批准。如果未经批准擅自更改设计，都会严重威胁建筑消防安全。

❓ 问题 3：洁净手术部未按照单独防火分区考虑。

参考规范：《医院洁净手术部建筑技术规范》（GB 50333—2013）第 12.0.2 条

解析：洁净手术部宜划分为单独的防火分区。当与其他部门处于同一防火分区时，应采取有效的防火防烟分隔措施，并应采用耐火极限不低于 2.00h 的防火隔墙与其他部位隔开；除直接通向敞开式外走廊或直接对外的门外，与非洁净区域相连通的门应采用耐火极限不低于乙级的防火门，或在相连通的开口部位应采取其他防止火灾蔓延的措施。

条文说明中表示，手术部内的人员在火灾时往往需要时间进行应急处理，有条件的要尽量单独划分防火分区。当手术部的面积不大，需要与其他用途的房间划分在同一个防火分区内时，则要将该手术部作为一个相对独立的防火单元考虑，采用防火隔墙与其他部位分隔。

❓ 问题 4：洁净手术部相邻单元连通处采用卷帘，不符合要求，应采用常开甲级防火门。

参考规范：《医院洁净手术部建筑技术规范》（GB 50333—2013）第 12.0.3 条

解析：当洁净手术部内每层或一个防火分区的建筑面积大于 2000m^2 时，宜采用耐火极限不低于 2.00h 的防火隔墙分隔成不同的单元。此时，相邻单元连通处应采用常开甲级防火门，以确保在火灾等紧急情况下，能够有效阻止火势的蔓延，并为人员疏散提供安全保障。防火卷帘虽然具有一定的防火性能，但在洁净手术部这样的特殊环境中，其密封性和稳定性可能无法满足要求。常开甲级防火门则能够提供更好的防火分隔效果，确保手术部的消防安全。

问题 5：医院建筑内的手术部地上部分防火分区的允许最大建筑面积超过 5000m²，尤其是多层医疗建筑的手术部。

参考规范：《综合医院建筑设计规范（2024 年版）》（GB 51039—2014）第 5.24.2 条

解析：根据《综合医院建筑设计规范（2024 年版）》（GB 51039—2014）、《建筑防火通用规范》（GB 55037—2022）、《建筑设计防火规范（2018 年版）》（GB 50016—2014）的规定，多层医疗建筑防火分区，允许最大建筑面积不超过 5000m²，高层医疗建筑防火分区允许最大建筑面积不超过 3000m²。

问题 6：住院病房内相邻护理单元之间采用乙级防火门分隔，未按照规范要求设置甲级防火门。

参考规范：《建筑防火通用规范》（GB 55037—2022）第 4.3.6 条

解析：医疗建筑中住院病房相邻护理单元之间应采用耐火极限不低于 2.00h 的防火隔墙和甲级防火门分隔。很多设计人员套用原来的设计图纸，没有遵照《建筑防火通用规范》（GB 55037—2022）的要求。

问题 7：个别护理单元安全出口数量不满足规范要求，未能保证每个护理单元应有 2 个不同方向的安全出口。

参考规范：《综合医院建筑设计规范（2024 年版）》（GB 51039—2014）第 5.24.3 条

解析：相关规范要求，在一般情况下，医院的每个护理单元都应设置 2 个不同方向的安全出口，以确保在紧急情况下，人员能够迅速、安全地疏散。同时，相关规范还指出，对于尽端式护理单元，或自成一区的治疗用房，如果其最远一个房间门至外部安全出口的距离和房间内最远处到房门的距离均未超过建筑设计防火规范规定时，可设 1 个安全出口。

问题 8：位于走道尽端的病房和治疗室仅设置 1 个疏散门，不符合规范要求。

参考规范：《建筑防火通用规范》（GB 55037—2022）第 7.4.2 条

解析：医疗建筑中的治疗室和病房，当位于走道尽端时，疏散门不应少于 2 个。

问题 9：位于 2 个安全出口之间或袋形走道两侧且建筑面积大于 75m² 的病房和治疗室仅设置 1 个疏散门。

参考规范：《建筑防火通用规范》（GB 55037—2022）第 7.4.2 条

解析：当病房和治疗室位于 2 个安全出口之间或袋形走道两侧，且建筑面积超过 75m² 时，其疏散门数量应经过计算确定，但不应少于 2 个。这一规定是基于消防安全考虑，以确保在紧急情况下，病房和治疗室内的人员能够迅速且安全地疏散。

问题 10：汽车库与病房楼的安全出口和疏散楼梯未分别独立设置，或原设计的安全出口和疏散楼梯已直通室外，建设单位考虑病人通行方便又在安全出口室外区域搭建封闭外廊，导致汽车库的安全出口、疏散楼梯在首层与病房楼地上疏散出口共用较长的封闭疏散长廊。

参考规范：《汽车库、修车库、停车场设计防火规范》（GB 50067—2014）第4.1.4条

解析：汽车库与病房楼的安全出口和疏散楼梯应分别独立设置，不应在首层共用封闭疏散长廊。汽车库作为具有特定火灾危险性的建筑，其安全出口和疏散楼梯的设计需严格遵循消防安全规范。根据相关规定，汽车库不应与病房楼等组合建造，若因特殊情况需要设置在同一建筑内，汽车库与病房楼之间的安全出口和疏散楼梯也应分别独立设置，以确保在紧急情况下，人员能够迅速且安全地疏散。然而，在实际建设中，有些建设单位为了考虑病人通行方便，会在安全出口室外区域搭建封闭外廊，导致汽车库的安全出口、疏散楼梯在首层与病房楼地上疏散出口共用较长的封闭疏散长廊。这种做法严重违反了消防安全规范，因为共用封闭疏散长廊会增加火灾蔓延的风险，同时不利于人员的迅速疏散。

问题 11：高层医疗建筑内楼梯间的首层疏散门、首层疏散外门、疏散楼梯最小净宽度不足 1.3m，或单面疏散走道最小净宽度不足 1.4m，或双面疏散走道最小净宽度不足 1.5m。

参考规范：《建筑设计防火规范（2018 年版）》（GB 50016—2014）第 5.5.18 条

解析：对于高层医疗建筑，其楼梯间的首层疏散门、首层疏散外门以及疏散楼梯的最小净宽度有着严格的要求，首层疏散外门、疏散楼梯最小净宽度应不小于 1.3m，单面疏散走道最小净宽度应不小于 1.4m，双面疏散走道最小净宽度应不小于 1.5m。具体宽度需计算确定，至少满足最小净宽度要求，为生命安全提供保障。

问题 12：高层医疗建筑内直通疏散走道的房间疏散门至最近安全出口的直线距离，或房间内任一点至房间直通疏散走道的疏散门的直线距离超出规范允许值，如高层病房楼位于 2 个安全出口之间的房间疏散门至最近安全出口的直线距离超过 24m×1.25m，位于袋形走道两侧或尽端的疏散门至最近安全出口的直线距离超过 12m×1.25m。

参考规范：《建筑设计防火规范（2018 年版）》（GB 50016—2014）表 5.5.17

解析：直通疏散走道的房间疏散门至最近安全出口的直线距离：对于高层医疗建筑，当建筑物内部全部设置自动喷水灭火系统时，房间疏散门至最近封闭楼梯间疏散门的直线距离（L）可按规范中的规定值扩大到 1.25 倍。但即便如此，位于 2 个安全出口之间的房间疏散门至最近安全出口的直线距离也不应超过规范中规定的最大值（经过 1.25 倍放大后的值），同样，位于袋形走道两侧或尽端的疏散门至最近安全出口的直线距离也应满足这一要求。

房间内任一点至房间直通疏散走道的疏散门的直线距离，同样应满足消防安全规范的要求。根据相关规范，房间内任一点到该房间直通疏散走道的疏散门的距离，不应大于规范中规定的袋形走道两侧或尽端的疏散门至最近安全出口的距离。若实际距离超过这一允许值，也会影响人员的安全疏散。

高层病房楼位于 2 个安全出口之间的房间疏散门至最近安全出口的直线距离超过 30m，或位于袋形走道两侧或尽端的疏散门至最近安全出口的直线距离超过 15m 都需要进行相应的整改，以确保消防安全。需要注意的是，具体的规范允许值可能因不同的建筑

类型、耐火等级、是否设置自动喷水灭火系统等因素而有所差异，因此，在设计和施工过程中应严格遵循最新的消防安全规范和标准。

问题13：手术室相连通的吊顶技术夹层部位未采取耐火极限不低于1.00h的防火防烟分隔体分隔，现场多数采用吊顶，耐火极限不满足要求。

参考规范：《医院洁净手术部建筑技术规范》（GB 50333—2013）第12.0.5条

解析：手术室相连通的吊顶技术夹层部位，由于可能涉及电气线路、管道等关键设施，且一旦火灾发生，这些区域容易成为火势蔓延的通道，因此必须采取严格的防火分隔措施。与手术室、辅助用房等相连通的吊顶技术夹层部位应采取防火防烟措施，分隔体的耐火极限不应低于1.00h。这样的分隔体能够有效地阻止火势和烟气的蔓延，为人员疏散和灭火救援赢得宝贵时间。

问题14：当洁净手术部所在楼层高度大于24m时，未能在每个防火分区内设置1间避难间，避难间数量、避难区净面积不满足规范要求。

参考规范：《建筑防火通用规范》（GB 55037—2022）第7.4.8条

解析：当洁净手术部所在楼层高度大于24m时，为了保障人员安全，每个防火分区内应设置一间避难间。这一规定是为了在火灾等紧急情况下，为手术部内的人员提供一个安全的避难场所。同时，避难间的设置还需满足一定的数量要求和面积要求。具体来说，避难间的数量应根据防火分区的数量和人员密度进行合理配置，以确保在紧急情况下能够容纳足够的人员。而避难区的净面积也应满足设计规范的要求，通常不应小于$25.0m^2$。

问题15：避难间设置常见问题见本书1.1避难间中消防验收常见问题，不再赘述。

参考规范：《建筑防火通用规范》（GB 55037—2022）

问题16：洁净手术室内未采用不燃材料或难燃材料装修。

参考规范：《医院洁净手术部建筑技术规范》（GB 50333—2013）第12.0.12条

解析：根据《医院洁净手术部建筑技术规范》（GB 50333—2013）及相关的建筑装饰装修材料规定，洁净手术室作为对空气洁净度有特殊要求的医疗用房，其内部装修材料的选择至关重要。为了确保手术室的洁净度和安全性，规范明确要求手术室的装饰装修材料应采用不燃材料或难燃材料。

问题17：因平面布置调整，调整后的洁净手术室内布置了洒水喷头、室内消火栓，不符合规范要求。

参考规范：《医院洁净手术部建筑技术规范》（GB 50333—2013）第12.0.7条、第12.0.8条

解析：根据《医院洁净手术部建筑技术规范》（GB 50333—2013）中的相关规定，洁净手术室内不宜布置洒水喷头，因为洒水喷头可能会对手术室的洁净度和设备造成不利影响。同时，当洁净手术部需设置消火栓系统时，洁净手术室不应设置室内消火栓，但设置在手术室外的消火栓应能保证2支水枪的充实水柱同时到达手术室内的任何部位。当洁净手术部不需设置室内消火栓时，应设置消防软管卷盘等灭火设施。因此，调整后的洁净手术室内布置洒水喷头和室内消火栓的做法与规范要求不符，可能会对手术室的洁净度和安

全性造成潜在威胁。

问题 18：洁净手术部的设备层未按照规范要求设置火灾自动报警系统。

参考规范：《医院洁净手术部建筑技术规范》（GB 50333—2013）第 12.0.9 条

解析：洁净手术部作为对空气洁净度和消防安全有特殊要求的医疗用房，其设备层应设置火灾自动报警系统以确保在火灾等紧急情况下能够及时发现并采取措施。火灾自动报警系统的设置有助于提前预警，能帮助早期发现和通报火灾，及时通知人员疏散和施救。

问题 19：洁净手术部无窗房间未采用板式排烟口。

参考规范：《医院洁净手术部建筑技术规范》（GB 50333—2013）第 12.0.10 条、第 12.0.11 条

解析：医院洁净手术部需要维持室内空气洁净度，与外部环境应密闭隔离，并保持正压状态。无窗房间应设置防排烟系统，且排烟口应采用板式排烟口。板式排烟口易于清洗消毒，能够确保手术部的空气洁净度不受影响，同时其设计也能有效防止外部污染物进入手术部，从而保证了手术室的空气质量。此外，在火灾等紧急情况下，板式排烟口能够有效排烟，保障人员安全。

问题 20：室外液氧储罐与门诊楼、办公室、病房距离不满足规范要求。

参考规范：《综合医院建筑设计标准》（GB 51039—2014）第 10.2.9 条，《医用气体工程技术规范》（GB 50751—2012）第 4.6.4 条

解析：对于医用液氧储罐，其与医疗卫生机构外建筑的防火间距，需遵循规范中的相应规定；而与医疗卫生机构内建筑的防火间距，则应符合《医用气体工程技术规范》（GB 50751—2012）的相关标准。室外液氧储罐与办公室、病房、公共场所、繁华路面的距离应大于 7.5m。

医用液氧储罐与医疗卫生机构内部建筑物、构筑物之间的防火间距，不应小于下表中的规定。

建筑物、构筑物	防火间距/m
医院内道路	3.0
一、二级建筑物墙壁或突出部分	10
三、四级建筑物墙壁或突出部分	15
医院变电站	12
独立车库、地下车库出入口、排水沟	15
公共集会场所、生命支持区域	15
燃煤锅炉房	30
一般架空电力线	≥1.5 倍电杆高度

注：当面向液氧储罐的建筑外墙为防火墙时，液氧储罐与一、二级建筑物墙壁或突出部分的防火间距不应小于 5.0m，与三、四级建筑物墙壁或突出部分的防火间距不应小于 7.5m。

问题 21：医用液氧储罐气源站的液氧储罐单罐容积超过 $5m^3$，或相邻储罐之间的距离不足。

参考规范：《建筑设计防火规范（2018年版）》（GB 50016—2014）第4.3.4条

解析：医疗卫生机构中的医用液氧储罐气源站的液氧储罐应满足以下要求：单罐容积不应大于5m³，总容积不宜大于20m³；相邻储罐之间的距离不应小于最大储罐直径的0.75倍。这些规定旨在确保液氧储罐的安全运行，防止因储罐容积过大或相邻储罐距离过近而引发的安全隐患。如果液氧储罐的单罐容积超过5m³，可能会使储罐内部的压力过大，增加爆炸和泄漏的风险；同时，过大的储罐容积也不利于日常的安全管理和维护。而相邻储罐之间的距离不足，则可能在储罐发生泄漏或爆炸时，导致火势迅速蔓延，增加事故的危害程度。

问题22：医用液氧储罐周围5m范围内有沥青路面、可燃物。

参考规范：《建筑设计防火规范（2018年版）》（GB 50016—2014）第4.3.5条

解析：液氧储罐周围5m范围内不应有可燃物和沥青路面。

条文说明中表示，当液氧储罐泄漏的液氧气化后，与稻草、木材、刨花、纸屑等可燃物以及熔化的沥青接触时，遇到火源容易引起猛烈的燃烧，致使火势扩大和蔓延，故规定其周围一定范围内不应存在可燃物。

问题23：医用液氧储罐站设置的防火围堰高度不足0.9m。

参考规范：《医用气体工程技术规范》（GB 50751—2012）第4.6.3条

解析：医用液氧储罐站应设置防火围堰，围堰的有效容积应大于围堰内最大液氧储罐的容积，以确保在液氧泄漏等紧急情况下，围堰能够容纳泄漏的液氧，防止其扩散引发更大的安全事故。同时，围堰的高度不应低于0.9m，这一规定是为了确保围堰的稳固性和防护能力，使其能够在紧急情况下发挥有效的隔离和防护作用。氧气储罐及医用液氧储罐本体应设置标识和警示标志，周围应设置安全标识。

问题24：病房楼、门诊楼的氧气瓶储存的房间未设置相应气体浓度报警装置，未设置通风设施。

参考规范：《医用气体工程技术规范》（GB 50751—2012）第4.6.14条、第4.6.8条

解析：医用气体气源站、医用气体储存库的房间内宜设置相应气体浓度报警装置。房间换气次数不应少于8次/h，或平时换气次数不应少于3次/h，事故状况时不应少于12次/h。

在病房楼、门诊楼等医疗机构建筑中，氧气瓶储存的房间属于特殊重要场所，这类房间应设置相应的气体浓度报警装置，以便在氧气泄漏等紧急情况下及时发出警报，提醒相关人员采取应急措施，防止事态扩大。同时，为了保障室内空气质量，防止氧气积聚可能带来的安全隐患，还应设置有效的通风设施，确保室内气体流通，降低氧气浓度过高可能引发的风险。

问题25：分子筛制氧机组制氧站，氧气汇流排间与机器间之间、氧气储罐与机器间之间的联络门未采用甲级防火门。制氧站不应设在门诊楼、病房楼等建筑物内。

参考规范：《综合医院建筑设计标准（2024年版）》（GB 51039—2014）第10.2.8条

解析：医院制氧站的氧气汇流排间与机器间之间、氧气储罐与机器间之间的联络门应

采用甲级防火门。这是因为在制氧站中，氧气汇流排间和氧气储罐存储的是高压氧气，一旦发生火灾，火势将迅速蔓延，氧气具有助燃性，会加剧火势。因此，这些区域与机器间之间的联络门必须采用甲级防火门，以有效阻隔火势和烟气的蔓延，确保人员安全疏散和消防扑救工作的顺利进行。

制氧站不应设在门诊楼、病房楼等建筑物内。制氧站作为医院的重要设施，其安全性和可靠性至关重要。将制氧站设在门诊楼、病房楼等人员密集场所内，一旦发生火灾等紧急情况，将对人员的疏散和救援工作造成极大困难，严重威胁人员的生命安全。因此，制氧站应独立设置或设在建筑物屋顶等相对独立且安全的位置，以确保其运行的安全性和可靠性。

问题 26：病房门未直接开向走道，病房门净宽小于 1.10m，不利于搬运病人。

参考规范：《综合医院建筑设计标准（2024 年版）》（GB 51039—2014）第 5.5.5 条

解析：病房作为医院中的重要功能区域，其设计需充分考虑患者的需求和医疗操作的便捷性。其中，病房门的设置尤为关键。为了确保医疗人员能够顺畅、高效地进行病人的搬运和转移工作，病房门应直接开向走道，避免设置拐角或障碍物，影响搬运效率。

同时，病房门的净宽度也是影响搬运工作的重要因素。根据相关规定，病房门的净宽度不应小于 1.1m。这一规定是基于医疗设备的尺寸和搬运人员的操作空间需求而制定的，以确保在搬运过程中有足够的空间进行操作，避免发生碰撞或卡住等意外情况。

问题 27：病房楼、手术部自动灭火设施选型或设置不当，如病房未采用快速反应喷头；病房楼的病案室未设置气体灭火装置；血液病房、手术室和有创检查的设备机房设置了自动灭火系统。

参考规范：《综合医院建筑设计标准（2024 年版）》（GB 51039—2014）第 6.7.2 条至第 6.7.4 条

解析：病房应采用快速反应喷头，医院、疗养院的病房及治疗区域应采用快速响应洒水喷头，以确保在火灾发生时能够迅速响应，有效控制火势。

病房楼的病案室应设置气体灭火装置。病案室作为医院中存储重要医疗文件和资料的地方，其安全性和保密性至关重要。应设置气体灭火装置，以确保在火灾发生时能够迅速有效地灭火，同时保护重要资料和设备的安全。

血液病房、手术室和有创检查的设备机房不应设置自动灭火系统。这些区域由于涉及患者的治疗和安全，对环境的洁净度和无菌条件有严格要求。自动灭火系统，特别是喷水灭火系统，可能会对这些区域造成不必要的污染和损害。因此，血液病房、手术室和有创检查的设备机房不应设置自动灭火系统。

问题 28：护士站未设置消防软管卷盘，或设置的消防软管卷盘距离护士站较远，不便护士就近取用灭火设施及时扑救护理单元内的初期火灾。

参考规范：《综合医院建筑设计标准（2024 年版）》（GB 51039—2014）第 6.7.1 条

解析：护士站宜设置消防软管卷盘。

条文说明中表示，如护士站 24h 有人值班，在护士站设置 1 个消防软管卷盘便于护士就近取用灭火设施，及时扑救护理单元内的初期火灾。

问题 29：疗养院的病房楼、床位数不少于 100 张的医院的病房楼、手术部等，未按要求设置火灾自动报警系统。

参考规范：《建筑防火通用规范》（GB 55037—2022）第 8.3.2 条

解析：疗养院的病房楼，床位数不少于 100 张的医院的门诊楼、病房楼、手术部等场所应设置火灾自动报警系统。

问题 30：建筑高度不大于 100m 的医疗建筑，消防应急照明和灯光疏散指示标志的备用电源的连续供电时间不满足 1.0h。

参考规范：《建筑防火通用规范》（GB 55037—2022）第 10.1.4 条

解析：建筑内消防应急照明和灯光疏散指示标志的备用电源的连续供电时间应满足人员安全疏散的要求，且不应小于表 10.1.4 的规定值：医疗建筑（无论其高度是否超过 100m）、老年人照料设施、总建筑面积大于 100000m² 的公共建筑和总建筑面积大于 20000m² 的地下或半地下建筑，其消防应急照明和灯光疏散指示标志的备用电源的连续供电时间不应少于 1.0h。

问题 31：三级乙等及以上医院病房楼、门诊楼的非消防负荷的配电回路未按要求设置电气火灾监控系统。

参考规范：《民用建筑电气设计标准》（GB 51348—2019）第 13.2.2 条

解析：三级乙等及以上医院的病房楼、门诊楼的非消防负荷的配电回路应设置电气火灾监控系统。这一规定是为了提高医院建筑的电气安全水平，及时发现并预防电气火灾的发生，从而保障医院内人员的生命安全和财产安全。

1.4　裙房与高层主体防火

依据《建筑防火通用规范》（GB 55037—2022）术语，裙房是在高层建筑主体投影范围外，与建筑高层主体相连且建筑高度不大于 24m 的附属建筑。

参考规范：依据《建筑设计防火规范（2018 年版）》（GB 50016—2014）第 5.1.1 条。除本规范另有规定外，裙房的防火要求应符合本规范有关高层民用建筑的规定。

规范特殊规定：《建筑防火通用规范》（GB 55037—2022）第 4.1.2 条。高层建筑主体与裙房之间未采用防火墙和甲级防火门分隔时，裙房的防火分区应按高层建筑主体的相应要求划分。

《建筑设计防火规范（2018 年版）》（GB 50016—2014）第 5.5.12 条。一类高层公共建筑和建筑高度大于 32m 的二类高层公共建筑，其疏散楼梯应采用防烟楼梯间。

裙房和建筑高度不大于 32m 的二类高层公共建筑，其疏散楼梯应采用封闭楼梯间。

注：当裙房与高层建筑主体之间设置防火墙时，裙房的疏散楼梯可按本规范有关单、多层建筑的要求确定。

问题 1：部分项目中，一类高层的裙房建筑构件燃烧性能和耐火极限仅能满足耐火等级二级要求，不能满足耐火等级一级要求。

参考规范：《建筑防火通用规范》（GB 55037—2022）第 5.3.1 条、第 5.1.7 条

解析：一类高层民用建筑耐火等级不应低于一级；裙房的耐火等级不应低于高层建筑主体的耐火等级。

❓ **问题2**：高层建筑主体与裙房之间采用防火卷帘分隔，未采用防火墙和甲级防火门分隔时，裙房的防火分区未按照高层建筑主体的要求划分防火分区，而是按照单、多层建筑要求划分防火分区，不符合规范要求。

参考规范：《建筑防火通用规范》（GB 55037—2022）第4.1.2条

解析：高层建筑主体与裙房在防火设计上应视为一个整体，其防火要求应保持一致。当裙房与高层建筑主体之间未采用防火墙和甲级防火门分隔时，裙房的防火分区应按照高层建筑主体的相应要求划分，以确保在火灾发生时能够有效地阻止火势的蔓延，保护人员的生命安全和财产安全。在工程中，如果高层建筑主体与裙房之间采用防火卷帘进行分隔，未采用防火墙和甲级防火门，且裙房的防火分区按照单、多层建筑的要求进行划分，这将导致防火分隔措施的有效性大打折扣，无法满足高层建筑的防火安全需求。

❓ **问题3**：当裙房与高层建筑主体之间设置防火卷帘分隔，未采用防火墙分隔，裙房的疏散楼梯间形式按照单、多层建筑的要求确定，不符合规范要求。

参考规范：《建筑设计防火规范（2018年版）》（GB 50016—2014）第5.5.12条

解析：高层建筑主体与裙房之间应采用防火墙进行分隔，以确保在火灾发生时能够有效地阻止火势的蔓延。若确有困难时，可考虑使用防火卷帘等防火分隔设施进行分隔，但此时裙房的防火要求应提升至与高层建筑主体一致。

具体来说，当裙房与高层建筑主体之间未采用防火墙和甲级防火门分隔时，裙房的防火分区可按高层建筑主体的相应要求划分，同时裙房的疏散楼梯间形式等也应满足高层建筑主体的防火要求，而不能简单地按照单、多层建筑的要求来确定。

❓ **问题4**：当裙房与高层建筑主体之间设置防火卷帘分隔，未采用防火墙分隔，裙房的疏散距离、百人宽度系数按照单、多层建筑的要求确定，不符合规范要求。

参考规范：参考《〈建筑设计防火规范〉GB 50016—2014（2018年版）实施指南》中疑点5.3.1至5.3.7

解析：裙房与高层建筑主体之间应采用防火墙进行分隔，以确保在火灾发生时能够有效地阻止火势的蔓延。当裙房与高层建筑主体之间以防火墙分隔，且防火墙上的开口部位仅为满足必要功能联系而设置甲级防火门、窗（不采用防火卷帘替代）时，裙房的防火分区、疏散楼梯可按单、多层建筑的要求确定。然而，若裙房与高层建筑主体之间仅采用防火卷帘进行分隔，而未采用防火墙，那么裙房的疏散距离、百人宽度系数等疏散要求应满足高层建筑主体的相关要求，而不能简单地按照单、多层建筑的要求来确定。

❓ **问题5**：裙房与高层建筑主体之间采用防卷帘分隔的情况下，裙房的装修材料未按照高层主体要求确定，而是按单、多层建筑的要求确定，不符合规范要求。

参考规范：《建筑内部装修设计防火规范》（GB 50222—2017）第5.2.2条

解析：裙房与高层建筑主体之间若无特定的防火分隔要求（如未采用防火墙和甲级防

火门分隔），则裙房的防火要求应与高层建筑主体保持一致，以确保整体建筑的安全性。这包括裙房的装修材料，也应按照高层建筑主体的要求来确定，以满足更高的防火性能需求。高层民用建筑的裙房内面积小于 $500m^2$ 的房间，当设有自动灭火系统，并且采用耐火极限不低于 2.00h 的防火隔墙和甲级防火门、窗与其他部位分隔时，顶棚、墙面、地面装修材料的燃烧性能等级可在规范基础上降低一级。

1.5　商业服务网点

依据《建筑设计防火规范（2018 年版）》（GB 50016—2014）第 2.1.4 条，商业服务网点是指设置在住宅建筑的首层或首层及二层，每个分隔单元建筑面积不大于 $300m^2$ 的商店、邮政所、储蓄所、理发店等小型营业性用房。

问题 1：住宅部分与商业服务网点之间未采用耐火极限不低于 2.00h，且无开口的防火隔墙和耐火极限不低于 2.00h 的不燃性楼板完全分隔，或墙上设有门窗或采用防火卷帘分隔，不符合规范要求。

参考规范：《建筑防火通用规范》（GB 55037—2022）第 4.3.2 条

解析：除汽车库的疏散出口外，住宅部分与非住宅部分之间应采用耐火极限不低于 2.00h，且无开口的防火隔墙和耐火极限不低于 2.00h 的不燃性楼板完全分隔。

问题 2：相邻单元的防火分隔措施：相邻单元间之间未按照规范要求采用耐火极限不低于 2.00h 且无开口的防火隔墙分隔；现场常见 2 个相邻的单元打通，导致商业服务网点 1 个分隔单元建筑面积大于 $300m^2$。

参考规范：《建筑防火通用规范》（GB 55037—2022）第 4.3.2 条

解析：商业设施中每个独立单元之间应采用耐火极限不低于 2.00h 且无开口的防火隔墙分隔。

这一措施的目的是在火灾发生时，能有效阻止火势和烟气的蔓延，为人员疏散和消防救援提供宝贵时间。规范要求商业服务网点中每个分隔单元的建筑面积不应大于 $300m^2$。这是基于火灾防控的考虑，过大的分隔单元将增加火灾的危险性和扑救难度。然而，在实际工程中，现场常见 2 个相邻的单元被打通，导致商业服务网点的 1 个分隔单元的建筑面积超过规范要求。

问题 3：净宽度要求：商业服务网点的室内疏散楼梯的净宽度小于 1.1m，不符合规范要求的疏散宽度。

参考规范：《建筑防火通用规范》（GB 55037—2022）第 7.1.4 条

解析：公共建筑中的室内疏散楼梯的净宽度均不应小于 1.1m。规范未明确规定商业服务网点采用敞开楼梯间或封闭楼梯间时梯段净宽的具体要求，但通常也应遵循这一原则，确保疏散楼梯的净宽度满足安全疏散的需求。若商业服务网点的室内疏散楼梯净宽度小于 1.1m，将不符合规范要求，可能会影响紧急情况下人员的疏散效率和安全性。

此外，值得注意的是，虽然规范不强制要求楼梯间疏散门净宽度也应不小于 1.1m，但如果疏散门净宽度小于该值，那么有效疏散宽度将按照实际门宽计算，这同样可能会影响疏散效率。

❓ 问题 4：首层、二层的商业服务网点内疏散距离超出规范要求，且未设置封闭楼梯间。

参考规范：《建筑设计防火规范（2018 年版）》（GB 50016—2014）第 5.4.11 条

解析：商业服务网点的疏散距离应满足一定的要求，以确保人员在火灾等紧急情况下能够迅速撤离到安全区域。每个分隔单元内的任一点至最近直通室外的出口的直线距离不应大于规范有关多层其他建筑位于袋形走道两侧或尽端的疏散门至最近安全出口的最大直线距离。室内楼梯的距离可按其水平投影长度的 1.5 倍计算。如果首层、二层的商业服务网点内疏散距离超出规范要求，应设置封闭楼梯间。

❓ 问题 5：任一层建筑面积超过 100m² 的商业服务网点内，未考虑设置排烟设施，个别项目设置的自然排烟窗不在储烟仓内，或未在 1.3~1.5m 高度设置手动操作装置。

参考规范：《建筑防火通用规范》（GB 55037—2022）第 8.2.2 条

解析：公共建筑内建筑面积大于 100m² 且经常有人停留的房间，应采取排烟等烟气控制措施，以确保在火灾等紧急情况下能够有效排除烟气，保障人员的安全疏散和消防救援的进行。排烟设施的设置还需符合一定的技术要求。例如，自然排烟窗应设置在储烟仓内，以确保烟气能够顺利排出；同时，手动操作装置应设置在便于操作的高度，如 1.3~1.5m，以便人员在紧急情况下能够迅速开启排烟窗进行排烟。

❓ 问题 6：常见建筑面积大于 200m² 的商业服务网点内未按照设计图纸设置软管卷盘。

参考规范：《建筑设计防火规范（2018 年版）》（GB 50016—2014）第 8.2.4 条

解析：建筑面积大于 200m² 的商业服务网点内应设置消防软管卷盘或轻便消防水龙。以确保在火灾等紧急情况下，能够迅速提供有效的灭火手段，保障人员的生命财产安全。

❓ 问题 7：商业服务网点设置自动喷水灭火系统时，未设置独立的水流指示器、信号阀，或安装完毕后水流指示器、信号阀忘记接线，甚至有项目把未接线的水流指示器、信号阀封闭在吊顶内。

参考规范：《自动喷水灭火系统设计规范》（GB 50084—2017）第 6.3.1 条、第 6.3.3 条

解析：除报警阀组控制的洒水喷头只保护不超过防火分区面积的同层场所外，每个防火分区、每个楼层均应设水流指示器。当水流指示器入口前设置控制阀时，应采用信号阀。

水流指示器和信号阀的作用是监测和指示水流状态，并在水流异常时发出信号，以便及时采取应对措施。在商业服务网点等公共场所，这些设备对于保障消防安全至关重要。然而，一些项目在消防系统的安装过程中，存在漏装水流指示器和信号阀的情况，或者安装完毕后忘记接线，甚至将未接线的水流指示器和信号阀封闭在吊顶内。这些行为都可能导致在火灾等紧急情况下，消防系统无法正常工作。

1.6 公共厨房

厨房火灾危险性较大,主要原因有电气设备过载、老化、燃气泄漏或油烟机、排油烟管道着火等。因此,规范对厨房的防火分隔提出了要求。本书的"公共厨房"包括公共建筑、工厂内的厨房,以及宿舍、公寓等居住建筑中的公共厨房,但不包括住宅、宿舍、公寓等居住建筑中套内设置的供家庭或住宿人员自用的厨房。

问题1:建筑中公共厨房防火分隔措施不符合要求,如公共厨房未采用耐火极限不低于2.00h的防火隔墙与相邻部位分隔、防火隔墙或处于防火分区分界处的厨房的防火墙未施工到顶,或防火卷帘、防火门上方存在孔洞未封堵,防火分隔不彻底。

参考规范:《建筑防火通用规范》(GB 55037—2022)第4.1.3条、第6.2.1条

解析:除居住建筑中的套内自用厨房可不分隔外,建筑内的厨房应采用防火门、防火窗、耐火极限不低于2.00h的防火隔墙和耐火极限不低于1.00h的楼板与其他区域分隔;防火隔墙应从楼地面基层隔断至梁、楼板或屋面板的底面基层,防火隔墙上的门、窗等开口应采取防止火灾蔓延至防火隔墙另一侧的措施。防火分隔是建筑设计中重要的消防措施,其目的在于,一旦发生火灾,能够将火势控制在一定区域内,防止火势蔓延,减少火灾损失。

问题2:建筑中公共厨房疏散门未采用乙级防火门,防火隔墙上未设置防火窗,常见敞开式传菜口或普通玻璃窗。

参考规范:《建筑防火通用规范》(GB 55037—2022)第6.4.3条、第6.4.7条

解析:设置在耐火极限要求不低于2.0h的防火隔墙上门的耐火性能不应低于乙级防火门的要求,且其中建筑高度大于100m的建筑相应部位的门应为甲级防火门;耐火极限不低于2.00h的防火隔墙上的窗耐火性能不应低于乙级防火窗的要求。防火门、防火窗能够在一定程度上阻止火势和烟气的蔓延,为人员疏散和灭火救援提供宝贵的时间。如果防火隔墙上未设置防火门、防火窗,而是采用了普通门、玻璃窗,那么在火灾发生时,这些门、窗可能会成为火势和烟气蔓延的通道,严重威胁公共安全。

敞开式传菜口或普通玻璃窗在公共厨房中也是常见的安全隐患。这些开口会致使火势和烟气迅速蔓延至相邻区域,同时影响人员的安全疏散。因此,在公共厨房的设计中,应尽量避免使用敞开式传菜口或普通玻璃窗,而应采用符合消防安全要求的防火分隔措施。

问题3:建筑中公共厨房区域设置的食梯,层门不能满足耐火完整性2.0h要求。

参考规范:《建筑防火通用规范》(GB 55037—2022)第6.3.1条

解析:建筑内的公共厨房,应采用耐火极限不低于2.00h的防火隔墙与其他部位分隔。这一要求同样适用于厨房内的各种设施,包括食梯等。建筑中的管道井、电缆井、电梯井等竖向井道是烟火竖向蔓延的通道,竖井的井壁具备一定耐火极限。建筑内的每个电梯井均应各自独立设置,不允许敷设、穿越可燃气体和可燃液体管道,并且电梯层门的耐火完整性不应低于2.0h。

食梯作为厨房内的重要设备,其层门也应满足耐火完整性2.0h的要求,以确保在火

灾发生时能够有效地阻止火势和烟气的蔓延，为人员疏散和灭火救援提供宝贵的时间。如果食梯的层门不能满足这一要求，将构成消防安全隐患，可能会增加火灾蔓延的风险，对人员的生命财产安全构成威胁。因此，公共厨房区域内的食梯耐火极限如果不能满足耐火完整性 2.0h 要求，可采取设置防火窗、防火卷帘等措施加以补偿。

问题 4：建筑中公共厨房区域存在生活用水管道、消防水管道、燃气管道、电气线路穿墙、油烟管道、排风管道、排烟管道等多种管道，工程中常见水管道、电气管道、通风管道等穿越楼板、防火隔墙等部位未采用防火封堵材料封堵或封堵不到位。

参考规范：《建筑防火通用规范》（GB 55037—2022）第 6.3.3 条至第 6.3.5 条

解析：在公共厨房区域存在多种管道，如生活用水管道、消防水管道、燃气管道、电气线路、油烟管道、排风管道和排烟管道等，这些管道在穿越楼板、防火隔墙等关键部位时，如果未采用防火封堵材料或封堵不到位，将构成严重的消防安全隐患。一旦发生火灾，火势和烟气可能通过这些未封堵或封堵不到位的管道迅速蔓延，扩大火灾范围，增加人员伤亡和财产损失的风险。

除通风管道井、送风管道井、排烟管道井、必须通风的燃气管道竖井及其他有特殊要求的竖井可不在层间的楼板处分隔外，其他竖井应在每层楼板处采取防火分隔措施，且防火分隔组件的耐火性能不应低于楼板的耐火性能。

电气线路和各类管道穿过防火墙、防火隔墙、竖井井壁、建筑变形缝处和楼板处的孔隙应采取防火封堵措施。防火封堵组件的耐火性能不应低于防火分隔部位的耐火性能要求。

通风和空气调节系统的管道、防烟与排烟系统的管道穿过防火墙、防火隔墙、楼板、建筑变形缝处，建筑内未按防火分区独立设置的通风和空气调节系统中的竖向风管与每层水平风管交接的水平管段处，均应采取防止火灾通过管道蔓延至其他防火分隔区域的措施。

问题 5：厨房顶棚、墙体、地面装修材料未采用 A 级装修材料，尤其是顶棚、墙面装修材料，部分项目采用 PVC 吊顶。

参考规范：《建筑内部装修设计防火规范》（GB 50222—2017）第 4.0.11 条

解析：建筑物内的厨房，其顶棚、墙面、地面均应采用 A 级装修材料。A 级装修材料是指不燃性装修材料，这类材料在火灾中不会燃烧，也不会产生有毒有害的烟气，对保障人员疏散和灭火救援的安全至关重要。然而，在实际项目中，部分厨房的顶棚和墙面装修材料却采用了 PVC 吊顶等材料。PVC 吊顶虽然美观、轻便，但其燃烧性能等级通常较低，并会在燃烧时产生大量有毒有害的烟气，严重威胁人员的生命安全，不符合厨房等高风险区域的消防安全要求。

问题 6：厨房油烟管道上设置的防火阀未采用 150℃防火阀，部分项目油烟管道上安装 70℃防火阀。

参考规范：《建筑设计防火规范（2018 年版）》（GB 50016—2014）第 9.3.12 条

解析：公共建筑内厨房的排油烟管道宜按防火分区设置，且在与竖向排风管连接的支管处应设置公称动作温度为 150℃的防火阀。在厨房的消防设计中，油烟管道上设置的防火阀起着至关重要的作用。根据相关规定，厨房油烟管道上应安装150℃防火阀，以确保在火灾发生时，防火阀能够在高温下保持关闭状态，有效阻止火势和烟气的蔓延。然而，部分项目却错误地安装了70℃防火阀。70℃防火阀的熔断温度较低，一旦厨房内温度达到70℃，防火阀就会自动关闭，这可能会导致在火灾初期，防火阀就因温度过高而关闭，从而影响油烟的排出和火灾的扑救。

问题7：餐厅建筑面积大于1000m^2的餐馆或食堂，烹饪操作间的排油烟罩及烹饪部位未设置自动灭火装置。部分项目图纸上标注"厨房专用灭火装置由厂家深化设计"，甲方未再委托深化设计，现场未安装相关装置。

参考规范：《建筑设计防火规范（2018年版）》（GB 50016—2014）第8.3.11条

解析：餐厅建筑面积大于1000m^2的餐馆或食堂，其烹饪操作间的排油烟罩及烹饪部位应设置自动灭火装置，并应在燃气或燃油管道上设置与自动灭火装置联动的自动切断装置。这是为预防厨房火灾，特别是预防由灶台用火失控引燃烟罩和排烟管道内的油垢所引发的大火，从而保障人员生命安全和财产安全。因此，为了确保消防安全，餐厅建筑面积大于1000m^2的餐馆或食堂必须严格按照规范要求设置自动灭火装置，并委托专业厂家进行深化设计，由专业人员安装、调试。

问题8：厨房专用灭火装置不能联动切断燃气或燃油管道上的自动阀门，出现这一问题的根本原因是缺乏协调，燃气公司施工燃气管道及其配套阀门，厨房专用灭火装置多数是由厂家人员安装调试，甲方未出面协调厨房专用灭火装置与燃气自动阀门之间的联动关系。

参考规范：《建筑设计防火规范（2018年版）》（GB 50016—2014）第8.3.11条

解析：厨房专用灭火装置不能联动切断燃气或燃油管道上的自动阀门，这一问题的根本原因是多方施工与安装调试过程中的协调缺失。具体来说，燃气公司负责施工燃气管道及其配套阀门，而厨房专用灭火装置则多数由厂家人员进行安装调试。在这个过程中，如果甲方未能出面协调厨房专用灭火装置与燃气自动阀门之间的联动关系，就很容易导致装置之间无法有效配合，致使在火灾发生时无法及时切断燃气或燃油供应，进而加剧火势蔓延风险，扩大火灾危害。

为了确保厨房的消防安全，甲方在厨房专用灭火装置和燃气管道及其配套阀门的安装与调试过程中，应起到关键的协调作用，确保各方施工与安装调试工作能够无缝对接，实现装置之间的有效联动。

问题9：因建设单位平面布置调整，改动后的厨房加工区域未按照规范要求采用93℃洒水喷头。

参考规范：《自动喷水灭火系统设计规范》（GB 50084—2017）第6.1.2条

解析：闭式系统的洒水喷头，其公称动作温度宜高于环境最高温度30℃。建设单位在进行平面布置调整时，应充分考虑消防安全因素，确保所有消防设施都符合规范要求，并确保洒水喷头能在火灾发生时及时响应，厨房加工区域采用93℃洒水喷头，这一温度高于厨房日常使用时可能达到的最高温度30℃。厨房由于其环境温度较高，且烹饪时会散发出大量热量，从而提高整个空间的温度。厨房加工区域存在大量的油脂、燃料等易燃物质，一旦发生火灾，火势将迅速蔓延，并可能引发更大的灾难。因此，严格按照规范要求采用93℃洒水喷头，是确保厨房消防安全的重要措施之一。

问题10：厨房加工区域错误安装点型感烟探测器，应设置点型感温火灾探测器。

  参考规范：《火灾自动报警系统设计规范》（GB 50116—2013）第5.2.5条

  解析：厨房等不宜安装感烟火灾探测器的场所，应选择点型感温火灾探测器。

  厨房加工区域由于烹饪过程中会产生大量的油烟和蒸气，这些油烟和蒸气很容易触发感烟探测器，导致误报警。因此，厨房加工区域更适合安装感温探测器。感温探测器通过感知环境温度的升高来触发报警，不受油烟和蒸气的影响，能够更准确地反映火灾情况。

问题11：公共燃气厨房未按要求设置可燃气体探测报警装置。

  参考规范：《建筑防火通用规范》（GB 55037—2022）第8.3.3条

  解析：除住宅建筑的燃气用气部位外，建筑内可能散发可燃气体、可燃蒸气的场所应设置可燃气体探测报警装置。设置可燃气体探测报警装置的场所，包括各类生产厂房、仓库中存在散发可燃气体或蒸气的场所、公共建筑中存在散发可燃气体或蒸气的场所等。可燃气体探测器的类型应根据建筑中产生可燃气体或蒸气的种类确定。

问题12：厨房设置的可燃气体探测器，不能联动关断燃气关断阀；当燃气泄漏时不能迅速切断燃气供应，容易导致燃气的大面积泄漏。

  参考规范：《火灾自动报警系统设计规范》（GB 50116—2013）第7.3.2条

  解析：当燃气泄漏时，如果可燃气体探测器仅能起到报警作用，而无法迅速联动关断燃气关断阀以切断燃气供应，那么燃气可能会持续泄漏，进而扩散到更大范围，增加爆炸和火灾的风险。可燃气体探测器的核心作用之一就是在检测到燃气泄漏时能够迅速响应，并联动相关安全措施，如关闭燃气阀门，以防止事态的进一步恶化。

问题13：厨房区域建筑面积大于100m² 的房间、长度大于20m的疏散走道，未设置排烟设施。

  参考规范：《建筑防火通用规范》（GB 55037—2022）第8.2.2条

  解析：公共建筑内建筑面积大于100m² 且经常有人停留的房间、民用建筑内长度大于20m的疏散走道，应采取排烟等烟气控制措施。排烟旨在将火灾产生的有毒烟气和热量尽快排出到室外，为人员疏散、消防救援提供有利条件，削弱其对建筑结构的热作用。因此，应关注厨房区域的排烟设施并确保完好有效。

问题14：厨房区域灭火器配置级别不能满足规范要求，如客房数在50间以上的旅馆、饭店的厨房，住宿床位在50张及以上的托儿所、幼儿园、养老院的厨房，应按照严重危险级配置，现场常见配置中危险级别的灭火器。

  参考规范：《建筑灭火器配置设计规范》（GB 50140—2005）附录D

  解析：住宿床位在50张及以上的托儿所、幼儿园、养老院的厨房：这些厨房由于人员密集、弱势群体多、逃生难度大等，被划分为严重危险级，灭火器的配置需要满足严重危险级的要求。现场存在配置不足或级别不符的情况。这一点规范未直接提及具体配置要求，但应同样遵循严重危险级的配置要求。为了满足规范要求，确保厨房区域的安全，相关单位应严格按照《建筑灭火器配置设计规范》(GB 50140—2005)进行灭火器的配置和更换，确保在火灾发生时能够迅速有效地扑灭火源，保障人员生命财产安全。

1.7 老年人照料设施

"老年人照料设施"是指行业标准《老年人照料设施建筑设计标准》(JGJ 450—2018)中床位总数（可容纳老年人总数）大于或等于20床（人），为老年人提供集中照料服务的公共建筑，包括老年人全日照料设施和老年人日间照料设施。其他专供老年人使用的、非集中照料的设施或场所，如老年大学、老年活动中心等不属于老年人照料设施。

"独立建造的老年人照料设施"，包括与其他建筑贴邻建造的老年人照料设施；对于与其他建筑上下组合建造或设置在其他建筑内的老年人照料设施，其防火设计要求应根据该建筑的主要用途确定其建筑分类。其他专供老年人使用的、非集中照料的设施或场所，其防火设计要求按《建筑设计防火规范（2018年版）》(GB 50016—2014)有关公共建筑的规定确定；对于非住宅类老年人居住建筑，按《建筑设计防火规范（2018年版）》(GB 50016—2014)有关老年人照料设施的规定确定。

问题1：建筑分类和耐火等级定性错误，独立建造的高层老年人照料设施未按照一类高层公共建筑、耐火等级一级进行防火设计、消防设施配置。

参考规范：《建筑设计防火规范（2018年版）》(GB 50016—2014)第5.1.1条、第5.3.1A条

解析："独立建造的老年人照料设施"，包括与其他建筑贴邻建造的老年人照料设施；对于与其他建筑上下组合建造或设置在其他建筑内的老年人照料设施，其防火设计要求应根据该建筑的主要用途确定其建筑分类。其他专供老年人使用的、非集中照料的设施或场所，其防火设计要求按本规范有关公共建筑的规定确定。建筑高度大于24m的独立建造的老年人照料设施被划分为一类高层民用建筑。这意味着在设计、施工和使用过程中，其需要严格遵守一类高层民用建筑的防火安全要求。对于老年人照料设施，其耐火等级要求的也相对较高。除木结构建筑外，老年人照料设施的耐火等级不应低于三级。

按照一类高层公共建筑和耐火等级要求的独立建造的高层老年人照料设施，需要配备完善的消防设施，包括但不限于自动喷水灭火系统、火灾自动报警系统、防烟排烟系统等，以确保在火灾发生时能够迅速响应并有效控制火势，保障人员的安全疏散和救援工作的顺利进行。

问题2：老年人照料设施平面布置楼层不合理，如布置在楼地面设计标高大于54m的楼层上，如布置在地下一层、地上四层及以上楼层的公共活动用房、康复与医疗用房，房间的建筑面积大于200m²或使用人数大于30人。

参考规范：《建筑防火通用规范》(GB 55037—2022)第4.3.5条，《建筑设计防火规范（2018年版）》(GB 50016—2014)第5.3.1A条

解析：老年人公共活动用房、康复与医疗用房，应布置在地下一层及以上楼层，当布置在半地下或地下一层、地上四层及以上楼层时，每个房间的建筑面积不应大于200m²

且使用人数不应大于30人。

当前，我国消防救援能力的有效救援高度主要为32m和52m，这种状况短时间内难以改变。老年人照料设施中的大部分人员不仅在疏散时需要他人协助，而且随着建筑高度的增多，竖向疏散人数增多，人员疏散更加困难，疏散时间延长等，不利于确保老年人及时安全逃生。因此，规范要求独立建造的一、二级耐火等级老年人照料设施的建筑高度不宜大于32m，不应大于54m。

问题3：附设在其他建筑内的老年人照料设施，未采用不低于2.00h的防火隔墙、乙级防火门（建筑高度大于100m时应为甲级防火门）、防火窗与其他区域分隔，部分项目采用C类耐火窗，不符合规范要求。

参考规范：《建筑防火通用规范》（GB 55037—2022）第4.1.3条

解析：在老年人照料设施的消防设计中，防火分隔是至关重要的一环。对于附设在其他建筑内的老年人照料设施，为了保障老年人的生命安全和身体健康，必须严格按照规范要求进行防火分隔设计。具体来说，应采用不低于2.00h的防火隔墙、乙级防火门（当建筑高度大于100m时应升级为甲级防火门）以及乙级防火窗与其他区域进行分隔。这些防火设施的设置可以有效地阻止火势的蔓延，为老年人的疏散和救援争取宝贵的时间。然而，在实际项目中，部分项目采用了C类耐火窗作为防火分隔设施，C类耐火窗只有完整性，不具有隔热性，耐火性能无法满足老年人照料设施对防火分隔的高要求。

问题4：老年人照料设施楼梯间形式不正确，如高层老年人照料设施未采用防烟楼梯间；多层老年人照料设施设置敞开楼梯间，未采用敞开式外廊。

参考规范：《建筑防火通用规范》（GB 55037—2022）第7.4.4条、第7.4.5条

解析：对于高层老年人照料设施，由于其建筑较高，一旦发生火灾等紧急情况，烟雾会迅速蔓延，对老年人的疏散和救援造成极大困难。因此，高层老年人照料设施必须采用防烟楼梯间，以确保在火灾等紧急情况下，楼梯间内能够保持相对无烟的状态，并为老年人的疏散提供安全的通道。对于多层老年人照料设施，虽然其建筑高度相对较低，但同样需要重视火灾等紧急情况下的疏散问题。因此，多层老年人照料设施应采用封闭楼梯间或敞开式外廊。封闭楼梯间能够在一定程度上阻止烟雾的蔓延，而敞开式外廊则能够提供更好的自然通风条件，有助于烟雾的消散和疏散工作的进行。

楼梯间形式不正确会严重影响老年人的疏散安全和消防救援效率。对于老年人照料设施，楼梯间是其疏散的主要通道。如果楼梯间形式不正确，比如高层老年人照料设施未采用防烟楼梯间，多层老年人照料设施未采用封闭楼梯间或敞开式外廊，那么在火灾等紧急情况下，烟雾会迅速蔓延至楼梯间，严重影响老年人的视线和呼吸，增加疏散难度和危险性，延误救援时机，增加人员伤亡和财产损失的风险。

问题5：安全出口或疏散楼梯数量不满足规范要求，老年人照料设施每个防火分区或一个防火分区的每个楼层的安全出口不应少于2个，单层或多层公共建筑的首层设置老年人照料设施时，若建筑面积不大于200m²且人数不大于50人，可设置1个安全出口或1部疏散楼梯。

参考规范：《建筑防火通用规范》（GB 55037—2022）第7.4.1条

解析：老年人照料设施是为老年人提供集中照料服务的场所，在疏散设计方面，规范明确要求每个防火分区或1个防火分区的每个楼层应至少设置2个安全出口，以确保在紧急情况下老年人能够迅速、安全地疏散。这一要求是基于对老年人行动能力和疏散速度的考虑，旨在最大限度地保障他们的生命安全。在特定情况下，如单层或多层公共建筑的首层设置老年人照料设施时，如果建筑面积不大于 $200m^2$ 且人数不大于50人，则可设置1个安全出口或1部疏散楼梯。这一特殊规定是基于对建筑规模、使用人数以及疏散难度的综合评估，在保证安全的前提下，确保其在紧急情况下能够迅速、有序地疏散。

问题6：老年人照料设施避难间设置存在的问题见1.1避难间消防验收常见问题，不再赘述。

参考规范：《建筑防火通用规范》（GB 55037—2022）

问题7：老年人照料设施的老年人居室开向公共内走廊或封闭式外走廊的疏散门，未选择在关闭后具有烟密闭的性能的门。相关规范要求老年人照料设施老年人居室的门在正常情况下关闭后的防烟性能，以确保防火分隔的有效性，减少烟气对人员的危害。

参考规范：《建筑防火通用规范》（GB 55037—2022）第6.4.1条

解析：防火门、防火窗应具有自动关闭的功能，在关闭后应具有烟密闭的性能。老年人照料设施的老年人居室开向公共内走廊或封闭式外走廊的疏散门，应在关闭后具有烟密闭的性能。普通门没有严格的烟密闭性能要求，在火灾条件下难以保证老年人照料设施中居室内人员的安全。

问题8：老年人照料设施房间疏散门数量不够，位于走道尽端的老年人照料设施中的老年人活动场所仅设置一个疏散门，或位于2个安全出口之间或袋形走道两侧且建筑面积大于 $50m^2$ 的老年人照料设施中的老年人活动场所仅设置1个疏散门。

参考规范：《建筑防火通用规范》（GB 55037—2022）第7.4.2条

解析：老年人照料设施中的老年人活动场所位于走道尽端时，疏散门不应少于2个；对于老年人照料设施中的老年人活动场所，房间位于2个安全出口之间或袋形走道两侧且建筑面积不大于 $50m^2$，可仅设置1个疏散门。

对于位于走道尽端的老年人照料设施中的老年人活动场所，如果仅设置1个疏散门，那么在紧急情况下，老年人可能会面临疏散困难，增加安全风险。同样，对于位于2个安全出口之间或袋形走道两侧且建筑面积大于 $50m^2$ 的老年人照料设施中的老年人活动场所，如果仅设置1个疏散门，同样会严重影响老年人的疏散效率和安全性。因此，对于上述的老年人活动场所，应增加疏散门的数量，以满足消防安全的要求。

问题9：老年人照料设施疏散距离超过规范要求，常见的情况是由于功能调整、平面布置调整、房间合并等，位于袋形走道尽端或两侧的疏散门至最近安全出口的直线距离超过规定值。

参考规范：《建筑设计防火规范（2018年版）》（GB 50016—2014）第5.5.17条

解析：老年人照料设施疏散距离超过规范要求是严重的安全隐患。在老年人照料设施中，疏散距离是至关重要的安全因素。功能调整、平面布置调整或房间合并等有时会导致位于袋形走道尽端或两侧的疏散门至最近安全出口的直线距离超过规定值，可以增加安全出口的数量或位置，优化疏散路径。消防工程应严格按照经过审核的消防设计图纸施工，因为过长的疏散距离会严重影响老年人在紧急情况下的疏散速度和效率，增加其面临的风险。

问题 10：老年人照料设施屋面保温系统未采用燃烧性能为 A 级的保温材料或制品，个别项目设计师套图，仅在设计说明中粘贴了规范条款，外墙结构做法、节能设计做法中显示屋面保温采用燃烧性能为 B_1 级的保温材料，施工人员、监理人员按照 B_1 级保温材料采购、施工。

参考规范：《建筑防火通用规范》（GB 55037—2022）第 6.6.4 条

解析：独立建造的老年人照料设施、与其他功能的建筑组合建造且老年人照料设施部分的总建筑面积大于 $500m^2$ 的老年人照料设施，内、外保温系统和屋面保温系统均应采用燃烧性能为 A 级的保温材料或制品。

作为设计师应保证设计资料的统一性，外墙结构做法、节能设计做法要与消防设计说明一致，如此才能为材料采购和工程施工提供准确依据，一旦出现以上问题整改难度较大。

问题 11：5 层及以上且建筑面积大于 $3000m^2$ 的老年人照料设施未设置消防电梯。

参考规范：《建筑防火通用规范》（GB 55037—2022）第 2.2.6 条

解析：5 层及以上且建筑面积大于 $3000m^2$ 的老年人照料设施应设置消防电梯。这一规定是为了确保在火灾等紧急情况下，能够迅速疏散老年人，保障他们的生命安全。

问题 12：个别老年人照料设施未按要求设置软管卷盘。

参考规范：《建筑设计防火规范（2018 年版）》（GB 50016—2014）第 8.2.4 条

解析：软管卷盘作为其中的一种消防设施，能够在火灾初期提供便捷的灭火手段，对于控制火势、减少损失具有重要意义。人员密集的公共建筑、建筑高度大于 100m 的建筑和建筑面积大于 $200m^2$ 的商业服务网点内应设置消防软管卷盘或轻便消防水龙。高层住宅建筑的户内宜配置轻便消防水龙。老年人照料设施内应设置与室内供水系统直接连接的消防软管卷盘，消防软管卷盘的设置间距不应大于 30.0m。

问题 13：部分老年人照料设施未按要求设置自动灭火系统。

参考规范：《建筑防火通用规范》（GB 55037—2022）第 8.1.9 条

解析：老年人照料设施应设置自动灭火系统。自动灭火系统是重要的消防设施之一，其能够在火灾初期迅速响应，有效控制火势，为人员疏散和消防救援赢得宝贵时间。如果老年人照料设施未按要求设置自动灭火系统，将严重威胁老年人的生命安全以及建筑的消防安全。

问题 14：设置机械加压送风系统并靠外墙或可直通屋面的封闭楼梯间、防烟楼梯间，未在楼梯间的顶部或最上一层外墙上设置常闭式应急排烟窗，现场常见设置固定窗，不能开启。

参考规范：《建筑防火通用规范》（GB 55037—2022）第 2.2.4 条

解析：设置机械加压送风系统并靠外墙或可直通屋面的封闭楼梯间、防烟楼梯间，在楼梯间的顶部或最上一层外墙上应设置常闭式应急排烟窗,且该应急排烟窗应具有手动和联动开启功能。这一规定是为了确保在火灾等紧急情况下,能够通过开启常闭式应急排烟窗,从而有效控制烟气,为人员疏散和消防救援赢得宝贵时间。

问题 15:高层老年人照料设施中设置的消防电梯轿厢内未设置视频监控系统的终端设备。

参考规范:《建筑防火通用规范》(GB 55037—2022)第 2.2.10 条

解析:消防电梯轿厢内部应设置专用消防对讲电话和视频监控系统的终端设备,这一规定是为了确保在火灾等紧急情况下,消防救援人员能够通过视频监控系统实时了解电梯内的情况,为救援行动提供有力支持。

问题 16:部分老年人照料设施未按要求设置火灾自动报警系统。

参考规范:《建筑防火通用规范》(GB 55037—2022)第 8.3.2 条

解析:老年人照料设施应设置火灾自动报警系统。火灾自动报警系统对于老年人照料设施来说至关重要,因为这类设施内居住的多为行动不便的老年人。在火灾发生时,火灾自动报警系统能够第一时间发出警报,有助于人员及时疏散逃生,从而最大限度地减少人员伤亡。因此,相关设施必须严格按照消防安全规定设置火灾自动报警系统,并确保其完好有效。

问题 17:部分老年人照料设施的非消防用电负荷未按要求设置电气火灾监控系统。

参考规范:《建筑设计防火规范(2018 年版)》(GB 50016—2014)第 10.2.7 条

解析:为及时发现电气火灾隐患,及时处理,确保老年人的生命财产安全,老年人照料设施的非消防用电负荷应设置电气火灾监控系统。

问题 18:部分老年人照料设施消防应急照明和灯光疏散指示标志的备用电源的连续供电时间小于 1.0h,不能满足人员安全疏散的要求。

参考规范:《建筑防火通用规范》(GB 55037—2022)第 10.1.4 条

解析:建筑高度不大于 100m 的老年人照料设施,消防应急照明和灯光疏散指示标志的备用电源的连续供电时间不应少于 1.0h。为确保在紧急情况下,如火灾发生时,其能够为人员提供足够的照明和疏散指示,从而保障人员的安全疏散。

问题 19:部分老年人照料建筑内疏散照明的地面最低水平照度不足 10lx,不能满足人员安全疏散的要求。

参考规范:《消防应急照明和疏散指示系统技术标准》(GB 51309—2018)第 3.2.5 条

解析:老年人照料设施的地面水平最低照度不应低于 10.0lx。这是为了确保在紧急情况下,如火灾发生时,其能够为老年人提供足够的照度,帮助他们快速、准确地找到疏散通道,从而保障他们的生命安全。

问题 20:部分老年人照料建筑内配置的灭火器的灭火级别、保护距离不满足设计要求、规范要求。

参考规范：《建筑灭火器配置设计规范》(GB 50140—2005) 附录 D 民用建筑灭火器配置场所的危险等级举例

解析：在老年人照料设施中，灭火器的配置是至关重要的，它直接关系在火灾初期能否迅速有效地进行扑救，从而保障老年人的生命安全。然而，一些老年人照料建筑在配置灭火器时，可能存在灭火级别不足或保护距离超标的问题。灭火级别不足意味着灭火器在扑救火灾时可能无法达到预期的灭火效果，这可能是选型不当或灭火器数量不足导致的。而保护距离超标则是指灭火器与潜在火源之间的距离超过了规范要求的范围，这使得在火灾发生时，人员可能无法及时快速获取并使用灭火器进行扑救。

1.8　托儿所、幼儿园、儿童活动场所

《建筑防火通用规范》(GB 55037—2022) 第 4.3.3 条～第 4.3.7 条，规定的"儿童活动场所"是指供 12 周岁及以下婴幼儿和少儿活动的场所，包括幼儿园、托儿所中供婴幼儿生活和活动的房间，设置在建筑内的儿童游乐厅、儿童乐园、儿童培训班、早教中心等儿童游乐、学习和培训等活动的场所，不包括小学学校的教室等教学场所。有关幼儿园、托儿所中的婴幼儿用房的布置楼层位置要求，还需根据国家现行相关技术标准的规定确定。依据《托儿所、幼儿园建筑设计规范（2019 年版）》(JGJ 39—2016)，托儿所是指用于哺育和培育 3 周岁以下婴幼儿使用的场所。幼儿园是指对 3～6 周岁的幼儿进行集中保育、教育的学前使用场所。

问题 1：4 个班及以上的托儿所、幼儿园建筑未独立设置。

参考规范：《托儿所、幼儿园建筑设计规范（2019 年版）》(JGJ 39—2016) 第 3.2.2 条

解析：当托儿所、幼儿园与其他建筑合建时，可能会存在安全隐患，如疏散困难、火灾风险增加等。因此，规范要求 4 个班及以上的托儿所、幼儿园建筑必须独立设置，以确保儿童的安全。

问题 2：部分设置在商业综合体或综合楼内的儿童早教班、体操室、淘气堡等儿童用房，以及儿童游乐厅等儿童活动场所设置在 4 层及以上，个别商业综合体在地下层或半地下层增设儿童娱乐场所（淘气堡、电子游戏厅）。

参考规范：《建筑防火通用规范》(GB 55037—2022) 第 4.3.4 条

解析：托儿所、幼儿园的儿童活动用房，以及儿童游乐厅等儿童活动场所设置在一、二级耐火等级的建筑内时不应超过 3 层，也不应设置在 4 层及 4 层以上楼层或地下、半地下建筑（室）内。

这一规定是为了确保儿童在火灾等紧急情况下能够迅速、安全地疏散。然而，部分商业综合体或综合楼内的儿童早教班、体操室、淘气堡等儿童用房，以及儿童游乐厅等儿童活动场所却设置在 4 层及以上，甚至个别商业综合体还在地下层或半地下层增设了儿童娱乐场所，如淘气堡、电子游戏厅等，增加了儿童在火灾等紧急情况下的疏散难度和风险。

问题 3：人防工程内设置哺乳室、游乐厅等儿童活动场所，不符合规范要求。

参考规范：《人民防空工程设计防火规范》（GB 50098—2009）第 3.1.3 条

解析：人防工程内不应设置哺乳室、托儿所、幼儿园、游乐厅等儿童活动场所和残疾人员活动场所。对于儿童活动场所，如哺乳室、游乐厅等，由于其服务对象为儿童，这类场所对安全性和疏散条件的要求通常更高。然而，人防工程由于其地下空间的特性，可能存在疏散困难、消防设施不足等问题，因此并不适合设置儿童活动场所。具体来说，人防工程内的疏散通道、安全出口等可能无法满足儿童活动场所的疏散需求。在紧急情况下，儿童可能需要更长的疏散时间和更多的帮助才能安全撤离，而人防工程内的疏散条件可能无法满足这一要求。

问题 4：防火分区分隔措施不符合规范要求，设有中庭或敞开楼梯的幼儿园，上、下层相连通的面积叠加后，防火分区面积超过允许值，为追求视觉效果，设计采用耐火完整性不低于 1.0h 的防火玻璃，验收时设计的防护冷却系统未施工，防火分区分隔措施不能满足要求。

参考规范：《建筑设计防火规范（2018 年版）》（GB 50016—2014）第 5.3.2 条

解析：对于设有中庭或敞开楼梯的幼儿园建筑，其防火分区的建筑面积应按上、下层相连通的建筑面积叠加计算。当叠加计算后的建筑面积大于规范规定的允许值时，应采取有效的防火分隔措施以确保安全。然而，在实际设计中，为了追求视觉效果，其可能采用了耐火完整性不低于 1.0h 的防火玻璃作为分隔材料。虽然防火玻璃本身具有一定的耐火性能，但根据规范要求，当采用此类防火玻璃时，应设置自动喷水灭火系统（防护冷却系统）进行保护。

在验收过程中发现，设计的防护冷却系统并未施工安装，在火灾发生时，防火玻璃可能无法承受高温而破裂，从而失去防火分隔的作用，存在严重的安全隐患。为了解决这一问题，必须严格按照规范要求进行施工和验收，确保防火分隔措施的有效性。对于已经采用防火玻璃作为分隔材料的场所，应尽快补装防护冷却系统，并进行必要的检测和试验，以确保其在火灾发生时能够发挥应有的防火作用。

问题 5：近年来，幼儿园招生数量减少，为了节约成本，个别幼儿园与其他单位合用同一个建筑，从中间用隔墙隔开，导致幼儿园只有一部疏散楼梯。高层建筑内租赁场地的儿童活动场所，缺少独立的安全出口和疏散楼梯。

参考规范：《建筑防火通用规范》（GB 55037—2022）第 7.4.1 条

解析：这种做法虽然可能在一定程度上降低了租金，但严重违反了消防安全规范。由于隔墙的存在，这些幼儿园往往只能拥有一部疏散楼梯，这在紧急情况下将极大地降低人员的疏散速度和效率，增加人员伤亡的风险。此外，在高层建筑内租赁场地的儿童活动场所也普遍存在着缺少独立安全出口和疏散楼梯的问题。这些场所通常位于高层建筑内部，由于建筑结构的限制，往往无法提供足够的独立安全出口和疏散楼梯。在紧急情况下，这将导致儿童及其家长难以迅速撤离。

问题 6：疏散门数量不满足规范要求，如位于幼儿园建筑走道尽端的房间设置 1 个疏散门；位于 2 个安全出口之间或袋形走道两侧且建筑面积大于 $50m^2$ 的房间设置 1 个疏散门，疏散门数量均不符合规范要求。

参考规范：《建筑防火通用规范》（GB 55037—2022）第 7.4.2 条

解析：对于位于幼儿园建筑走道尽端的房间应设置至少 2 个疏散门。对于位于 2 个安全出口之间或袋形走道两侧的房间，在托儿所、幼儿园等建筑中，若建筑面积大于 $50m^2$，也应设置至少 2 个疏散门。这一规定旨在保障紧急情况下，人员能够迅速且安全地撤离，减少因疏散不畅而造成的人员伤亡风险。

问题 7：托儿所、幼儿园、儿童活动场所的活动室、寝室、多功能活动室等幼儿使用的房间未设双扇平开门，或疏散门净宽小于 1.20m。

参考规范：《托儿所、幼儿园建筑设计规范（2019 年版）》（JGJ 39—2016）第 4.1.6 条

解析：活动室、寝室、多功能活动室等幼儿使用的房间应设双扇平开门，门净宽不应小于 1.20m。这一规定是为了确保在紧急情况下，幼儿能够迅速且安全地撤离。双扇平开门的设计可以增加疏散通道的宽度，提高疏散效率。

问题 8：托儿所、幼儿园、儿童活动场所的生活用房开向疏散走道的门未向人员疏散方向开启，或开启的门妨碍走道疏散通行。

参考规范：《托儿所、幼儿园建筑设计规范（2019 年版）》（JGJ 39—2016）第 4.1.8 条

解析：幼儿生活用房开向疏散走道的门必须向人员疏散方向开启，这是因为在紧急情况下，人们通常会朝着安全出口的方向移动。如果门是向相反方向开启，或者开启后会阻挡疏散通道，将会极大地增加疏散难度和危险性。开启的门不应妨碍走道疏散通行，这意味着门在完全开启后，不应占据疏散走道的有效宽度，以确保人员在疏散过程中能够顺畅通行。

问题 9：既有建筑改造为托儿所、幼儿园建筑，勘察设计单位未到现场核实，现场与图纸不一致，走廊最小净宽不满足规范要求。

参考规范：《托儿所、幼儿园建筑设计规范（2019 年版）》（JGJ 39—2016）第 4.1.14 条

解析：勘察设计单位在既有建筑改造为托儿所、幼儿园建筑的过程中，承担着至关重要的责任。他们应到现场进行核实，以确保设计图纸与实际情况的一致性。如果勘察设计单位未到现场核实，就可能导致设计图纸与现场实际情况存在偏差，进而引发一系列安全问题。特别是在走廊最小净宽方面，规范要求必须满足一定的标准，以确保人员在紧急情况下的安全疏散。如果走廊最小净宽不满足规范要求，就会对疏散造成障碍，增加人员伤亡的风险。

托儿所、幼儿园建筑走廊最小净宽不应小于下表规定。

房间名称	走廊布置	
	中间走廊	单面走廊或外廊
生活用房	2.4m	1.8m
服务、供应用房	1.5m	1.3m

> **问题 10**：附设在其他建筑中的儿童活动场所未采用耐火极限不低于 2.00h 的防火隔墙、乙级防火门、乙级防火窗与其他区域分隔，现场常见普通铝合金门窗或 C 类耐火门、窗。

参考规范：《建筑防火通用规范》（GB 55037—2022）第 4.1.3 条、第 6.4.3 条，《建筑设计防火规范（2018 年版）》（GB 50016—2014）第 6.2.2 条

解析：儿童活动场所应采用防火门、防火窗、耐火极限不低于 2.00h 的防火隔墙和耐火极限不低于 1.00h 的楼板与其他区域分隔。需要注意的是，依据《〈建筑设计防火规范〉GB 50016—2014（2018 年版）实施指南》第 6.2.2 条【设计要点】，上述分隔部位防火隔墙的耐火极限不应低于 2.00h，与其他部位相通的门、窗应为甲级或乙级防火门、窗。但应注意的是，规范中没有明确在防火隔墙上的开口设置防火门、窗确有困难时是否可以采用防火卷帘等替代的要求。实际上这是要求在防火隔墙上尽量不要开口，如确需开口，仅允许设置甲级或乙级防火门、窗，而不允许开设其他较大的开口，也不允许采用防火卷帘或防火分隔水幕等方式进行分隔。

> **问题 11**：在实际中，通常在幼儿园的中央位置设置天井作为儿童活动场地，同时利于自然采光、通风；但在验收环节发现，建设单位或使用单位为实现遮阳避雨或防止高空坠物的需要，在天井上面加"盖"，天井即成为中庭，室外变为室内，未考虑这个部位的排烟、防火分隔、防火分区、增设消防设施等问题。

参考规范：《建筑设计防火规范（2018 年版）》（GB 50016—2014）第 5.3.2 条

解析：中庭通常是指建筑内部的庭院空间，天井则是指由房屋和围墙所围合形成的中央空地。中庭和天井的最大区别在于，前者有"盖"、不能直接"见天"，后者无"盖"、能直接"见天"。首先，排烟问题至关重要。由于中庭空间相对开阔，且往往与多个楼层相连，其一旦发生火灾，烟雾将迅速蔓延。因此，必须在中庭顶部设置有效的排烟设施，如机械排烟系统，以确保在火灾发生时能够及时排除烟雾，为人员疏散和灭火救援创造有利条件。其次，防火分隔和防火分区也是不可忽视的问题。中庭作为连接多个楼层的开放空间，必须采取有效的防火分隔措施，如设置防火墙、防火门等，以防止火灾在不同楼层之间蔓延。同时，还需要根据建筑规模和使用性质，合理划分防火分区，确保每个分区内的火灾能够得到有效控制，不会波及整个建筑。

> **问题 12**：租赁场地或既有建筑改造为托儿所、幼儿园或儿童活动场所，外墙保温材料燃烧性能无法满足 A 级要求，不符合规范要求。

参考规范：《建筑防火通用规范》（GB 55037—2022）第 6.6.5 条

解析：托儿所、幼儿园及儿童活动场所作为人员密集场所，外墙保温材料的燃烧性能必须达到 A 级，即不燃性建筑材料。这类材料可最大限度地避免和减少因起火而引发的事故，从而保障儿童的生命与财产安全。如果租赁的场地或既有建筑的外墙保温材料燃烧性能无法满足 A 级要求，那么在进行托儿所、幼儿园或儿童活动场所的改造时，必须更换为符合要求的 A 级保温材料。

> **问题 13**：中型和大型幼儿园未按照规范要求设置自动灭火系统。

参考规范：《建筑防火通用规范》（GB 55037—2022）第 8.1.9 条

解析：中型和大型幼儿园需要设置自动灭火系统（喷淋设施）。这一规定是为了确保在火灾发生时，幼儿园能够及时有效地进行灭火，从而保障儿童的生命安全。

问题 14：设置在其他建筑内任一层建筑面积大于 $500m^2$ 或总建筑面积大于 $1000m^2$ 的其他儿童活动场所，未按照规范要求设置火灾自动报警系统。

参考规范：《建筑防火通用规范》（GB 55037—2022）第 8.3.2 条

解析：火灾自动报警系统是及时发现和通报火情、联动消防设施、防止火灾蔓延的重要设施。对于设置在其他建筑内、任一层建筑面积大于 $500m^2$ 或总建筑面积大于 $1000m^2$ 的儿童活动场所，由于其人员密集、火灾危险性高，必须设置火灾自动报警系统。这一规定旨在确保在火灾发生时，能够迅速发现并通报火情，为人员疏散和灭火救援赢得宝贵时间，从而最大限度地保障儿童的生命安全。

问题 15：大于等于 50 张床位的托儿所、幼儿园，灭火器应按照严重危险级进行配置，现场验收常见配置 MF/ABC4 灭火器，灭火级别不能满足规范要求和设计要求。

参考规范：《建筑灭火器配置设计规范》（GB 50140—2005）附录 D

解析：对于大于等于 50 张床位的托儿所、幼儿园，由于其人员密集、火灾危险性高，灭火器的配置按照严重危险级进行，配置不低于 MF/ABC5 的灭火器。

问题 16：托儿所、幼儿园、儿童活动场所为防止孩子摔倒、碰撞，经常在楼梯间铺地胶、墙体软包装，装修材料燃烧性能不满足规范要求。

参考规范：《建筑防火通用规范》（GB 55037—2022）第 6.5.3 条

解析：托儿所、幼儿园、儿童活动场所为防止孩子摔倒、碰撞，在楼梯间铺地胶、墙体软包装时，装修材料的燃烧性能必须满足规范要求。这些场所的装修材料不仅要考虑孩子的安全，防止他们摔倒、碰撞，还要确保材料的燃烧性能符合相关规范要求。地胶和墙体软包装等材料虽然能够增加场所的舒适度和安全性，但如果其燃烧性能不达标，一旦发生火灾，将迅速蔓延并产生大量有毒烟雾，严重威胁孩子的生命安全。

1.9　中小学校、校外培训机构

依据《校外培训机构消防安全管理九项规定》（教监管厅函〔2022〕9 号），校外培训机构主要是指设置在中小学校以外的，面向中小学生以及 3~6 岁学龄前儿童举办的非学历教育培训机构。

问题 1：110kV 及以上变电所贴邻幼儿园教室与卧室、学校教室与宿舍贴邻，不符合规范要求。

参考规范：《民用建筑电气设计标准》（GB 51348—2019）第 22.1.3 条

解析：110kV 及以上变电所不应贴邻幼儿园教室与卧室、学校教室与宿舍、医院病房、老年人居住设施建筑、住宅等人员长期居留场所。这是基于变电所电磁强辐射考虑的，在集中使用大型电磁辐射设备或高频设备的周围，按环境保护和城市规划要求，无论哪种规定，都明确指出了 110kV 及以上变电所不应贴邻幼儿园教室与卧室、学校教室与宿舍等敏感区域。

问题 2：中小学校、校外培训机构的主要教学用房设置层数不符合规范要求。

参考规范：《中小学校设计规范》（GB 50099—2011）第 4.3.2 条、第 5.1.1 条

解析：各类小学的主要教学用房不应设在 4 层以上，各类中学的主要教学用房不应设在 5 层以上。中小学校的教学及教学辅助用房应包括普通教室、专用教室、公共教学用房及其各自的辅助用房。此外，对于校外培训机构，一些地方还有更具体的安全底线要求。例如，江西省规定校外培训机构培训场所所在楼层不得超过 5 层，其中面向 12 周岁以下学生的培训场所楼层不得超过 3 层；长沙市也明确规定校外培训机构办学场所不能超过所在楼栋第 5 层。

问题 3：疏散门数量不满足参考规范：位于走道尽端的教学建筑中的教学用房仅设置 1 个疏散门；或位于 2 个安全出口之间或袋形走道两侧且建筑面积大于 75m² 的教学建筑中的教学用房仅设置 1 个疏散门。

参考规范：《建筑防火通用规范》（GB 55037—2022）第 7.4.2 条

解析：对于位于走道尽端的教学建筑中的教学用房应至少设置 2 个疏散门，以确保在紧急情况下人员能够迅速疏散。同样，对于位于 2 个安全出口之间或袋形走道两侧的教学建筑中的教学用房，若其建筑面积大于 75m²（或规范中针对具体情况所规定的最大建筑面积），也应至少设置 2 个疏散门。在火灾等紧急情况下多个疏散门可以提供更多的逃生路径，减少人员拥堵和踩踏等安全风险，从而提高疏散效率。

问题 4：中小学宿舍居室楼层布置不合理，如布置在地下室、半地下室。

参考规范：《宿舍建筑设计规范》（JGJ 36—2016）第 4.2.5 条至第 4.2.7 条

解析：由于地下室和半地下室的通风、采光、日照、湿度、排水、安全等各方面的条件不适于居住，宿舍设在地下室或半地下室不利于学生健康发育。《中小学校设计规范》（GB 50099—2011）明确规定，学生宿舍不得设在地下室或半地下室。此外，教育部、国家消防救援局联合发布的《中小学校、幼儿园消防安全十项规定》（教发厅〔2024〕1 号）也强调，学生宿舍严禁设置在地下室或半地下室，以确保学生的生命安全和身体健康。

问题 5：设置在中小学校教学楼的地下部分的汽车库，安全出口和疏散楼梯共用，未分别独立设置。

参考规范：《汽车库、修车库、停车场设计防火规范》（GB 50067—2014）第 4.1.4 条

解析：为了确保人员安全疏散，避免在火灾等紧急情况下发生拥堵和危险，汽车库与托儿所、幼儿园，老年人建筑，中小学校的教学楼，病房楼等的安全出口和疏散楼梯应分别独立设置，以确保人员在紧急情况下能够得到迅速、安全的疏散。

问题 6：教学用房的疏散门形式、开启方向错误，如教学用房疏散通道上的门使用推拉门、大玻璃门；教学用房的门未向疏散方向开启，或开启门扇影响走道的疏散通道；隔墙上窗户开启后影响安全疏散。

参考规范：《中小学校设计规范》（GB 50099—2011）第 8.1.8 条

解析：疏散通道上的门不得使用弹簧门、旋转门、推拉门、大玻璃门等不利于疏散通畅、安全的门；教学用房疏散通道上的门应使用向外平开的门，以便在紧急情况下方便人员快速疏散。而推拉门、大玻璃门等不利于疏散通畅和安全，因为推拉门开启方向可能不符合疏散要求，且在紧急情况下可能难以快速打开；大玻璃门虽然透明，但在疏散过程中可能会造成人员碰撞或阻碍视线，从而影响疏散效率。

此外，教学用房的门必须向疏散方向开启，且开启的门扇不能挤占走道的疏散通道。在紧急情况下，如火灾等，人员需要快速、安全地疏散到安全区域。如果门未向疏散方向开启，或者开启后门扇挤占了走道的疏散通道，将会严重阻碍人员的疏散，增加伤亡风险。同时，隔墙上的窗户开启后也不应影响安全疏散。窗户的设计应考虑到紧急情况下的使用需求，确保其在需要时能够迅速开启，为人员提供逃生通道或通风换气口。如果窗户开启后会影响安全疏散，那么必须进行相应的改造或调整，以满足消防安全要求。因此，教学用房的疏散门形式、开启方向以及隔墙上的窗户设计都必须严格遵守相关规定和标准，确保在紧急情况下能够迅速、安全地疏散人员。

问题 7：疏散走道、疏散门净宽度不满足规范要求，如中小学校教学用房的内走道净宽度不足 2.40m，如单侧走道及外廊的净宽度不足 1.80m。

参考规范：《中小学校设计规范》(GB 50099—2011) 第 8.2.2 条至第 8.2.4 条

解析：疏散走道和疏散门的净宽度是影响疏散效率的关键因素之一，过窄的走道和门会导致疏散过程中发生拥堵，增加伤亡风险。基于消防安全考虑，确保在紧急情况下，如火灾等，人员能够迅速、安全地疏散到安全区域。中小学校建筑的疏散通道宽度最少应为 2 股人流，并应按 0.60m 的整数倍增加疏散通道宽度。中小学校建筑教学用房的内走道净宽度不应小于 2.40m，单侧走道及外廊的净宽度不应小于 1.80m。房间疏散门开启后，每樘门净通行宽度不应小于 0.90m。

问题 8：中小学校、校外培训机构的安全出口、疏散楼梯数量不满足规范要求。

参考规范：《建筑防火通用规范》(GB 55037—2022) 第 7.4.1 条，《中小学校设计规范》(GB 50099—2011) 第 8.5.1 条

解析：校园内除建筑面积不大于 200m^2、人数不超过 50 人的单层建筑外，每栋建筑应设置 2 个出入口。非完全小学内，单栋建筑面积不超过 500m^2，且耐火等级为一、二级的低层建筑可只设 1 个出入口。

问题 9：中小学校的教学楼、图书馆、食堂、集体宿舍未能保证每层至少有 2 个安全出口、2 部疏散楼梯，或为解决安全出口数量不够的问题，与其他功能区域（如办公区）相互借用，不符合规范要求。

参考规范：《中小学校、幼儿园消防安全十项规定》（教发厅〔2024〕1 号）第六条

解析：中小学校的教学楼、图书馆、食堂、集体宿舍以及幼儿园的儿童用房每层应至少有 2 个安全出口、2 部疏散楼梯，且不应与其他功能区域相互借用，并按标准配备消防应急照明和疏散指示标志。安全疏散距离不符合要求的，还应增设安全出口和疏散楼梯。学生宿舍每层应设置声光报警装置或消防应急广播。设置在高层建筑内的幼儿园应设置独立的安全出口、疏散楼梯。中小学校的教学楼、图书馆、食堂、集体宿舍和幼儿园严禁在

门窗上设置影响逃生和灭火救援的障碍物。严禁占用、堵塞、封闭疏散楼梯和安全出口。男女生混用或其他特殊使用的宿舍楼，为管理需要采取的分隔设施和门禁系统，必须保证在紧急情况下能够立即通过自动和现场双向手动两种方式开启。

问题 10：中小学校、校外培训机构教学用建筑物出入口净通行宽度小于1.40m或门内与门外各1.40m范围内设置了台阶。

参考规范：《建筑设计防火规范（2018年版）》（GB 50016—2014）第5.5.19条

解析：人员密集的公共场所、观众厅的疏散门不应设置门槛，其净宽度不应小于1.40m，且紧靠门口内外各1.40m范围内不应设置踏步。人员密集的公共场所的室外疏散通道的净宽度不应小于3.00m，并应直接通向宽敞地带。这一要求是基于消防安全考虑，以确保在紧急情况下，人员能够迅速、安全地疏散。教学用建筑物出入口作为疏散的主要通道，其净通行宽度必须满足规范要求，以容纳足够数量的人员同时疏散。同时，门内与门外一定范围内不宜设置台阶，也是为了保障疏散的顺畅和安全，避免因台阶造成的拥堵和摔倒等安全隐患。

问题 11：特殊教育学校的疏散走道净宽度不满足规范要求，如盲校、培智学校单侧走道小于2.10m；盲校的内走道小于2.40m、培智学校的走道小于3.00m、聋校主要走道净宽小于2.80m。

参考规范：《特殊教育学校建筑设计标准》（JGJ 76—2019）第7.0.8条

解析：对于盲校，单侧走道的净宽度不应小于2.10m，内走道的净宽度不应小于2.40m。对于培智学校，走道的净宽度不应小于3.00m。对于聋校，主要走道的净宽度不应小于2.80m。这些规定是为了确保在紧急情况下，特殊教育学生能够迅速、安全地疏散，避免因走道宽度不足而造成拥堵和摔倒等安全隐患。

问题 12：在既有建筑改造项目中，特殊教育学校的培智学校教室被错误地布置在袋形走道尽端。

参考规范：《特殊教育学校建筑设计标准》（JGJ 76—2019）第7.0.5条

解析：培智学校教室不应布置在袋形走道尽端。袋形走道由于其形状特点，在紧急疏散时可能会造成拥堵，增加疏散时间，从而不利于人员的安全疏散。特别是对于培智学校这类特殊教育学校来说，学生的疏散能力可能相对较弱，更需要确保疏散通道的畅通和安全。

问题 13：盲校、培智学校学生经常出入的门厅、走道上设置台阶，影响人员疏散。

参考规范：《特殊教育学校建筑设计标准》（JGJ 76—2019）第7.0.6条

解析：盲校、培智学校学生经常出入的门厅、走道上不应设台阶，如有高差，应设无障碍坡道；盲校、培智学校的走道内墙两侧均应设置连续无障碍扶手，扶手端部应沿墙方向做成弧形连接，扶手宜选用耐久、防滑、易清洗、热惰性指标好的材料。针对残障学生行动不便，门厅、走道等疏散空间中的踏步由于人员众多、情况复杂容易使人摔跤造成事故，为保障学生通行、活动的安全及轮椅的通行，门厅和走道内不应设台阶。

问题 14：中小学校的教学楼、宿舍、餐厅等人员密集场所外墙保温材料未采用A级保温材料，尤其是既有建筑改造项目，原使用功能为多层办公等，改造为人员密集场所，需要关注外墙保温材料燃烧性能问题。

参考规范：《建筑防火通用规范》（GB 55037—2022）第6.6.5条、第1.0.5条

解析： 中小学校的教学楼、宿舍、餐厅等人员密集场所外墙保温材料应采用A级保温材料。既有建筑改造应根据建筑的现状和改造后的建筑规模、火灾危险性和使用用途等因素确定相应的防火技术要求，并达到相关规范规定的目标、功能和性能要求。城镇建成区内影响消防安全的既有厂房、仓库等应迁移或改造。

问题15： 中小学校的室内消火栓箱采用普通玻璃门。室内消火栓箱的玻璃门发生破裂时，容易使学生受到伤害，故中小学校的室内消火栓箱不宜采用普通玻璃门。

参考规范：《中小学校设计规范》（GB 50099—2011）第10.2.7条

解析： 中小学校的室内消火栓箱不宜采用普通玻璃门。因为普通玻璃门在破裂时容易形成锋利的碎片，可能对学生造成伤害。特别是在紧急情况下，如火灾发生时，学生可能会因为慌乱而不小心触碰消火栓箱，导致玻璃门破裂，从而增加受伤的风险。因此，中小学校的室内消火栓箱应采用更安全、耐用的材料制作门体，以避免潜在的安全隐患。

问题16： 中小学校的室内消火栓箱内未按要求设置消防软管卷盘或轻便消防水龙。

参考规范：《建筑设计防火规范（2018年版）》（GB 50016—2014）第8.2.4条

解析： 中小学校作为人员密集场所，其室内消火栓箱内应按要求配置消防软管卷盘或轻便消防水龙，以增强火灾初期的灭火能力，保障师生的生命安全。

问题17： 中小学校、幼儿园电气线路、燃气管路的设计、敷设单位是否具备电气设计施工资质、燃气设计施工资质缺少把控。

参考规范：《中小学校、幼儿园消防安全十项规定》（教发厅〔2024〕1号）第四条

解析： 中小学校、幼儿园电气线路、燃气管路的设计、敷设应由具备电气设计施工资质、燃气设计施工资质的机构或人员实施，应采用合格的电气设备、电气线路和燃气灶具、阀门、管线，并定期检查。然而，实际操作中可能存在对设计、敷设单位的资质把控不严的情况。一些学校或幼儿园可能由于各种情况，如成本考虑、时间紧迫等，而选择了不具备相应资质的单位进行施工，从而埋下了安全隐患。为了确保中小学校、幼儿园的消防安全，相关部门应加强对设计、敷设单位的资质审查，确保所选单位具备相应的电气设计施工资质和燃气设计施工资质。

问题18： 中小学校、校外培训机构、学生宿舍或午休室未按照要求设置火灾自动报警系统。学生宿舍大门或各楼层门处宜设置电控门锁，门锁未与火灾自动报警系统联动。聋校学生宿舍床具设置振动叫醒装置，未与火灾报警系统联动。

参考规范：《特殊教育学校建筑设计标准》（JGJ 76—2019）第10.3.10条、第10.4.4、第10.4.5条

解析： 中小学校、校外培训机构、学生宿舍或午休室等场所应按照消防安全要求设置火灾自动报警系统，以确保在火灾发生时能够及时发现并采取措施。学生宿舍大门或各楼层门处宜设置电控门锁，门锁应与火灾自动报警系统联动，以便在火灾发生时能够迅速打

开门锁，方便人员疏散和救援。但实际操作中存在电控门锁未与火灾报警系统联动的情况。聋校学生宿舍床具应设置振动叫醒装置，并应与火灾报警系统联动。

问题 19：中小学的寄宿宿舍的非消防负荷的配电回路未按照要求设置电气火灾监控系统。

参考规范：《民用建筑电气设计标准》（GB 51348—2019）第 13.2.2 条

解析：幼儿园、中小学的寄宿宿舍的非消防负荷的配电回路应设置电气火灾监控系统，以监控电气线路的故障和异常状态，及时发现电气火灾隐患并报警消除。

问题 20：中小学宿舍配置的灭火器危险等级不满足规范要求。

参考规范：《建筑灭火器配置设计规范》（GB 50140—2005）附录 D

解析：住宿床位在 100 张以下的学校集体宿舍属于中危险级，而住宿床位在 100 张及以上的则属于严重危险级。学校教室、教研室属于中危险级。如果中小学宿舍配置的灭火器危险等级不满足规范要求，例如，将本应配置为严重危险级的灭火器错误地配置为中危险级，或者灭火器的数量、类型、最大保护距离等不符合规定，火灾发生时无法及时有效地进行扑救。

问题 21：中小学教学楼、宿舍楼疏散通道的火灾自动报警系统的报警总线未选择燃烧性能 B_1 级的电线、电缆；或消防联动总线及联动控制线未选择耐火铜芯电线、电缆。

参考规范：《民用建筑电气设计标准》（GB 51348—2019）第 13.8.4 条

解析：在人员密集场所疏散通道采用的火灾自动报警系统的报警总线，应选择燃烧性能 B_1 级的电线、电缆；其他场所的报警总线应选择燃烧性能不低于 B_2 级的电线、电缆。消防联动总线及联动控制线应选择耐火铜芯电线、电缆。在人员密集场所，如中小学教学楼、宿舍楼等，疏散通道的火灾自动报警系统起着至关重要的作用。为了确保系统的可靠性和安全性，报警总线、消防联动总线及联动控制线的选择至关重要。

1.10 电 影 院

问题 1：电影院的耐火等级不符合规范要求，A 类广播电影电视建筑耐火等级应为一级，B 类广播电影电视建筑耐火等级不应低于二级。

参考规范：《建筑防火通用规范》（GB 55037—2022）第 5.3.1 条、第 5.3.2 条，《广播电影电视建筑设计防火标准》（GY 5067—2017）第 3.0.1 条

解析：对于 A 类广播电影电视建筑，由于其具有特殊的建筑功能和重要性，规范要求其耐火等级必须达到一级。这意味着这些建筑在设计和建造时，需要采用耐火性能较高的建筑构件和防火材料，以确保在火灾发生时能够有效地阻止火势的蔓延，为人员疏散和救援争取宝贵的时间。而对于 B 类广播电影电视建筑，要求其耐火等级不应低于二级。

问题 2：设置在其他建筑中的电影院，如商业综合体中的电影院，未形成独立的防火

分区。

参考规范：《电影院建筑设计规范》(JGJ 58—2008) 第 6.1.2 条

解析：当电影院建在综合建筑内时，应形成独立的防火分区，有利于限制火势蔓延、减少损失。

问题 3：设置在其他建筑中的电影院，如商业综合体中的电影院，未设置独立的安全出口和疏散楼梯。独立的安全出口和疏散楼梯应仅供该场所使用，不与其他用途的场所或楼层共用。

参考规范：《建筑设计防火规范（2018 年版）》(GB 50016—2014) 第 5.4.7 条

解析：在商业综合体等建筑中，由于其建筑功能复杂、人员密集，一旦发生火灾等紧急情况，疏散难度将大大增加。商业综合体中的电影院，必须按规范至少设置 1 个独立的安全出口和疏散楼梯，确保其具备足够的疏散能力和安全措施，保障人员生命财产安全。

问题 4：设置在其他建筑中的电影院，如商业综合体中的电影院，未采用耐火极限不低于 2.00h 的防火隔墙和甲级防火门与其他区域分隔，或防火卷帘顶部未分隔到顶。

参考规范：《建筑设计防火规范（2018 年版）》(GB 50016—2014) 第 5.4.7 条

解析：剧场、电影院、礼堂等场所设置在其他民用建筑内时，为了确保消防安全，需要采用耐火极限不低于 2.00h 的防火隔墙和甲级防火门与其他区域进行分隔。这一要求是为了在火灾发生时，有效阻止火势的蔓延，为人员疏散和消防救援争取宝贵的时间。对于防火隔墙、防火门、防火卷帘等防火分隔设施，其顶部也应分隔到顶，侧面与墙体之间应彻底分隔，并保证分隔处的耐火极限，以确保防火分隔的完整性和有效性。如果防火卷帘顶部未分隔到顶，将可能形成火灾蔓延的通道，降低防火分隔的效果。

问题 5：电影院属于人员密集场所，个别既有建筑改造为电影院的项目，外墙保温材料的燃烧性能无法满足 A 级要求；部分项目外墙保温材料缺少进场复验环节的质量把控。

参考规范：《外墙外保温工程技术标准》(JGJ 144—2019) 第 7.2.2 条

解析：设置人员密集场所的建筑，其外墙外保温材料的燃烧性能应为 A 级。这一要求旨在确保在火灾发生时，外墙保温材料不会迅速燃烧，从而减缓火势的蔓延，为人员疏散和消防救援争取宝贵的时间。对于个别既有建筑改造为电影院的项目，如果外墙保温材料的燃烧性能无法满足 A 级要求，那么这些项目必须进行相应的改造或升级，以满足消防安全规范。任何妥协或忽视行为都可能带来严重的安全隐患。

问题 6：电影院的观众厅疏散门数量不满足规范要求，或观众厅疏散门位置、宽度设置不合理，个别区域至最近疏散门或安全出口的疏散距离超过规范允许值。

参考规范：《建筑防火通用规范》(GB 55037—2022) 第 7.4.6 条

解析：剧场、电影院、礼堂和体育馆的观众厅或多功能厅的疏散门不应少于 2 个，且每个疏散门的平均疏散人数不应大于 250 人；当容纳人数大于 2000 人时，其超过 2000 人的部分，每个疏散门的平均疏散人数不应大于 400 人。这一要求的目的是确保在紧急情下，所有人员都能迅速、有序地疏散。此外，疏散门的位置和宽度设置也需合理。疏散门不应设置门槛，且在紧靠门口1.4m范围内、外不应设置踏步，以避免阻碍疏散。疏散门应为自动推闩式外开门，以确保在紧急情况下能够迅速开启。同时，疏散门的净宽度也应符合规范要求，以确保疏散效率。另外，电影院内各区域至最近疏散门或安全出口的疏散距离也必须控制在规范允许值内。这通常与疏散走道的布局、宽度以及疏散指示标志的设置等因素有关。合理的疏散距离可以确保人员在紧急情况下能够迅速到达安全区域，从而降低安全风险。

问题7：设置在其他建筑中的电影院，观众厅的疏散门设置不符合规范要求，如疏散门未采用自动推闩式外开门，设置门槛；疏散门净宽度小于1.40m；紧靠观众厅的疏散门内、外各1.40m范围内设置踏步。

参考规范：《建筑设计防火规范（2018年版）》（GB 50016—2014）第5.5.19条，《电影院建筑设计规范》（JGJ 58—2008）第6.2.2条

解析：观众厅疏散门应为自动推闩式外开门，严禁采用推拉门、卷帘门、折叠门、转门等，以确保在紧急情况下能够迅速开启，便于人员疏散。人员密集的公共场所疏散门不应设置门槛，以避免阻碍疏散，确保人员能够顺畅通行。疏散门的净宽度不应小于1.40m，以确保足够的疏散宽度，满足人员疏散的需求。紧靠观众厅的疏散门内、外各1.40m范围内不应设置踏步，以避免在疏散过程中造成人员绊倒或拥堵，确保疏散通道的畅通无阻。

问题8：电影院观众厅内疏散走道净宽度、疏散楼梯净宽度不满足规范要求，如中间纵向走道、横向走道净宽小于1.0m；室内楼梯最小宽度小于1.20m；室外疏散梯净宽小于1.10m。

参考规范：《电影院建筑设计规范》（JGJ 58—2008）第6.2.5条、第6.2.7条

解析：电影院观众厅内疏散走道净宽度应不小于1.00m，疏散楼梯净宽度要求根据具体情况有所不同，但室内楼梯最小宽度通常不小于1.1m，作为疏散门之间进入室外疏散梯处的门净宽不小于1.40m或3.00m（作为室外疏散通道时）。

对于电影院观众厅内的疏散走道净宽度，为了确保在紧急情况下，观众能够迅速、有序地通过疏散走道撤离到安全区域，规范要求应不小于1.00m，且边走道的净宽度不应小于0.80m。至于疏散楼梯的净宽度，虽然具体数值可能因建筑类型、楼层高度等而有所不同，但一般来说，为了确保在紧急疏散时，人员能够顺畅地通过楼梯撤离，室内疏散楼梯的净宽度应不小于1.1m。同时，对于室外疏散梯处门的净宽度，如果作为疏散门使用，其净宽度不应小于1.40m，以符合人员密集场所的疏散要求；如果作为室外疏散通道使用，其净宽度则不应小于3.00m，并应直接通向宽敞地带。

需要注意的是，如果电影院设置在其他民用建筑内，还需要满足其他相关的消防要求，如设置独立的安全出口和疏散楼梯、采用耐火极限不低于2.00h的防火隔墙和甲级防火门与其他区域分隔等。

问题9：电影院观众厅的疏散门最小净宽度未考虑每个疏散门的人流股数和疏散时间控制的关系，未根据每个疏散门平均负担的疏散人数校核和调整每个疏散门的宽度。

参考规范：《建筑防火通用规范》（GB 55037—2022）第7.4.6条

解析：电影院观众厅每个疏散门的平均疏散人数不应大于250人；当容纳人数大于2000人时，其超过2000人的部分，每个疏散门的平均疏散人数不应大于400人。

电影院观众厅的疏散门最小净宽度确实需要考虑每个疏散门的人流股数和疏散时间控制的关系，并根据每个疏散门平均负担的疏散人数进行校核和调整。为了确保在紧急情况下观众能够迅速、安全地撤离，疏散门的宽度必须根据观众厅的座位数、人流股数以及疏散时间控制的要求进行合理设置。

条文说明中表示，本条规定了剧场、电影院、礼堂和体育馆的观众厅或多功能厅应具备足够数量的疏散门，并相对均匀分布。在实际工程中，要注意协调每个疏散门的人流股数和疏散时间控制的关系，并根据每个疏散门平均负担的疏散人数，校核和调整每个疏散门的宽度。

人流股数与疏散时间的关系：疏散门的设计还需要考虑人流股数，即同时能够通过疏散门的人数。人流股数越多，疏散效率越高，但疏散门的宽度也需相应增加。同时，疏散时间也是一个关键因素。为了确保观众能够在规定的时间内安全撤离，疏散门的宽度必须满足疏散时间控制的要求。

校核与调整：在实际设计中，设计师需要根据每个疏散门平均负担的疏散人数对疏散门的宽度进行校核和调整。这通常涉及对观众厅座位布局、人流流线以及疏散时间的详细分析，以确保疏散门的设计既符合规范要求，又能满足实际疏散需求

问题10：电影院观众厅疏散门不能直通室外地面或疏散楼梯间时，至最近的安全出口的疏散走道长度大于规范允许值（不应超过10m，设置自动喷水灭火系统时不应超过12.5m）。

参考规范：《建筑设计防火规范（2018年版）》（GB 50016—2014）第5.5.17条

解析：为了确保在紧急情况下，电影院观众厅内的人员能够迅速、安全地通过疏散走道撤离到安全出口或疏散楼梯间。当疏散门不能直接通往室外地面或疏散楼梯间时，疏散走道成为连接疏散门与安全出口或疏散楼梯间的重要通道。因此，疏散走道的长度必须严格控制，以避免因距离过长而延误疏散时间，增加安全风险。

具体来说，电影院观众厅等场所的室内任一点至最近疏散门或安全出口的直线距离不应大于30m（在设置了自动喷水灭火系统的情况下，这一距离可适当增加25%，即不超过37.5m）。当疏散门不能直通室外地面或疏散楼梯间时，至最近的安全出口的疏散走道长度不应超过10m。若电影院观众厅设置了自动喷水灭火系统，则这一长度限制可适当放宽至12.5m（10m增加25%）。

问题11：放映机房与其他部位分隔措施不符合规范要求，如放映机房与观众厅之间不低于2.0h隔墙上设置放映孔未进行分隔或采用普通窗分隔；部分项目放映孔采用防火卷帘分隔，联动逻辑关系不能保证任何一侧发生火灾时防火卷帘均能正常降落。

参考规范：《电影院建筑设计规范》（JGJ 58—2008）第6.1.7条

解析：规范要求放映机房应采用耐火极限不低于2.0h的隔墙与其他部位隔开，以确保在火灾发生时，火势不会迅速蔓延至放映机房，从而保护机房内的设备和人员安全。对于放映机房与观众厅之间的分隔，如果设置放映孔，放映孔的分隔应确保在火灾发生时，

火势和烟气不会通过放映孔蔓延至其他区域，并必须对其进行专门的分隔处理，而不能简单地采用普通窗进行分隔，更不能没有分隔。如果采用防火卷帘进行分隔，那么防火卷帘的联动逻辑关系必须设计得十分严谨，以确保在任何一侧发生火灾时，防火卷帘均能正常降落，从而有效阻断火势的蔓延。

问题 12：放映机房墙面装修材料燃烧性能低于 B_1 级。

参考规范：《电影院建筑设计规范》（JGJ 58—2008）第 6.1.7 条

解析：为确保电影院等公共场所的消防安全，放映机房墙面装修材料的燃烧性能不应低于 B_1 级。

问题 13：电影院观众厅各部位装修材料燃烧性能不满足规范要求。

参考规范：《建筑内部装修设计防火规范》（GB 50222—2017）表 5.1.1 和表 5.2.1

解析：电影院观众厅的装修材料对燃烧性能有明确要求。如观众厅、声闸和疏散通道内的顶棚材料应采用 A 级装修材料，其他部位装修材料燃烧性能具体要求见下表。

建筑物及场所	建筑规模、性质	装修材料燃烧性能等级				
		顶棚	墙面	地面	隔断	固定家具
观众厅、会议厅、多功能厅、等候厅等	每个厅建筑面积>400m²	A	A	B_1	B_1	B_1
	每个厅建筑面积≤400m²	A	B_1	B_1	B_1	B_2

问题 14：疏散出口的门、疏散走道、疏散楼梯间及其前室的顶棚、墙面和地面材料使用影响安全疏散和消防救援的镜面反光材料，影响人员疏散。

参考规范：《建筑防火通用规范》（GB 55037—2022）第 6.5.2 条

解析：在疏散出口的门、疏散走道、疏散楼梯间及其前室等关键疏散路径上，使用镜面反光材料可能会带来严重的安全隐患。这些材料在光线的照射下容易产生强烈的反光，导致视线模糊，影响人员的视线和判断，从而增加在紧急情况下疏散和救援的难度。特别是在火灾等紧急情况下，强烈的反光可能会干扰人们的视线，使人们难以看清前方的道路和障碍物，甚至可能导致人员迷失方向，延误疏散时间。因此，为了确保疏散路径的安全性和有效性，相关规范明确要求疏散出口的门、疏散走道、疏散楼梯间及其前室的顶棚、墙面和地面材料应避免使用镜面反光材料。

问题 15：电影院其他部位装修材料不符合规范要求，如电影院顶棚、墙面装饰的龙骨材料采用木龙骨。

参考规范：《电影院建筑设计规范》（JGJ 58—2008）第 6.1.3 条至第 6.1.8 条

解析：电影院观众厅内座席台阶结构应采用不燃材料。观众厅吊顶内吸声、隔热、保温材料与检修马道应采用 A 级材料。银幕架、扬声器支架应采用不燃材料制作，银幕和所有幕帘材料不应低于 B_1 级。电影院顶棚、墙面装饰采用的龙骨材料均应为 A 级材料。

电影院作为公共娱乐场所和人员密集场所，在装修材料的选择上，应特别注重材料的燃烧性能，以确保在火灾发生时能够有效阻止火势的蔓延，为人员疏散和消防救援争取宝贵时间。对于电影院顶棚、墙面装饰采用的龙骨材料，规范中通常要求使用不燃或难燃材料，以避免在火灾中成为火势蔓延的通道。而木龙骨作为可燃材料，其燃烧性能较低，一旦发生火灾，很容易成为火势蔓延的助力，从而加剧火灾的危害程度。

问题 16：座位数大于 800 个的电影院设置的室内消火栓系统，常见问题是室内消火栓型号与设计不一致，或漏设软管卷盘。

参考规范：《建筑防火通用规范》（GB 55037—2022）第 8.1.7 条，《建筑设计防火规范（2018 年版）》（GB 50016—2014）第 8.2.4 条。

解析：消防工程中，常见室内消火栓型号与设计不一致的问题，这可能是由于在施工过程中，采购的消火栓型号与最初的设计图纸不符，或者设计变更未能及时通知施工单位，导致实际安装的消火栓型号与设计要求不符。这种情况可能会影响到消火栓的使用效果，甚至在某些情况下无法满足灭火需求。另外，漏设软管卷盘也是一个常见问题，电影院等人员密集场所应设置消防软管卷盘或轻便消防水龙，以便于在火灾初期进行快速灭火。然而，实际施工中，由于疏忽或为了节省成本，有时会出现漏设软管卷盘的情况，也降低了电影院的火灾防控能力。

问题 17：电影院未按规范要求设置自动喷水灭火系统，常见问题是原封闭式吊顶区域改为格栅吊顶，喷头依然采用下垂型喷头；格栅吊顶上方设置的洒水喷头，未考虑格栅吊顶对喷水强度的影响、对净空高度的影响。

参考规范：《建筑防火通用规范》（GB 55037—2022）第 8.1.9 条，《自动喷水灭火系统设计规范》（GB 50084—2017）第 6.1 节、第 7.1.13 条、第 5.0.13 条，《建筑防烟排烟系统技术标准》（GB 51251—2017）第 4.2.2 条，《火灾自动报警系统设计规范》（GB 50116—2013）第 6.2.18 条。

解析：首先，关于吊顶类型的变化与喷头选型、喷水强度的问题：当电影院将原封闭式吊顶区域改为格栅吊顶时，应重新评估喷头的选型。下垂型喷头适用于封闭式吊顶环境，但在格栅吊顶下，由于格栅的遮挡和拦截作用，可能会影响喷头的布水性能和喷水强度。因此，在格栅吊顶环境下，当通透面积占吊顶总面积的比例大于 70% 时，喷头应设置在吊顶上方，系统的喷水强度应按规范规定值的 1.3 倍确定。其次，格栅吊顶会削弱喷头的布水性能，导致地面上实际的喷水强度降低。为了补偿这种影响，通常需要根据格栅吊顶的通透性和布局，适当增大喷头的喷水强度或调整喷头的布置方式。然而，在实际操作中，很多电影院可能忽视了这一点，导致喷水强度不足，无法有效灭火。最后，关于格栅吊顶对净空高度的影响、对火灾探测器、对挡烟垂壁的影响。对于有吊顶的空间，当吊顶开孔不均匀或开孔率小于或等于 25% 时，吊顶内空间高度不得计入储烟仓厚度。感烟火灾探测器在格栅吊顶场所的设置，镂空面积与总面积的比例不大于 15% 时，探测器应设置在吊顶下方；镂空面积与总面积的比例大于 30% 时，探测器应设置在吊顶上方。

问题 18：电影院观众厅疏散照明的地面最低水平照度低于 3.0lx；疏散楼梯间、疏散楼梯间的前室或合用前室应确保疏散照明的地面最低水平照度低于 10.0lx。常见问题是照度不足，验收时白天测量，受日光照射影响，不能准确测量应急照明的平均照度值。

参考规范：《建筑防火通用规范》（GB 55037—2022）第 10.1.10 条

解析：对于电影院观众厅，由于其属于人员密集场所，根据相关规定，其疏散照明的地面最低水平照度要求不低于 3.0lx，以确保在紧急情况下观众能够迅速且安全地疏散。而对于疏散楼梯间、疏散楼梯间的前室或合用前室，这些区域作为紧急疏散的重要通道，其疏散照明的地面最低水平照度要求更为严格，不应低于 10.0lx。这样的照度设置有助于人员在紧急情况下更加清晰地辨认路径，提高疏散效率。在验收过程中，如果选择在白天进行测量，日光照射会干扰应急照明平均照度值的准确测量。因此，为了确保测量的准确性，建议在夜间或光线较暗的环境下进行测量，并严格按照相关规定和标准进行操作。

问题 19：座位数超过 1500 个的电影院疏散走道和主要疏散路径的地面上未增设能保持视觉连续的灯光疏散指示标志或蓄光疏散指示标志。

参考规范：《建筑设计防火规范（2018 年版）》（GB 50016—2014）第 10.3.6 条

解析：为了确保在紧急情况下人员能够迅速、准确地找到疏散方向，座位数超过 1500 个的电影院应在疏散走道和主要疏散路径的地面上增设能保持视觉连续的灯光疏散指示标志或蓄光疏散指示标志。这些指示标志能够在黑暗或烟雾环境中提供清晰的疏散指示，帮助人员快速撤离到安全区域。

问题 20：电影院设置机械加压送风系统并靠外墙或可直通屋面的封闭楼梯间、防烟楼梯间，在楼梯间的顶部或最上一层外墙上未设置常闭式应急排烟窗，或应急排烟窗开启方式错误，应具有手动和联动开启功能。

参考规范：《建筑防火通用规范》（GB 55037—2022）第 2.2.4 条

解析：电影院设置机械加压送风系统并靠外墙或可直通屋面的封闭楼梯间、防烟楼梯间时，必须在楼梯间的顶部或最上一层外墙上设置常闭式应急排烟窗，且该应急排烟窗应具有手动和联动开启功能。其目的在于火灾发生时，能够通过机械加压送风系统和应急排烟窗的有效配合，控制烟气的蔓延，为人员疏散和消防救援提供有利条件。手动开启功能较为简单，联动开启功能问题较多，若发生火灾时，机械加压送风系统已经启动，此时如果联动打开应急排烟窗，则会影响加压送风的效果。因此设计人员应考虑好联动逻辑关系并在设计图纸中将其标明。

问题 21：地上电影院建筑面积大于 100m^2 的房间、地下建筑面积大于 50m^2 的无可开启外窗房间、总建筑面积大于 200m^2 的无窗区域，未设置排烟设施。

参考规范：《建筑防火通用规范》（GB 55037—2022）第 8.2.2 条

解析：对于地上电影院，当其建筑面积大于 100m^2 时，特别是观众厅等人员密集区域，应设排烟系统。这是因为在火灾发生时，烟雾会迅速蔓延，影响视线和呼吸，排烟系统能够快速排除烟雾，为救援和撤离提供足够的视野及空气环境。对于地下电影院，当其建筑面积大于 50m^2 且无可开启外窗时，同样需要设置排烟设施。地下空间相对封闭，一旦发生火灾，烟雾难以自然排出，因此必须依靠机械排烟系统来保障安全。此外，对于总建筑面积大于 200m^2 的无窗区域或固定窗区域，无论是地上还是地下，都需要设置排烟设施。这是因为无窗区域或固定窗区域在火灾发生时，烟雾无法自然消散，其会迅速积聚，并对人员构成严重威胁。

问题 22：观众厅的手动报警按钮设置位置不便于操作，应设置在出入口附近。个别项目观众厅与放映室之间设置的防火卷帘联动逻辑错误，当放映机房所在防火分区发生火灾时，不能联动该设备层该防火分区全部防火卷帘全部降落。

参考规范：《建筑防火通用规范》（GB 55037—2022）第 8.3.2 条

解析：观众厅作为人员密集场所，在火灾发生时，手动报警按钮的便捷性和可见性至关重要。为确保人员能够迅速发现并操作手动报警按钮，应将其设置在出入口附近等明显且便于操作的部位。在紧急情况下，人员可以迅速触发报警，为火灾的及时发现和处理赢得宝贵时间。对于观众厅与放映室之间设置的防火卷帘，其联动逻辑应经过严格设计和测试，以确保在火灾发生时能够正确响应。特别是在放映机房所在防火分区发生火灾时，应联动该设备层该防火分区全部防火卷帘全部降落，以有效阻隔火势蔓延，保护人员安全。个别项目中存在的防火卷帘联动逻辑错误问题，必须及时整改，以避免潜在的安全隐患。

问题 23：放映机房未按要求设置火灾自动报警装置。

参考规范：《电影院建筑设计规范》（JGJ 58—2008）第 6.1.10 条

解析：放映机房应设火灾自动报警装置，能够在火灾初期迅速探测到火情，并发出警报，为人员疏散和初期灭火赢得宝贵时间。如果放映机房未按要求设置火灾自动报警装置，将严重威胁该场所及周边区域的人员生命财产安全。

问题 24：座位数超过 1500 个的电影院的非消防负荷的配电回路未设置电气火灾监控系统。

参考规范：《民用建筑电气设计标准》（GB 51348—2019）第 13.2.2 条

解析：座位数超过 1500 个的电影院由于其人员密集性和潜在的火灾危险性，需要采取更为严格的火灾预防措施，应设置电气火灾监控系统。电气火灾监控系统能够实时监测电气线路的异常情况，及时发现并预警潜在的火灾风险，从而有效保障电影院内的人员生命与财产安全。

问题 25：电影院配置的灭火器灭火等级不满足设计要求、规范要求，或灭火器配置不合理，导致部分区域超过灭火器的最大保护距离。

参考规范：《建筑灭火器配置设计规范》（GB 50140—2005）附录 D

解析：灭火器的灭火等级不满足设计要求或规范要求，在火灾发生时灭火器可能无法有效扑灭初期火灾，从而延误了最佳的灭火时机。同样，如果灭火器配置不合理，导致部分区域超过灭火器的最大保护距离，那么在火灾发生时，这些区域的人员可能无法及时获取到灭火器进行自救，增大了火灾的危害性。危险等级举例见下表。

危险等级	举例
严重危险级	体育场（馆）、电影院、剧院、会堂、礼堂的舞台及后台部位
中危险级	体育场（馆）、电影院、剧院、会堂、礼堂的观众厅

 26：建筑内部装修后遮挡消火栓箱、疏散指示标志、灭火器、排烟口等消防设施。

参考规范：《建筑防火通用规范》（GB 55037—2022）第 6.5.1 条

解析：建筑内部装修不应擅自减少、改动、拆除、遮挡消防设施或器材及其标识、疏散指示标志、疏散出口、疏散走道或疏散横通道，不应擅自改变防火分区或防火分隔、防烟分区及其分隔，不应影响消防设施或器材的使用功能和正常操作。

1.11 住 宅 建 筑

问题 1：消防救援设施设置不满足要求，如登高车操作场地部分区域宽度不足 10m；或长度大于 40m 的尽头式消防车道未设置回车场。其他消防救援问题见本书 3.3 消防救援设施。

参考规范：《建筑防火通用规范》（GB 55037—2022）第 3.4.5 条、第 3.4.6 条

解析：高层建筑应至少沿其 1 条长边设置消防车登高操作场地。未连续布置的消防车登高操作场地，应保证消防车的救援作业范围能覆盖该建筑的全部消防扑救面。在建筑与消防车登高操作场地相对应的范围内，应设置直通室外的楼梯或直通楼梯间的入口。场地与建筑之间不应有进深大于 4m 的裙房及其他妨碍消防车操作的障碍物或影响消防车作业的架空高压电线。场地的宽度不应小于 10m。场地的坡度不宜大于 3%，并且场地及其下面的建筑结构、管道、管沟等应满足承受消防车满载时压力的要求。登高车在宽度不足的场地操作时，难以完全展开工作臂，限制了登高车的作业范围，可能无法到达建筑的较高楼层进行救援或灭火作业。消防员在操作登高车时需要足够的空间来调整车辆位置、角度等，如果场地宽度不够，操作难度增大，导致救援时间延长。在火灾等紧急情况下，时间的延误可能会使火势蔓延扩大，被困人员面临更大的危险。

长度大于 40m 的尽头式消防车道应设置满足消防车回转要求的场地或道路。消防回车场对消防安全具有重要意义。在火灾发生时，消防车需要在建筑周边进行灭火、救援等操作，如果尽头式消防车道长度大于 40m 却没有回车场，可能导致消防车无法顺利回转，从而影响救援和灭火工作的及时性和有效性。回车场的大小应视建筑所需消防车的类型而定，普通消防车回车场的面积不应小于 12m×12m；适用于高层建筑的消防登高车使用时，不宜小于 15m×15m；适用于重型消防车使用时，不宜小于 18m×18m。

问题 2：分期建设的住宅项目合用消防车道、消防车登高操作场地，各期之间因施工进度不一，消防验收时消防车道、消防车登高操作场地未施工完成，部分住宅不具备消防救援条件，影响消防验收。

参考规范：《建筑防火通用规范》（GB 55037—2022）第 3.4.3 条

解析：除受环境地理条件限制只能设置 1 条消防车道的公共建筑外，其他高层公共建筑和占地面积大于 3000m² 的其他单、多层公共建筑应至少沿建筑的两条长边设置消防车道。住宅建筑应至少沿建筑的 1 条长边设置消防车道。当建筑仅设置 1 条消防车道时，该消防车道应位于建筑的消防车登高操作场地一侧。消防车道、消防车登高操作场地是消防救援的重要条件，若这些设施未施工完成，需要完成施工并确保具备消防救援条件后按照消防验收程序进行验收。

问题 3：住宅楼与物业用房、办公用房或商业设施贴邻建造时，2 座建筑相邻较高一面外墙为防火墙，紧靠防火墙两侧的门、窗、洞口之间最近边缘的水平距离小于 2.0m，或防火墙内转角两侧墙上的门、窗、洞口之间最近边缘的水平距离小于 4.0m；未设置乙级防火窗等防止火灾水平蔓延的措施时，或设计的乙级防火窗现场安装为 C 类耐火窗。

参考规范：《建筑设计防火规范（2018 年版）》（GB 50016—2014）第 5.2.2 条

解析：民用建筑之间的防火间距不应小于下表的规定，与其他建筑的防火间距，除应符合节规定外，尚应符合规范其他章的有关规定。

建筑类别		高层民用建筑	裙房和其他民用建筑		
		一、二级	一、二级	三级	四级
高层民用建筑	一、二级	13m	9m	11m	14m
裙房和其他民用建筑	一、二级	9m	6m	7m	9m
	三级	11m	7m	8m	10m
	四级	14m	9m	10m	12m

当住宅楼与物业用房、办公用房或商业设施贴邻建造时，通常要求当 2 座建筑相邻较高一面外墙为防火墙时，其防火间距可以不受限制。若不满足特定的防火间距和防火措施要求，将存在火灾安全隐患。具体来说，若紧靠防火墙两侧的门、窗、洞口之间最近边缘的水平距离小于 2.0m，或防火墙内转角两侧墙上的门、窗、洞口之间最近边缘的水平距离小于 4.0m，可能导致火灾在 2 栋建筑之间迅速蔓延。若未设置乙级防火窗等防止火灾水平蔓延的措施，或者设计的乙级防火窗在现场被错误地安装为 C 类耐火窗，也将严重影响防火墙的防火效果。

问题 4：住宅与非住宅功能合建的建筑，住宅部分与非住宅部分之间的分隔措施不符合规范要求，常见楼板耐火极限不满足 2.00h，或防火隔墙上设置了门窗洞口。应采用耐火极限不低于 2.00h，且无开口的防火隔墙和耐火极限不低于 2.00h 的不燃性楼板完全分隔。

参考规范：《建筑防火通用规范》（GB 55037—2022）第 4.3.2 条

解析：住宅与非住宅功能合建的建筑，住宅部分与非住宅部分之间应采用耐火极限不低于 2.00h，且无开口的防火隔墙和耐火极限不低于 2.00h 的不燃性楼板完全分隔，以确保在火灾发生时，火势和烟气不会从非住宅部分蔓延至住宅部分，从而保障住宅部分人员的安全疏散和逃生。

问题 5：复式、洋房、别墅类高品质住宅的汽车库与住宅之间设计的防火隔墙上的乙级防火门未安装；或住户为了美观，安装了豪华玻璃门，无法满足防火分隔的要求。

参考规范：《建筑防火通用规范》（GB 55037—2022）第 4.1.3 条

解析：住宅建筑中的汽车库与住宅之间应采用乙级防火门、防火窗、耐火极限不低于 2.00h 的防火隔墙分隔。住户为了美观安装了豪华玻璃门，虽然提升了外观效果，却严重破坏了防火分隔的完整性，使得火灾发生时火势和烟气容易从汽车库蔓延至住宅部分，对住户的生命财产安全构成严重威胁。

问题6：住宅户门设计的防火门未设置永久性铭牌；或钢质防火门上边框和下边框未充填水泥砂浆；或地下室防火门上部与墙体之间的孔洞没有封堵。防火门常见问题见本书3.7防火分隔设施中的问题17。

参考规范：《防火卷帘、防火门、防火窗施工及验收规范》（GB 50877—2014）第4.3.2条、第5.3.6条

解析：防火门作为建筑防火分隔的重要设施，永久性铭牌的设置是确保防火门身份可追溯。钢质防火门的上边框和下边框充填水泥砂浆是增强其密封性和稳定性的关键步骤。若未进行充填，防火门在火灾发生时可能因受热膨胀或外力作用而变形，导致密封不严，火势和烟气容易从缝隙中蔓延至其他区域，严重威胁人员生命财产安全。地下室防火门上部与墙体之间的孔洞封堵也是防火分隔不可或缺的一环。若孔洞未封堵或封堵不严，同样会导致火势和烟气的蔓延。

问题7：住宅建筑外墙上、下层开口之间未设置高度不小于1.2m的实体墙，未设置挑出宽度不小于1.0m、长度不小于开口宽度的防火挑檐；住宅建筑外墙上相邻户开口之间的墙体宽度小于1.0m，且未在开口之间设置突出外墙不小于0.6m的隔板。

参考规范：《建筑防火通用规范》（GB 55037—2022）第6.2.2条、第6.2.3条，《建筑设计防火规范（2018年版）》（GB 50016—2014）第6.2.5条

解析：住宅建筑外墙上、下层开口之间应设置高度不小于1.2m的实体墙或挑出宽度不小于1.0m、长度不小于开口宽度的防火挑檐。这是为了防止火灾时火势和烟气通过上下层开口蔓延。住宅建筑外墙上相邻户开口之间的墙体宽度也应满足一定的要求，相邻户开口之间的墙体宽度不应小于1.0m，或在开口之间设置突出外墙不小于0.6m的隔板，以形成有效的防火分隔。

问题8：部分高品质住宅建筑盲目追求高档装修视觉效果，疏散楼梯间及其前室、合用前室、地下疏散走道和安全出口的门厅，顶棚、墙面和地面未采用A级装修材料；常见首层大堂、楼梯间前室装修材料不满足要求。

参考规范：《建筑防火通用规范》（GB 55037—2022）第6.5.3条

解析：在住宅建筑中，疏散楼梯间及其前室、合用前室、地下疏散走道和安全出口的门厅等区域是人员疏散的重要通道，其装修材料的选择直接关系火灾时的安全性能。这些区域的顶棚、墙面和地面应采用A级装修材料，以确保在火灾发生时不会产生有毒烟气或加速火势蔓延。部分高品质住宅建筑为了追求高档装修的视觉效果，忽视了装修材料的防火性能，导致首层大堂、楼梯间前室等区域的装修材料不满足规范要求。

问题9：建筑高度大于27m的住宅建筑外保温采用燃烧性能为B_1级的保温材料，建筑外墙上设置普通门、窗，耐火完整性不满足0.50h要求。

参考规范：《建筑设计防火规范（2018年版）》（GB 50016—2014）第6.7.7条

解析：当住宅建筑高度大于27m但不大于100m时，若采用燃烧性能为B_1级的保温

材料，建筑外墙上门、窗的耐火完整性不应低于0.50h。这是为了确保在火灾发生时，门、窗能够在一定时间内有效阻隔火势和烟气的蔓延，为人员疏散和灭火救援赢得宝贵时间。若建筑外墙上设置的普通门、窗耐火完整性不满足这一要求，在火灾发生时，门、窗可能很快被火势突破，导致火势和烟气迅速蔓延至其他区域，增加人员伤亡和财产损失的风险。

问题10： 住宅建筑电梯层门的耐火完整性不足2.00h。

参考规范：《建筑防火通用规范》（GB 55037—2022）第6.3.1条

解析： 电梯井应独立设置，电梯井内不应敷设或穿过可燃气体或甲、乙、丙类液体管道及与电梯运行无关的电线或电缆等。电梯层门的耐火完整性不应低于2.00h。

问题11： 超过33m的住宅建筑消防电梯轿厢内部未设置专用消防对讲电话和视频监控系统的终端设备。

参考规范：《建筑防火通用规范》（GB 55037—2022）第2.2.10条

解析： 建筑高度大于33m的住宅建筑应设置消防电梯，并且消防电梯轿厢内部装修材料的燃烧性能应为A级，同时内部应设置专用消防对讲电话和视频监控系统的终端设备。这些要求是为了确保在火灾等紧急情况下，消防人员能够通过消防对讲电话与轿厢内的人员进行有效沟通，并通过视频监控系统实时了解轿厢内的情况，从而采取正确的救援措施。

问题12： 住宅建筑的电气管道井、水井等竖井在每层楼板处未进行防火分隔，或封堵不严，如电缆线槽、电缆桥架内部未进行防火封堵。

参考规范：《建筑防火通用规范》（GB 55037—2022）第6.3.3条

解析： 在高层建筑中，电气管道井、水井等竖井是火灾蔓延的重要途径之一。如果这些竖井在每层楼板处未进行防火分隔，或封堵不严，火灾时火势和烟气将通过这些竖井迅速蔓延至其他楼层，严重威胁人员生命与财产安全。特别是电缆线槽、电缆桥架等电气线路穿越的竖井，如果内部未进行防火封堵，电气线路在火灾中可能因短路、过载等引发火灾，并加速火势的蔓延。同时，这些竖井内的可燃材料在燃烧过程中还会释放大量的热量和有毒烟气，进一步加剧火灾的危害。

问题13： 住宅建筑的合用前室，管道井的检查门采用丙级防火门，未按要求采用耐火性能不应低于乙级防火门。

参考规范：《建筑防火通用规范》（GB 55037—2022）第6.4.4条

解析： 在住宅建筑中，合用前室及管道井等关键部位的防火分隔至关重要。对于住宅建筑的合用前室及管道井的检查门，其耐火性能不应低于乙级防火门的要求。如果这些部位的门仅采用了丙级防火门，其耐火性能将无法满足规范的要求。丙级防火门在火灾发生时可能无法有效阻挡火势和烟气的蔓延。

问题14： 部分住宅建筑的防烟楼梯间与消防电梯前室合用前室明装的消火栓箱，导致合用前室的使用面积、短边尺寸不满足规范要求；常见原因是消火栓系统平面布置图中为明装消火栓，建筑平面图中为暗装消火栓箱，各专业图纸不统一导致施工结束后短边尺寸不满足规范要求。

参考规范：《建筑防火通用规范》（GB 55037—2022）第 7.1.8 条

解析：在住宅建筑的设计和施工过程中，防烟楼梯间与消防电梯前室合用前室的使用面积和短边尺寸，需要满足规范要求的 2.4m。当消火栓系统平面布置图中设计为明装消火栓，而建筑平面图中却设计为暗装消火栓箱时，就会导致施工过程中的混淆和错误。这种图纸不统一的情况，往往是因为设计单位在绘制图纸时未能充分考虑各专业之间的协调和配合，或者施工单位在施工过程中未能严格按照全专业图纸进行对照施工。为了避免这种情况的发生，设计单位在绘制图纸时应确保各专业之间的图纸统一和协调，施工单位在施工过程中也应严格按照图纸进行施工，并加强各专业之间的沟通和协作，以确保施工质量和安全。

问题 15：一类高层住宅建筑图纸中避难间设计的乙级防火门、乙级防火窗（或耐火窗），建设单位为节约资金，验收现场未按图安装避难间的防火门、防火窗（或耐火窗）。

参考规范：《建筑设计防火规范（2018 年版）》（GB 50016—2014）第 5.5.32 条

解析：一类高层住宅建筑的避难间在设计时明确要求应设置乙级防火门和乙级防火窗（或耐火窗）。这是为了确保在火灾发生时，避难间能够提供相对安全的避难环境，有效阻隔火势和烟气的蔓延，保护避难人员的生命安全。建设单位为节约资金，在验收现场未按图纸要求安装避难间的防火门、防火窗（或耐火窗）。避难间的防火门和防火窗是构成避难间安全环境的重要组成部分，缺失这些设施将大大降低避难间的安全性能。建设单位必须严格按照图纸要求和相关消防安全规范进行避难间的设计和施工，确保避难间的防火门、防火窗（或耐火窗）等安全设施得到正确安装和使用，以保障人员的生命安全。

问题 16：住宅建筑地下或半地下室封闭楼梯间的防火门未按图安装。

参考规范：《建筑防火通用规范》（GB 55037—2022）第 7.1.10 条

解析：防火门作为消防设施的一种，其必须保持完整好用，以确保在火灾发生时能够有效阻隔火势和烟气的蔓延，保护人员的生命安全。如果住宅建筑地下或半地下室封闭楼梯间的防火门未按图安装，那么这一区域的消防安全将无法得到保障，一旦发生火灾，后果将不堪设想。

问题 17：住宅建筑地下楼层的疏散楼梯间与地上楼层的疏散楼梯间在防火分隔的防火隔墙上装设门（或防火门）；或地下疏散楼梯间与地上疏散楼梯间直接连通。

参考规范：《建筑防火通用规范》（GB 55037—2022）第 7.1.10 条。

解析：同本节问题 16 的解析所述。

问题 18：住宅建筑疏散楼梯间及其前室首层门窗与住户相邻开口（如厨房窗户）最近边缘之间的水平距离小于 1.0m，未采取防止火势通过相邻开口蔓延的措施。

参考规范：《建筑防火通用规范》（GB 55037—2022）第 7.1.8 条

解析：在住宅建筑中，为了确保疏散楼梯间及其前室的安全性，规范要求疏散楼梯间及前室上的开口与建筑外墙上的其他相邻开口（包括住户的窗户等）最近边缘之间的水平距离不应小于1.0m。这一规定是为了防止在火灾发生时，火势和烟气通过相邻的开口迅速蔓延，从而给疏散人员带来更大的危险。如果在实际的建筑设计中，疏散楼梯间及其前室首层的门窗与住户相邻开口（如厨房窗户）之间的水平距离小于1.0m，就必须采取相应的防止火势蔓延的措施。这些措施可能包括但不限于设置防火窗、防火门等防火分隔设施，或者采用其他能够有效阻隔火势和烟气蔓延的技术手段。

问题19：住宅建筑设置的剪刀楼梯间，梯段之间的防火隔墙未砌筑到顶层楼板底面，导致两个防烟楼梯间在顶层连通。

参考规范：《建筑设计防火规范（2018年版）》（GB 50016—2014）第5.5.28条

解析：剪刀楼梯间应采用防烟楼梯间，且梯段之间应设置耐火极限不低于1.00h的防火隔墙。这是为了防止火灾时火势和烟气在楼梯间内蔓延，保障疏散人员的安全。防火隔墙的设置是其中的关键环节之一，它必须完整且连续，从楼梯间的底部一直延伸至顶层楼板底面，以形成有效的防火分隔。

问题20：多个单元的住宅建筑屋面作为"赠送"面积，被住户隔断，导致多个单元不能通过屋面连通。人员不能通过相邻单元的楼梯进行疏散，少一条疏散路径，不利于人员逃生。

参考规范：《建筑防火通用规范》（GB 55037—2022）第7.3.2条

解析：建筑的楼梯间应设计有合理的疏散路径，以确保人员在紧急情况下能够迅速、安全地撤离。这种将屋面作为"赠送"面积并隔断的做法，直接导致了多个单元之间无法通过屋面连通。在紧急情况下，如火灾发生时，人员原本可以通过相邻单元的楼梯进行疏散，但由于屋面的隔断，这一疏散路径被切断，从而增加了逃生难度和风险。

问题21：住宅建筑的电梯间、疏散楼梯间与汽车库连通的门未按要求设置甲级防火门，且防火门铭牌与实物不一致；甲级玻璃防火门上未安装防火玻璃，仅安装C类耐火玻璃。

参考规范：《建筑防火通用规范》（GB 55037—2022）第6.4.2条

解析：住宅建筑的电梯间、疏散楼梯间与汽车库连通的门必须按要求设置甲级防火门，且防火门铭牌与实物应一致。甲级玻璃防火门上必须安装防火玻璃，不能仅安装C类耐火玻璃。对于甲级玻璃防火门必须安装隔热性和完整性的A类防火玻璃，而不能仅安装C类耐火玻璃。因为A类防火玻璃在火灾中能长时间保持耐火性能，从而有效阻隔火势和烟气的透过，保护人员安全；而C类耐火玻璃不具有隔热性，无法满足甲级防火门的安全要求。

问题22：住宅建筑首层未设置用于直接启动火灾声警报器的手动火灾报警按钮。

参考规范：《火灾自动报警系统设计规范》（GB 50116—2013）第7.5.1条、第7.5.2条

解析：住宅首层明显部位应设置用于直接启动火灾声警报器的手动火灾报警按钮。这是为了确保在火灾发生时，人员能够迅速、直接地启动火灾声警报器，向建筑内所有人员

发出警报，从而及时疏散，减少人员伤亡。

问题23：住宅建筑火灾自动报警系统联动逻辑编程错误，确认火灾后仅能联动本住宅单元的声光警报器、消防应急广播、消防应急照明和疏散指示系统；未按照全楼做消防联动逻辑编程。

参考规范：《消防设施通用规范》（GB 55036—2022）第12.0.5条

解析：住宅建筑火灾自动报警系统的联动逻辑编程应确保在确认火灾后能够全楼联动，而不仅仅是联动本住宅单元的设备。正确的联动逻辑编程应确保在确认火灾后，能够迅速启动以下消防设备，包括但不限于全楼声光警报器，向全楼人员发出警报，提醒他们立即疏散；全楼消防应急广播，通过广播系统向全楼人员发布疏散指令和火灾信息，引导他们有序疏散；全楼消防应急照明和疏散指示系统，确保在火灾发生时，疏散通道和出口有足够的照明和明确的指示，帮助人员迅速找到安全出口。此外，联动逻辑编程还应考虑其他消防设备的联动，如加压送风机、排烟风机、防火卷帘、防火门等，以确保在火灾发生时能够迅速启动，控制火势蔓延，为人员疏散和消防救援创造有利条件。

问题24：建筑高度小于等于100m的住宅建筑，部分项目设计图纸中户内的火灾探测器接入火灾自动报警系统，施工人员未按图施工，安装了独立式火灾探测器，与设计图纸不一致。

参考规范：《建筑设计防火规范（2018年版）》（GB 50016—2014）第8.4.2条

解析：当建筑高度大于54m且不超过100m的住宅建筑，住宅建筑的公共部位应设置火灾自动报警系统，套内宜设置火灾探测器。这意味着，虽然规范并未强制要求套内必须设置，但出于安全考虑建议设置。当建筑高度不大于54m时，高层住宅建筑的公共部位宜设置火灾自动报警系统。若这些部位设置了需联动控制的消防设施，则公共部位必须设置火灾自动报警系统。无论建筑高度如何，一旦设计图纸中明确规定了户内需接入火灾自动报警系统的火灾探测器，施工人员就必须严格按照设计图纸进行施工。在实际施工中，如果安装了独立式火灾探测器而与设计图纸不一致，将影响火灾自动报警系统的整体性能和联动效果。

问题25：住宅建筑的安全出口、疏散楼梯（间）、疏散楼梯间的前室或合用前室未按照设计图纸安装疏散照明；建筑高度大于27m的住宅建筑未按照设计图纸设置灯光疏散指示标志。

参考规范：《建筑防火通用规范》（GB 55037—2022）第10.1.8条、第10.1.9条

解析：对于建筑高度大于27m的住宅建筑应设置灯光疏散指示标志，以确保疏散路线指示明确、方向指示正确清晰、视觉连续。如果未按照设计图纸设置灯光疏散指示标志，同样会严重影响疏散效率和人员安全。

问题26：住宅建筑设置的试验消火栓缺少压力表。

参考规范：《消防给水及消火栓系统技术规范》（GB 50974—2014）第7.4.9条

解析：设有室内消火栓的建筑应设置带有压力表的试验消火栓，其设置位置应符合规定。这一要求是为了确保试验消火栓能够正常监测和显示系统压力，从而保障消防用水的

可靠性和安全性。如果试验消火栓缺少压力表，将无法准确判断消防给水系统的压力情况。

问题 27：住宅小区未在每栋建筑附近就近设置水泵接合器，未设置永久性标志铭牌。

参考规范：《消防给水及消火栓系统技术规范》（GB 50974—2014）第 5.4.4 条、第 5.4.9 条

解析：消防水泵接合器应在每座建筑附近就近设置，以确保在紧急情况下消防车能够迅速连接并使用。这一要求是为了提高消防用水的可靠性和效率，保障住宅小区内的消防安全。消防水泵接合器应设置永久性标志铭牌，并标明供水系统、供水范围和额定压力。这一规定便于消防人员在紧急情况下快速识别和使用水泵接合器，确保消防用水的正确供应。

问题 28：住宅建筑地下部分、商业服务网点、物业等小商业漏装水流指示器、信号阀、减压孔板，或设置的水流指示器、信号阀未接线，不能实现信号反馈。

参考规范：《自动喷水灭火系统设计规范》（GB 50084—2017）第 6.3.1 条、第 6.3.3 条

解析：除报警阀组控制的洒水喷头只保护不超过防火分区面积的同层场所外，每个防火分区、每个楼层均应设水流指示器。当水流指示器入口前设置控制阀时，应采用信号阀。

水流指示器是自动喷水灭火系统中的关键报警装置，其核心功能在于将水流信号转换为电信号，从而实现对火灾发生位置的迅速报告。信号阀则用于控制水流指示器前的水流，并能在控制室显示其状态，确保在紧急情况下能够迅速关闭相关区域的供水，以减小火灾的影响面。减压孔板则用于调节水流压力，确保水流指示器能够正常工作。

问题 29：商业服务网点消防验收存在的问题见本节 1.5 商业服务网点消防验收常见问题，不再赘述。

1.12 剧本杀、密室逃脱类

近年来，以"剧本杀""密室逃脱"为代表的现场组织消费者扮演角色完成任务的剧本娱乐经营场所快速发展。这类场所丰富了文化供给、满足了人民群众文化娱乐消费需求，但也出现了一些不良内容及安全隐患。针对此类新业态，其建筑防火定性、消防设计、消防设施配置该如何界定？目前，现行标准及规范尚未有针对性条文。《消防救援局关于印发密室逃脱类场所火灾风险指南及检查指引的通知》（应急消〔2021〕170 号）明确指出，密室逃脱类场所是指在特定受限空间场景内进行真人逃脱、剧本杀、情景剧类活动的场所，应按照消防法律法规、技术标准要求开展火灾风险检查。

本书借鉴、整理了部分省（区、市）关于新业态"剧本杀""密室逃脱"的防火定性，供大家参考。

一、《北京市规划和自然资源委员会关于发布〈北京市既有建筑改造工程消防设计指南〉（2023 年版）的通知》（京规自发〔2023〕96 号）第 2.2.10 条：改造为下列功能的场

所应执行现行消防技术标准,并符合下列规定。

1. 网吧、酒吧、棋牌室、剧本杀、密室逃脱、足浴店、洗浴中心、蒸拿房、水疗美容、电竞酒店客房等公共娱乐场所,沉浸式观演场所、室内拍摄棚等公共文化活动场所,应按歌舞娱乐放映游艺场所的规定执行。其中,密室逃脱、剧本杀、电竞酒店客房等场所,应根据应用场景设置火灾探测器、应急广播、消防应急照明和疏散指示系统,并应设置电气火灾监控系统。

2. 12 岁以下儿童培训场所应按照儿童活动场所的规定执行。

二、《四川省房屋建筑工程消防设计技术审查要点(2024 年版)(征求意见稿)》第 13.4.1 条:歌厅、舞厅、录像厅、夜总会、卡拉 OK 厅和具有卡拉 OK 功能的餐厅或包房、各类游艺厅(如密室逃脱、剧本杀游戏厅、室内电动卡丁车场、真人 CS 等)、桑拿浴室〔不包括洗浴部分〕的休息室和具有桑拿服务功能的客房、网吧、足疗等场所按歌舞娱乐放映游艺场所的要求执行,且应采取防火分隔措施(耐火极限不低于 2.00h 的防火隔墙、乙级防火门或符合《建筑设计防火规范(2018 年版)》(GB 50016—2014)第 6.5.3 条的规定的防火卷帘和耐火极限不低于 1.00h 的不燃性楼板〕与其他功能用房完全分隔。

三、《新疆建筑防火设计常见问题解答》(新勘设协函〔2021〕第 05 号)附件:建筑防火设计常见问题解答

目前出现的新型业态如密室逃脱、室内动物园等类似使用场所,具体执行哪条规范?

答:密室逃脱、室内动物园等场所,不要简单视为歌舞娱乐放映游艺场所,可按照一般公共建筑中娱乐场所对待,但设计对于安全疏散和材料选择(装饰材料的燃烧性能等级和毒性方面)要严格把关。

四、《省住房城乡建设厅关于印发〈江苏省建设工程消防设计审查验收常见技术难点问题解答 2.0〉的通知》(苏建函消防〔2022〕506 号)第 1.3.2.1 条:公共娱乐场所怎么界定?小型百货商店、教育培训机构、无治疗功能的休养性质的月子护理中心、教学实训楼、保龄球馆、台球、棒球、飞镖、真人 CS、密室逃生、蹦床、美容院、体检中心、SPA(无公共浴池)、电竞酒店、室内卡丁车场等按照什么功能进行技术审查?

答:公共娱乐场所:具有文化娱乐、健身休闲功能并向公众开放的室内场所,包括影剧院、录像厅、礼堂等演出放映场所,舞厅、卡拉 OK 厅等歌舞娱乐场所,具有娱乐功能的夜总会、音乐茶座、酒吧和餐饮场所,游艺、娱乐场所和保龄球馆、旱冰场、桑拿等娱乐、健身、休闲场所和互联网上网服务营业场所,以及其他与所列场所功能相同或相似的营业性场所。

保龄球、台球、棒球、飞镖、真人 CS、密室逃生、剧本杀、蹦床、室内卡丁车场等场所属于非歌舞娱乐放映游艺的公共娱乐场所,可不按歌舞娱乐放映游艺场所设计;电竞酒店兼具网吧和酒店两者特性,是电竞和酒店功能的组合,目前主要功能是满足社会年轻人娱乐、社交而非住宿要求,鉴于上述属性,电竞酒店按照歌舞娱乐放映游艺场所进行消防设计;上述场所与其他功能用房之间应采取防火分隔措施。

五、《合肥市建设工程消防设计审查工作指南》(试行)第二十二条:
保龄球、台球、棒球、蹦床、飞镖、真人 CS、密室逃生、室内电动卡丁车场等场所

属于公共娱乐场所，与其他功能用房之间应采取防火分隔措施［耐火极限不低于2.00h的防火隔墙、乙级防火门和符合《建筑设计防火规范（2018版）》（GB 50016—2014）第6.5.3条规定的防火卷帘，耐火极限不低于1.00h的不燃性楼板］。

六、《山东省建筑工程消防设计部分非强制性条文适用指引》第2.5.29条：棋牌室、活动中心、健身房等是否认定为"歌舞娱乐放映游艺场所"？

答：《建筑设计防火规范（2018年版）》（GB 50016—2014）第5.5.17条第1款中的"歌舞娱乐放映游艺场所"，不包括棋牌室、活动中心、健身房、街道市民之家等文体活动场所以及保龄球、台球、棒球、飞镖、真人CS、密室逃生、室内电动卡丁车场、足疗等公共娱乐场所。《建筑设计防火规范（2018年版）》（GB 50016—2014）第5.4.9条中的"歌舞娱乐放映游艺场所"，以第5.4.9条的条文说明为准，各类文体活动场所中的使用功能，符合第5.4.9条的条文说明的，应满足第5.4.9条的要求。

本文指出的消防验收常见问题主要依据《国家消防救援局 文化和旅游部关于印发〈剧本娱乐经营场所消防安全指南（试行）〉的通知》（消防〔2023〕26号）。

❓问题1：部分项目由既有建筑改造为"剧本杀""密室逃脱"，使用功能变动未依据《建设工程消防设计审查验收管理暂行规定》（住建部令〔2023〕第58号）履行特殊建设工程的消防设计审查、验收程序或其他建设工程的消防设计、备案与抽查程序；部分项目故意回避使用功能，导致实际使用功能与设计功能不一致。

参考规范：《建设工程消防设计审查验收管理暂行规定》（住建部令〔2023〕第58号）第十五条、第二十七条

解析：对于这类既有建筑改造为新兴经营业态（如"剧本杀""密室逃脱"）的项目，其消防设计和审查验收程序至关重要。《建设工程消防设计审查验收管理暂行规定》（住建部令〔2023〕第58号）以及各地制定的具体实施方案，这类改造项目需要履行特殊建设工程消防设计审查、验收程序或其他建设工程的消防设计、备案与抽查程序。然而，部分项目可能由于种种情况，如追求快速开业、降低成本等，而故意回避或忽视这些程序，导致实际使用功能与设计功能不一致，从而埋下安全隐患。

为了解决这个问题，相关部门已经采取了一系列措施。例如，一些地方制定了专门的消防设计审查验收改革实施方案，明确了新兴经营业态的防火设计标准，并加强了部门间的协同合作，以促进新兴行业的安全、健康、有序发展。同时加强了对既有建筑改变使用功能的规划确认、消防审核或备案的工作程序的规范，以优化营商环境、提高审查效率。

对于故意回避使用功能导致实际与设计不一致的情况，相关部门应加强监管和处罚力度，确保所有改造项目都能够严格按照规定进行消防设计审查、验收和备案，以保障公共安全。

❓问题2：密室逃脱和剧本杀场所为了营造神秘的氛围，疏散通道设计得比较隐蔽。其可能会在疏散通道上堆放道具、杂物，使通道宽度变窄。在火灾发生时会严重影响人员的逃生速度。特殊解谜类主题房间，顾客在游玩时被限制在房间内，只有完成任务才能打开出口或由工作人员开门，发生紧急情况时房门无法从内打开；设置的门禁系统未与火灾自动报警系统联动。

参考规范：《剧本娱乐经营场所消防安全指南（试行）》（消防〔2023〕26号）中

"五、安全疏散管理"

解析：密室逃脱和剧本杀这类娱乐场所，为了营造神秘的氛围，往往将疏散通道设计得较为隐蔽，这不仅增加了寻找疏散通道的难度，也可能导致在紧急情况下人员因不熟悉环境而无法迅速撤离。同时，一些场所在疏散通道上堆放道具、杂物，使得通道宽度变窄，进一步阻碍了人员的快速疏散。在火灾发生时，这些隐患将严重影响逃生速度，增加人员伤亡的风险。

此外，特殊解谜等主题房间的设计存在安全隐患。顾客在游玩时被限制在房间内，只有完成任务才能打开出口或由工作人员开门。这种设计在紧急情况下可能导致房门无法从内打开，从而阻碍人员的逃生。更令人担忧的是，一些场所设置的门禁系统并未与火灾自动报警系统联动，这意味着在火灾发生时，门禁系统可能不会自动解锁，进一步加剧了逃生的困难。此类场所应严格按照《剧本娱乐经营场所消防安全指南（试行）》（消防〔2023〕26号）、《人员密集场所消防安全管理》（GB/T 40248—2021）相关规定进行建筑防火、消防设施及疏散设施、火灾自动报警系统的施工与验收，确保消防安全。例如，设置推闩式外开门，配备能远程控制和现场手动开启的电磁门锁装置，且当设置火灾自动报警系统时，实现与系统联动。

问题3：部分密室逃脱和剧本杀场所应急照明未设置或数量不足、照度不够；疏散指示标志未设置或设置不符合要求、被遮挡。部分场所未设置安全疏散指示图，为营造氛围设置的黑暗环境、暗门严重影响人员安全疏散，有的顾客长时间沉迷情境疏散反应能力弱，发生火灾时不能及时安全疏散。

参考规范：《剧本娱乐经营场所消防安全指南（试行）》（消防〔2023〕26号）中"一、消防安全基本条件"

解析：此类场所应当设置消防应急照明、疏散指示标志等疏散设施。场所应设置满足照度要求的消防应急照明灯和灯光疏散指示标志。场所应在明显位置设置安全疏散指示图。场所的安全出口和楼梯的设置应符合《建筑设计防火规范（2018版）》（GB 50016—2014）的有关规定。建筑面积大于 $50m^2$ 的房间，其疏散门数量不应少于2个。疏散门净宽度不小于0.90m，疏散走道和楼梯净宽度不应小于1.10m。其应当提示提醒消费者安全要求。场所应事前告知消费者消防安全注意事项、火灾逃生和应急疏散路线。密室逃脱应当为消费者配备对讲机、定位器（具备蜂鸣警报发声功能即可），确保发生火灾事故时能够快速定位搜救被困人员并及时安全疏散。

这些场所为了营造神秘的氛围，往往设置了黑暗的环境和暗门，这虽然增加了游戏的趣味性，但给人员的安全疏散带来了极大的隐患。在火灾等紧急情况下，如果应急照明未设置或数量不足、照度不够，人员将难以看清周围的环境，从而增加了逃生的难度。同时，如果疏散指示标志未设置或设置不符合要求、被遮挡，人员将难以找到正确的逃生路线，进一步加剧了逃生的难度。

此外，部分场所还未设置安全疏散指示图，这使得人员在紧急情况下难以迅速了解整个场所的疏散路线和出口位置。而长时间沉迷游戏情境中的顾客，其疏散反应能力可能会相对较弱，在火灾等紧急情况下将面临更高风险。此类场所应严格按照《剧本娱乐经营场所消防安全指南（试行）》（消防〔2023〕26号）、《人员密集场所消防安全管理》（GB/T

40248—2021)相关规定进行建筑防火、消防设施及疏散设施、火灾自动报警设备的施工与验收,确保火灾时人员的消防安全。

问题 4:隔断与布局不合理,剧本杀和密室逃脱场所通常会划分出多个不同的房间和区域来设置关卡。密室游戏类场所通常存在多个主题单元,这些单元之间需要严格的防火分隔处理。然而,在实际改造过程中,由于剧情和布景的需要,很难做到真正的防火分隔,再加上非防火的隔断材料,如普通胶合板等,无法有效阻止火势的传播。复杂的布局也可能会影响人员疏散,使人们在火灾发生时容易迷失方向。

参考规范:《剧本娱乐经营场所消防安全指南(试行)》(消防〔2023〕26 号)

解析:这些场所为了设置不同的关卡和主题单元,通常会划分出多个房间和区域。在实际改造过程中,由于剧情和布景的需要,很难做到真正的防火分隔。一些非防火的隔断材料,如普通胶合板等,被用于分隔各个单元,但这些材料无法有效阻止火势的传播。一旦起火,火势很容易通过这些隔断迅速蔓延,增加人员伤亡和财产损失的风险。

此外,复杂的布局也是影响人员疏散的重要因素。在火灾发生时,人们往往因为不熟悉环境而容易迷失方向。密室逃脱和剧本杀场所的布局通常较为错乱,且存在多个狭小空间,这使得人员在疏散过程中难以迅速找到出口。同时,一些场所为了营造神秘氛围,可能会故意设置暗门或隐蔽通道,这些设计在紧急情况下可能会成为逃生的障碍。

因此,剧本杀和密室逃脱场所应高度重视隔断与布局的合理设计,确保各个单元之间实现真正的防火分隔,并优化布局以减少对人员疏散的影响。

严格按照《剧本娱乐经营场所消防安全指南(试行)》(消防〔2023〕26 号)规定,应当实施防火分隔。场所的疏散走道两侧应设置耐火极限不低于 1.00h 的防火隔墙分隔。场所与所在建筑内其他功能场所应采取有效的防火分隔措施,当确需局部连通时,墙上开设的门、窗应采用乙级防火门、窗或防火卷帘分隔。严禁采用夹芯材料燃烧性能低于 A 级的彩钢板作为布景材料。

问题 5:为了营造逼真的场景氛围,"剧本杀""密室逃脱"类场所常常会使用大量的易燃材料进行装修。例如,使用木质结构来搭建古风或欧式建筑场景,或使用塑料、化纤织物等装饰材料做道具,在高温下不仅容易燃烧,还会释放出有毒有害气体,使人在火灾中更容易中毒窒息。

参考规范:《剧本娱乐经营场所消防安全指南(试行)》(消防〔2023〕26 号)

解析:《剧本娱乐经营场所消防安全指南(试行)》(消防〔2023〕26 号)规定,此类场所不得采用易燃可燃材料装修装饰。场所室内装修材料应符合《建筑内部装修设计防火规范》(GB 50222—2017)的有关规定,不得采用聚氨酯、聚苯乙烯等易燃可燃装修材料。不得违规使用易燃可燃挂件、塑料仿真植物、氢气球、模型道具等易燃可燃装饰造型物。

为了营造逼真的场景氛围,这类场所会采用各种装饰材料和道具。例如,使用木质结构来搭建古风或欧式建筑场景,或者使用塑料、化纤织物等材料来制作各种道具和装饰物。这些材料往往都是易燃的,一旦遇到火源,很容易引发火灾。更为严重的是,这些易燃材料在高温下燃烧时,还会释放有毒有害气体。这些气体对人体有害,容易使人在火灾中中毒窒息,从而增加人员伤亡的风险。因此,"剧本杀""密室逃脱"类场所应高度重视装修材料的选择和使用。

问题6：既有建筑改造为"剧本杀""密室逃脱"等娱乐场所，未经消防设计，未按要求配置火灾自动报警系统、自动喷水灭火系统、室内消火栓、软管卷盘、排烟设施、疏散照明、灭火器等消防设施；为了不破坏场景的完整性，消防设施如灭火器、消火栓、火灾探测器、洒水喷头、排烟口手动操作机构、疏散照明、安全出口等疏散指示标志等可能会被道具、装饰物品遮挡。在紧急情况下，人们可能无法及时找到并使用这些消防设施。一些区域可能存在火灾探测器、洒水喷头无法覆盖的情况，导致火灾探测、扑救不及时。部分项目灭火器配置灭火级别不满足要求，或房间分隔后个别区域超过最大保护距离。

参考规范：《剧本娱乐经营场所消防安全指南（试行）》（消防〔2023〕26号）

解析：《剧本娱乐经营场所消防安全指南（试行）》（消防〔2023〕26号）要求此类场所应当设置火灾自动报警系统、灭火器等消防设施器材。场所消防设施的设置标准不低于其所在建筑的设置标准。场所应设置火灾自动报警系统。设置在首层、二层和三层且任一层建筑面积大于$300m^2$，或设置在地下、半地下，或设置在地上4层及以上楼层的场所应设置自动喷水灭火系统。建筑面积$50m^2$以上的房间、建筑内长度大于$20m$的疏散走道应具备自然排烟条件或设置机械排烟设施。场所每$50m^2$应配置至少一组2具5kgABC类干粉灭火器，每组最大保护距离不应大于$15m$。

在既有建筑改造过程中，若未经消防设计或未按要求配置火灾自动报警系统、自动喷水灭火系统、室内消火栓、软管卷盘、排烟设施、疏散照明、灭火器等消防设施，将严重威胁场所的消防安全。这些设施是火灾预防和初期扑救的关键，缺失或配置不当将极大增加火灾风险。

同时，为了保持场景的完整性，一些经营者可能会将消防设施如灭火器、消火栓、火灾探测器、洒水喷头、排烟口手动操作机构、疏散照明、安全出口等疏散指示标志遮挡起来。这种行为在紧急情况下将严重影响人员的疏散和自救，因为人们可能无法及时找到并使用这些消防设施。此外，部分区域可能存在火灾探测器、洒水喷头不能覆盖的情况，导致火灾探测和扑救不及时。

这不仅会延误火灾的初期扑救，还可能加剧火势的蔓延，造成更大的损失。同时，一些项目灭火器配置灭火级别不满足要求，或房间分隔后个别区域超过最大保护距离，也会降低灭火器的使用效果，增加火灾风险。因此，既有建筑改造为"剧本杀""密室逃脱"等娱乐场所时，必须严格遵守消防设计规定，确保消防设施的配置和完好性。

问题7："剧本杀""密室逃脱"等娱乐场所未按要求设置视频监控系统；或监控值班区未安排专人值班。

参考规范：《剧本娱乐经营场所消防安全指南（试行）》（消防〔2023〕26号）

解析：《剧本娱乐经营场所消防安全指南（试行）》（消防〔2023〕26号）要求此类场所应当设置视频监控系统。场所应设置游玩场景全覆盖且24h可视监控系统，并安排专人值班。监控值班区不得设置在游玩场景区域。这一规定旨在确保娱乐场所的公共安全，防止发生安全事故或纠纷时无法提供关键证据。因此，"剧本杀""密室逃脱"等娱乐场所必须严格遵守相关法规，安装并正常使用监控设备，同时在监控值班区安排专人值班，以确保监控系统的有效运行和及时响应。

1.13 加油站、撬装式加油装置

加油站是储存和经营易燃易爆危险物品的场所，流动车辆多，人员来往多，加油站内储存着大量汽油、柴油、轻柴油等油料，存在极大的安全隐患。汽车加油加气站由于储存与加注的汽油、LPG、CNG 和 LNG 等物质具有易燃易爆的特性，属于易燃易爆场所，具有更大的火灾危险性，属于《建设工程消防设计审查验收管理暂行规定》（住建部令〔2023〕第 58 号）第十四条规定的特殊建设工程范畴。

撬装加油站，全称为阻隔防爆撬装加油站，也叫阻隔防爆撬装式加油（气）装置，是一种集地面阻隔防爆储罐、加油（气）机、自动灭火器设备于一体的地面加油（气）系统，外形类似大集装箱，可进行吊装移动，具有固定加油站的功能。这种油站设置有自动灭火装置、紧急泄压装置、防注油过量装置、报警装置、高温自动断油保护阀、内部燃烧抑制装置、油气回收装置等，双壁储罐杜绝了泄漏和污染因素，储罐夹层的监视仪提高了泄漏检测力度。撬装加油站从设计上保证了安全和环保性能。目前，消防审验的主要依据为《汽车加油加气加氢站技术标准》（GB 50156—2021）、《阻隔防爆撬装式加油（气）装置技术要求》（AQ/T 3002—2021）。阻隔防爆撬装式汽车加油装置具有很好的成长性，投资少、占地小、时效高，有着很好的发展前景，目前主要供企业内部、客运站、驾校、物流、农村合作社等单位内部使用。

问题 1：设计单位无加油站、化工等项目的设计资质，超越设计资质范围从事加油站消防设计；或图纸审查时未提供设计单位资质、设计人员专业技术能力等相关信息。

参考规范：《建设工程消防设计审查验收工作细则》（建科规〔2024〕3 号）第七条

解析：《建设工程消防设计审查验收工作细则》（建科规〔2024〕3 号）要求，消防设计文件应当包括设计单位法定代表人、技术总负责人和项目总负责人的姓名及其签字或授权盖章，设计单位资质，设计人员的姓名及其专业技术能力信息。

在加油站、化工等项目的消防设计中，设计单位必须具备相应的设计资质，以确保设计符合安全标准和要求。若设计单位无相关资质却超越范围从事设计，将严重威胁项目的消防安全，可能导致严重的安全事故。同时，在图纸审查阶段，设计单位应提供其资质证明以及设计人员的专业技术能力信息，以供审查机构核实其设计能力和合规性。建设单位在选择设计单位时，应严格审查其资质和专业技术能力，确保选择具备合法资质和丰富经验的设计单位进行合作，以保障项目的消防安全和质量。

问题 2：设计人员盲目套图，消防设计专篇或消防设计文件中《中华人民共和国安全生产法》《中华人民共和国消防法》未依据最新版本进行设计；个别项目依旧采用《汽车加油加气站设计与施工规范（2014 年版）》（GB 50156—2012），未依据《汽车加油加气加氢站技术标准》（GB 50156—2021）进行设计；未及时依据《消防设施通用规范》（GB 55036—2022）、《建筑防火通用规范》（GB 55037—2022）等通用规范进行设计。

参考规范：《建设工程消防设计审查验收工作细则》（建科规〔2024〕3 号）第七条

解析：设计人员在进行消防设计时，应严格遵守《中华人民共和国安全生产法》《中华人民共和国消防法》等法律法规的最新规定。若设计人员盲目套图，未依据最新版本进行设计，将可能面临法律责任。同时，消防设计专篇或消防设计文件中也应明确引用并遵循这些法律法规的最新要求。

对于特定项目，如汽车加油加气站的设计与施工，设计人员必须依据最新的规范标准进行设计。例如，《汽车加油加气站设计与施工规范（2014年版）》（GB 50156—2012）已被《汽车加油加气加氢站技术标准》（GB 50156—2021）所替代。设计人员若仍采用旧版规范进行设计，将不符合现行标准，可能引发安全隐患。因此，设计人员应及时更新知识，掌握最新的规范标准，并严格依据其进行设计。此外，设计人员还应及时依据最新的通用规范进行设计，如《消防设施通用规范》（GB 55036—2022）和《建筑防火通用规范》（GB 55037—2022）等。这些通用规范为消防设计和建筑防火提供了全面的指导和要求，设计人员必须严格遵守，以确保设计的安全性和合规性。

综上所述，设计人员在进行消防设计时，必须严格依据最新版本的法律法规和规范标准，不得盲目套图或忽视最新版本的要求。

问题3：加油站等级核定错误，常见合建站定性错误；个别项目总平面图中存在LNG储罐，但设计文件中未提及，导致加油加气合建站的定性错误；个别图纸总平面图中设计的油罐数量与消防设计专篇或消防设计文件中数量不一致，影响加油站等级判定。

参考规范：《汽车加油加气加氢站技术标准》（GB 50156—2021）第3章"基本规定"，内容较多，不再引用，大家查阅规范原文为准。

解析：加油站等级核定错误通常发生在设计或审核阶段，可能是由于对加油站规模、储油量、设备配置等因素评估不准确所致。加油站等级的核定直接关系其安全管理和消防设施的配置，因此，必须严格按照相关标准和规范进行。

常见合建站定性错误主要源于对加油站与加气站（尤其是LNG储罐）合建项目的理解和执行不到位。合建站的设计需同时满足加油站和加气站的安全要求，且需特别注意两者之间的相互影响。若设计文件中未提及LNG储罐，而图纸中却存在，这将导致合建站的定性出现严重错误。

个别图纸总平面图中设计的油罐数量与消防设计专篇或消防设计文件中数量不一致的问题，同样不容忽视。这种不一致可能导致加油站等级的判定出现偏差，进而影响消防设施的配置和安全管理措施的实施。设计文件和图纸是加油站建设和运营的重要依据，必须保持高度一致性和准确性。

问题4：消防设计专篇或消防设计文件中项目基本情况描述的加油机、加气机、油枪数量与加油站总平面布置图中数量不一致。

解析：消防设计专篇或消防设计文件是加油站建设的重要依据，其中对项目基本情况的描述必须准确无误。这包括加油机、加气机、油枪等关键设备的数量，这些设备的数量直接关系加油站的周边关系、总平面布局和消防设施的配置。

为避免此类问题，建议采取以下措施：加强设计审核。设计单位应加强对消防设计专篇和图纸的审核，确保描述与图纸中的数量完全一致。严格图纸管理。建设单位应建立严格的图纸审核管理制度，确保所有图纸和文件的准确性、一致性、合法性与合规性。

问题 5：消防设计专篇或消防设计文件中加油站工艺设备与站外建（构）筑物的安全间距与周边关系图中标注数据不一致；或标注信息不全；部分项目设计人员未到现场核实或故意回避站外的架空电力线、架空通信线，导致消防验收现场加油站内设备与站外建筑物、架空电力线、架空通信线防火间距不足。确定站外防火间距时，加油站周围的民用建筑物保护类别划分错误。

参考规范：《汽车加油加气加氢站技术标准》(GB 50156—2021) 第 4 章"站址选择"、附录 B 民用建筑物保护类别划分、附录 A 计算间距的起止点

解析：消防设计文件中关于加油站工艺设备与站外建（构）筑物的安全间距必须与周边关系图标注一致，设计人员需现场核实，避免防火间距不足或保护类别划分错误。

数据一致性：消防设计专篇或消防设计文件中关于加油站工艺设备与站外建（构）筑物的安全间距数据必须与周边关系图中的数据完全一致。这是确保加油站消防安全的基础。

现场核实：设计人员必须到现场核实所有可能影响防火间距的因素，包括但不限于架空电力线、架空通信线等。如果故意回避这些因素或未进行现场核实，将导致消防验收时防火间距不足。

防火间距的准确性：防火间距的确定需严格遵守相关规范和标准，如《汽车加油加气加氢站技术标准》(GB 50156—2021) 等。设计人员必须准确计算并标注防火间距，确保项目建设在安全范围内。

民用建筑物保护类别划分：在确定站外防火间距时，加油站周围的民用建筑物保护类别划分必须准确。保护类别的错误划分将直接影响防火间距的确定。设计人员应严格按照相关规范进行划分，并确保其在设计文件中的准确性。

延伸内容：设计人员在进行加油站消防设计时，应充分考虑所有可能影响防火间距的因素，包括但不限于地形、地貌、气候、周边环境等。

问题 6：消防设计专篇或消防设计文件中加油加气站站内设施的防火间距取值不符合《汽车加油加气加氢站技术标准》(GB 50156—2021) 第 5 章"站内平面布置"的规定；消防设计专篇或消防设计文件中加油加气站站内设施的防火间距与加油站总平面图中标注数据不一致；或标注信息不全。

参考规范：《汽车加油加气加氢站技术标准》(GB 50156—2021) 第 5 章"站内平面布置"

解析：首先，消防设计专篇或消防设计文件中关于加油加气站站内设施的防火间距取值，必须严格遵循《汽车加油加气加氢站技术标准》(GB 50156—2021) 第 5 章"站内平面布置"的具体规定。这些规定详细界定了不同设施之间的安全距离，以确保在紧急情况下能够有效防止火势蔓延，保障人员和财产的安全。

其次，消防设计专篇或消防设计文件中的防火间距数据与加油站总平面图上的标注数据必须保持一致。任何不一致都可能导致施工过程中的误解或安全隐患。因此，在设计阶段，必须仔细核对并确保所有数据的一致性。

最后，总平面图中关于防火间距的标注信息必须完整且准确。这包括但不限于各设施之间的具体距离、测量基准点以及必要的图示说明等。标注信息的缺失或模糊可能导致施

工的安全隐患，因此必须予以高度重视。

问题 7：埋地油罐受地下水或雨水作用有上浮的可能，未采取防止油罐上浮的措施。有可能将与其连接的管道拉断，造成跑油甚至发生火灾事故。

参考规范：《汽车加油加气加氢站技术标准》（GB 50156—2021）第 6.1.13 条

解析：当埋地油罐受地下水或雨水作用有上浮的可能时，应采取防止油罐上浮的措施。如果未采取措施，油罐可能会因为浮力作用而上浮。一旦油罐上浮，与其连接的管道可能会因为过度的拉力而断裂，导致油品泄漏。这种泄漏不仅会造成环境污染，还可能引发火灾事故，对人员和财产造成严重威胁。

问题 8：设计深度不够，双层钢制油罐未设渗漏检测立管，油罐卸油未采取防满溢措施，油罐未设带有高液位报警功能的液位监测系统。

参考规范：《汽车加油加气加氢站技术标准》（GB 50156—2021）第 6.1.10 条、第 6.1.15 条、第 6.1.16 条

解析：双层钢制油罐、内钢外玻璃纤维增强塑料双层油罐和玻璃纤维增强塑料等非金属防渗衬里的双层油罐，应设渗漏检测立管。油罐卸油应采取防满溢措施。油料达到油罐容量的 90% 时，应能触动高液位报警装置；油料达到油罐容量的 95% 时，应能自动停止油料继续进罐。高液位报警装置应位于工作人员便于觉察的地点。设有油气回收系统的加油站，站内油罐应设带有高液位报警功能的液位监测系统。单层油罐的液位监测系统尚应具备渗漏检测功能。

在加油站的设计中，双层钢制油罐应设置渗漏检测立管，以便及时发现并处理可能的渗漏情况，防止污染环境和造成安全隐患。如果未采取防满溢措施，一旦油罐过满，将可能导致油品溢出，不仅浪费资源，还可能引发火灾、爆炸等安全事故。因此，设计时应充分考虑防满溢措施，如安装防满溢阀等，以确保卸油过程的安全。液位监测系统能够实时监测油罐内的液位情况，当液位达到设定的高位时，系统会发出报警信号，提醒操作人员及时采取措施，防止油罐过满。未设置高液位报警功能的液位监测系统将降低加油站的安全管理水平，增加安全事故的风险。

问题 9：加油与加氢合建站的消防设计资料中，电气设备的防爆级别选型不准确，常见"电气设备的防爆等级不低于 ExdⅡAT3"，应明确"除氢气区域外的电气设备的防爆等级不低于 ExdⅡAT3"。

参考规范：《爆炸危险环境电力装置设计规范》（GB 50058—2014）第 5.2.3 条、附录 C

解析：可燃性气体或蒸气爆炸性混合物分级、分组，表中 151 项，氢气防爆级别ⅡC，引燃温度组别 T1。当存在有两种以上可燃性物质形成的爆炸性混合物时，可按危险程度较高的级别和组别选用防爆电气设备。

不少项目忽略了氢气区域的特殊性，未能准确反映不同区域对电气设备防爆等级的不同要求。实际上，除氢气区域外，电气设备的防爆等级确实可以不低于 ExdⅡAT3。这是因为，在非氢气区域，汽油等挥发性油气、爆炸性气体的危险程度和引燃温度相对较低，选用 ExdⅡAT3 等级的电气设备能够满足安全要求。然而，在氢气区域，由于氢气的爆炸极限宽、引燃能量低，其爆炸危险性远高于其他爆炸性气体，因此电气设备的防爆等级

需要更高，以确保在氢气环境下也能安全运行。

问题 10：加油站罩棚下处于非爆炸危险区域的灯具未选用防护等级不低于 IP44 级的照明灯具。

参考规范：《汽车加油加气加氢站技术标准》(GB 50156—2021) 第 13.1.8 条

解析：汽车加油加气加氢站内爆炸危险区域以外的照明灯具可选用非防爆型。罩棚下处于非爆炸危险区域的灯具应选用防护等级不低于 IP44 级的照明灯具。

问题 11：加油加氢合建站中，储氢容器、氢气储气井、氢气压缩机、液氢储罐、液氢气化器的区域未设置实体墙或栅栏与公众可进入区域隔离；或不燃材料制作的实体墙或栅栏，高度小于 2m；或站内固定储氢容器、氢气储气井、氢气压缩机与加氢区、加油站地上工艺设备区、加气站工艺设备区、站房、辅助设施之间设置的钢筋混凝土实体防护墙高度不足 2.2m，宽度未考虑储氢容器、氢气储气井、氢气压缩机长度或宽度方向两侧各延伸 1m。

参考规范：《汽车加油加气加氢站技术标准》(GB 50156—2021) 第 10.7.14 条、第 10.7.15 条

解析：设置有储氢容器、氢气储气井、氢气压缩机、液氢储罐、液氢气化器的区域应设实体墙或栅栏与公众可进入区域隔离。实体墙或栅栏与加氢设施设备之间的距离不应小于 0.8m。应使用不燃材料制作实体墙或栅栏，高度不应小于 2m。

站内固定储氢容器、氢气储气井、氢气压缩机与加氢区、加油站地上工艺设备区、加气站工艺设备区、站房、辅助设施之间应设置不小于 0.2m 厚的钢筋混凝土实体防护墙或厚度不小于 6mm 且支持牢固的钢板，高度应高于储氢容器顶部和氢气压缩机顶部 0.5m 及以上，且不应低于 2.2m；宽度不应小于储氢容器、氢气储气井、氢气压缩机长度或宽度方向两侧各延伸 1m。

问题 12：靠近岛端部的加油机、加气机、加氢机等岛上的工艺设备，未设计防止车辆误碰撞的措施和警示标识；验收时防撞柱（栏）高度不满足要求。

参考规范：《汽车加油加气加氢站技术标准》(GB 50156—2021) 第 6.4.11 条、第 7.3.5 条、第 8.3.11 条、第 10.7.11 条、第 13.3.3 条、第 14.2.3 条

解析：撬装式加油装置邻近行车道一侧应设防撞设施。加气机附近应设置防撞柱（栏），高度不应低于 0.5m。CNG 加气站内固定储气瓶（组）或储气井与站内汽车通道相邻一侧、加气机、加气柱和卸气柱的车辆通过侧，应设高度不小于 0.5m 的防撞柱（栏）。加氢设施邻近行车道的地上氢气设备应设防撞柱（栏）。直流充电桩或交流充电桩与站内汽车通道或充电车位相邻一侧应设置车挡或防撞（柱）栏，防撞（柱）栏的高度不应小于 0.5m。加油岛、加气岛、加氢岛靠近岛端部的加油机、加气机、加氢机等岛上的工艺设备应有防止车辆误碰撞的措施和警示标识。采用钢管防撞柱（栏）时，其钢管的直径不应小于 100mm，高度不应小于 0.5m，并应设置牢固。

问题 13：图纸中站房设计的室外疏散楼梯，现场未施工。

解析：室外疏散楼梯是竖向安全疏散通道，视同人员疏散的安全区域，安全疏散距离

应予保证。在项目规划设计中,应确保其安全性和合规性。

? 问题 14:个别项目加油站站房营业厅、疏散楼梯间设置的安全出口、疏散指示标志未安装;应急照明、疏散指示标志使用普通插头连接;应急照明及疏散指示标志线路使用PVC线槽保护,未采用金属管保护。

参考规范:《建筑防火通用规范》(GB 55037—2022)第10.1.9条,《消防应急照明和疏散指示系统技术标准》(GB 51309—2018)第4.5.5条、第4.3.1条

解析:加油站站房建筑面积大于200m^2的营业厅、疏散楼梯间必须按规范要求设置明显的安全出口和疏散指示标志,以确保在紧急情况下人员能够迅速找到并撤离到安全地带。应急照明和疏散指示标志在紧急情况下起着至关重要的作用,它们必须保证持续供电和正常工作。使用普通插头连接是不符合消防安全要求的,因为插头连接容易松动或损坏,导致设备失效。正确的做法应该是采用专用的、可靠的连接方式,确保设备的持续供电。关于应急照明及疏散指示标志线路的保护问题,金属管保护相较于PVC线槽保护具有更好的防火性能。在火灾发生时,金属管能够有效地阻止火势的蔓延,保护线路不受损坏,从而确保应急照明和疏散指示标志的正常工作。因此,使用PVC线槽保护这些线路是不符合消防安全规范的,应该采用金属管进行保护。

? 问题 15:未按图施工,验收现场建筑物、构筑物与总平面布置图纸不一致,如现场增加了危险废物储存、架空电力线等;现场设置的加油机数量与设计不一致。

解析:在加油站的建设过程中,必须严格按照设计图纸进行施工,确保现场建筑物、构筑物的位置、规格及数量等与设计图纸完全一致。如现场增加了危险废物储存库、架空电力线等未在图纸中体现的设施,或者现场设置的加油机数量与设计图纸不符,都将被视为未按图施工的行为。

? 问题 16:罩棚下应急照明灯未按图施工,或防护等级与设计不符。

解析:在加油站的建设和运营过程中,应急照明灯的设置和防护等级是至关重要的,在紧急情况下提供照明,为确保人员安全疏散,除供电可靠外,还需要具备一定的防水、防尘防护等级,以应对可能的环境。

? 问题 17:验收时液位仪未通电调试。

参考规范:《汽车加油加气加氢站技术标准》(GB 50156—2021)第6.1.15条、第6.1.16条、第6.4.5条

解析:油罐卸油应采取防满溢措施。油料达到油罐容量的90%时,应能触动高液位报警装置;油料达到油罐容量的95%时,应能自动停止油料继续进罐。高液位报警装置应位于工作人员便于觉察的地点。设有油气回收系统的加油站,站内油罐应设带有高液位报警功能的液位监测系统。油罐应设紧急泄压装置、防溢流阀、液位计,液位计应在油罐内的液位上升到油罐容量的90%时发出报警信号,防溢流阀应在油罐内的液位上升到油罐容量的95%时自动停止油进罐;油罐出油管道应设置高温自动断油保护阀。

在加油站消防验收过程中,液位仪作为重要的消防设施之一,其正常功能对于保障加油站的安全运营至关重要。如果液位仪未通电调试,进而无法保证其功能正常,应被视为

消防验收不合格，需立即整改并确保所有消防安全设施功能正常后再重新申请消防验收。

问题 18：接地装置、人体静电释放装置、防静电接地装置验收时未施工完毕。

参考规范：《汽车加油加气加氢站技术标准》（GB 50156—2021）第 6.6.4 条、第 13.2.11 条

解析：自助加油机应采用防静电加油枪、键盘，或专设消除人体静电装置并有显著标识；加油加气加氢站的油罐车、LPG 罐车、LNG 罐车和液氢罐车卸车场地应设卸车或卸气临时用的防静电接地装置，并应设置能检测跨接线及监视接地装置状态的静电接地仪。在加油站消防施工过程中，接地装置、人体静电释放装置和防静电接地装置是确保加油站安全运营的重要设施。这些装置的存在和完好性对于防止静电积聚、火花产生以及由此可能引发的火灾或爆炸事故至关重要。

问题 19：汽油罐的通气管高度不满足规范要求，管口未装设阻火器、呼吸阀。

参考规范：《汽车加油加气加氢站技术标准》（GB 50156—2021）第 6.3.9 条、第 6.3.11 条、第 6.4.5 条

解析：汽油罐与柴油罐的通气管应分开设置。通气管管口高出地面的高度不应小于 4m。沿建（构）筑物的墙（柱）向上敷设的通气管，管口应高出建筑物的顶面 2m 及以上。通气管管口应设置阻火器。当加油站采用油气回收系统时，汽油罐的通气管管口除应装设阻火器外，还应装设呼吸阀。撬装式加油装置油罐通气管管口应高于油罐周围地面 4m，且应高于罐顶 1.5m，管口应设阻火器和呼吸阀。

通气管的高度确保在紧急情况下，如油气泄漏时，能够迅速扩散并降低积聚的风险。如果通气管高度不满足要求，将增加油气积聚和引发火灾或爆炸的可能性。阻火器是安装在通气管管口的重要安全装置，其作用是防止外部火焰通过通气管进入汽油罐内，从而避免引发火灾或爆炸。呼吸阀安装在通气管管口，用于调节汽油罐内外的压力平衡，防止因压力过高或过低而引发安全事故。

问题 20：撬装式加油装置四周未设置防护围堰或漏油收集池，或尺寸太小，有效容量不足。

参考规范：《汽车加油加气加氢站技术标准》（GB 50156—2021）第 6.4.10 条

解析：撬装式加油装置四周应设防护围堰或漏油收集池，防护围堰内或漏油收集池的有效容量不应小于储罐总容量的 50%。防护围堰或漏油收集池应采用不燃烧实体材料建造，且不应渗漏。

问题 21：撬装式加油装置设计图纸中加油机上方设自动灭火器（悬挂式超细干粉灭火装置），验收时自动灭火装置灭火级别与设计不符或未安装。

解析：撬装式加油装置作为一种集阻隔防爆、安全环保于一体的加油设备，其设计与施工均需严格遵循相关技术标准与规范。在设计图纸中，明确要求加油机上方应设置悬挂式超细干粉自动灭火装置，这是为了确保在紧急情况下能迅速有效地扑灭火灾，保障加油站的安全。若验收时发现自动灭火装置的灭火级别与设计不符，这意味着该装置可能无法达到预期的灭火效果。

问题 22：未按图施工，设计图纸中的可燃气体检测器现场未安装。

参考规范：《汽车加油加气加氢站技术标准》(GB 50156—2021) 第 13.4.1 条、第 13.4.2 条

解析：加气站、加油加气合建站、加油加氢合建站内设置有 LPG 设备、LNG 设备的露天场所和设置有 CNG 设备、氢气设备与液氢设备的房间内、箱柜内、罩棚下，应设置可燃气体检测器。可燃气体检测器一级报警设定值应小于或等于可燃气体爆炸下限的 25%。设计图纸中的可燃气体检测器是加油站安全运营的重要设施之一，其作用是实时监测加油站内的可燃气体浓度，一旦浓度超标，能够立即发出警报，从而有效预防火灾和爆炸事故的发生。

问题 23：加油软管上的安全拉断阀、加油站加油机上的紧急停机开关、营业室内设置的紧急切断开关，验收时未接线，紧急情况下，不能启动紧急切断开关停止所有加油机的运行并通过站内广播引导顾客离开危险区域。

参考规范：《汽车加油加气加氢站技术标准》(GB 50156—2021) 第 6.4.7 条、第 6.6 节、第 13.5 条

解析：汽车加油加气加氢站应设置紧急切断系统，该系统应能在事故状态下实现紧急停车和关闭紧急切断阀的保护功能。在汽车加油加气加氢站现场工作人员容易接近且较为安全的位置，在控制室、值班室内或站房收银台等有人员值守的位置，设置紧急切断开关。工艺设备的电源和工艺管道上的紧急切断阀应能由手动启动的远程控制切断系统操纵关闭。紧急切断系统应只能手动复位。撬装式加油装置的加油软管上应设安全拉断阀。自助加油机应设置紧急停机开关。发生紧急情况时，自助加油站的营业室内可启动紧急切断开关停止所有加油机运行。

在加油站的安全运营中，安全拉断阀、紧急停机开关和紧急切断开关等安全设施起着至关重要的作用。它们能够在紧急情况下迅速切断加油机的运行，防止事态进一步恶化，并通过站内广播等方式引导顾客迅速离开危险区域，从而最大限度地保障人员与财产的安全。加油软管上的安全拉断阀设计初衷是在加油软管受到异常外力拉扯时自动断开，以防止加油机被拉倒或软管被拉断造成油品泄漏和人员伤害。加油站加油机上的紧急停机开关可以在紧急情况下迅速切断加油机电源的安全装置。营业室内设置的紧急切断开关：这个开关通常用于一键关闭站内所有加油机的电源，并通过站内广播系统引导顾客迅速撤离。若紧急切断开关未接线，将无法在紧急情况下启动，导致无法及时切断所有加油机的运行和有效引导顾客撤离。

问题 24：加油站辅助服务区设置的直流充电桩和交流充电桩的防护等级不能满足 IP54。

参考规范：《汽车加油加气加氢站技术标准》(GB 50156—2021) 第 5.0.7 条、第 13.3.2 条、第 13.3.3 条

解析：电动汽车充电设施应布置在辅助服务区内。户外安装的直流充电桩和交流充电桩的防护等级不应低于 IP54。直流充电桩或交流充电桩与站内汽车通道或充电车位相邻一侧应设置车挡或防撞（柱）栏，防撞（柱）栏的高度不应小于 0.5m。

条文说明中表示，利用加油站网点建设电动汽车充电或更换电池设施是一种简便易行的形式。电动汽车充电或电池更换设备一般没有防爆性能，所以要求"电动汽车充电设施应布置在辅助服务区内"。辅助服务区是相对安全的区域，对充电设备和电池存放间与站内其他设施和设备不做具体间距要求。

户外安装的直流充电桩和交流充电桩防护等级必须达到或超过 IP54，以确保充电桩在各种环境条件下都能正常运行，同时防止水分和尘埃等有害物质侵入，从而保障充电设施的安全性和可靠性。

1.14　电动汽车分散充电设施

电动汽车作为战略性新兴产业之一，国家予以大力推广和资金支持。随着电动汽车的快速发展，配套设施充电桩也在逐步优化。而电动汽车充电桩的配置不但与电气专业相关，更与建筑防火、消防设施配置相关联。电动汽车分散充电设施是指在各类建筑物配建停车位、社会公共停车场（库）、路内停车位等场所建设的，为电动汽车提供充电服务的设施。这些设施包括充电设备、供电系统、配套设施等，旨在适应新能源汽车的快速发展和市场需求，提高充电便利性和普及度。

国家发展改革委、国家能源局等多部门联合印发了《国家发展改革委等部门关于进一步提升电动汽车充电基础设施服务保障能力的实施意见》（发改能源规〔2022〕53号），这对于助力"双碳"目标实现、指导"十四五"时期充电基础设施发展具有重要意义。该意见明确要求，新建居住社区要确保固定车位100%建设充电设施或预留安装条件。预留安装条件时需将管线和桥架等供电设施建设到车位以满足直接装表接电需要。

问题 1：随着新能源汽车的普及，市场上电动汽车越来越多，许多单位在既有建筑内的地上、地下部分开始增设电动汽车充电桩，在既有建筑增设（改建）充电桩除满足《电动汽车分散充电设施工程技术标准》相关消防技术标准外，是否需要办理消防设计审查验收手续？

解析：中华人民共和国住房和城乡建设部网站"政务咨询"回复：增设（改建）充电桩，特别是零星单独改建充电桩，具有《建设工程消防设计审查验收管理暂行规定》所列消防设计审查验收申请要件的，应依法办理消防设计审查验收（备案）手续。

问题 2：老旧小区有没有改造计划，加装汽车充电桩？或者电路改造增加安装充电桩的线路？

解析：中华人民共和国住房和城乡建设部网站"政务咨询"回复：《国务院办公厅关于全面推进城镇老旧小区改造工作的指导意见》明确，各地要科学编制城镇老旧小区改造计划。对纳入城镇老旧小区改造计划的小区，汽车充电设施属完善类改造内容，可根据居民改造意愿和小区实际，纳入改造内容（私人产权的车位安装充电桩不在城镇老旧小区改造范围）。

问题 3：竣工于《电动汽车分散充电设施工程技术标准》（GB/T 51313—2018）实施之前的，既有建筑内地下停车库防火分区大于 $1000m^2$，不满足本标准的第 6.1.5 条第 3 款，但该标准其他条款均能满足，该地下停车库是否符合可以安装自用充电桩的情形？

解析：中华人民共和国住房和城乡建设部网站"政务咨询"回复：按照《电动汽车分散充电设施工程技术标准》（GB/T 51313—2018）第 6.1.6 条规定，既有建筑内配建分散充电设施宜符合本规范第 6.1.5 条的规定。未设置火灾自动报警系统、排烟设施、自动喷水灭火系统、消防应急照明和疏散指示标志的地下、半地下和高层汽车库内不得配建分散充电设施。对于竣工于本标准实施之前的既有建筑，建筑内地下停车库防火分区大于 $1000m^2$，但能满足该标准其他条款及停车库其他相关标准要求时，可安装充电设施。

问题 4：住房城乡建设部发布国家标准《电动汽车分散充电设施工程技术标准》（GB/T 51313—2018），个人在既有建筑地下汽车库自有车位上安装一个充电桩是否需要满足第 6.1.5 条中防火单元最大允许建筑面积 $1000m^2$ 的要求，非集中布置。

解析：中华人民共和国住房和城乡建设部网站"政务咨询"回复：在既有建筑地下车库自有车位上安装的充电桩，应符合现行《电动汽车分散充电设施技术标准》（GB/T 51313—2018）定义的分散充电设施，并应符合该标准的其他规定。其中，第 6.1.5 条对新建的汽车库内配建分散充电设施作出了规定，第 6.1.6 条对既有建筑内配建分散充电设施作出了规定。

既有建筑的地下、半地下和高层汽车库内，未设置火灾自动报警系统、排烟设施、自动喷水灭火系统、消防应急照明和疏散指示标志的，不得配建分散充电设施。既有建筑的地下、半地下和高层汽车库内，已设置了火灾自动报警系统、排烟设施、自动喷水灭火系统、消防应急照明和疏散指示标志的，应根据实际情况，宜符合第 6.1.5 条规定，确保电动汽车充电安全。

问题 5：设有电动汽车分散充电设施的汽车库，防火单元之间设计的防火隔墙、防火门、防火卷帘未施工，导致防火单元最大允许建筑面积超过规范允许值。

参考规范：《电动汽车分散充电设施工程技术标准》（GB/T 51313—2018）第 6.1.5 条

解析：新建汽车库内配建的分散充电设施在同一防火分区内应集中布置，设置独立的防火单元。每个防火单元应采用耐火极限不小于 2.0h 的防火隔墙或防火卷帘、防火分隔水幕等与其他防火单元和汽车库其他部位分隔。当防火隔墙上需开设相互连通的门时，应采用耐火等级不低于乙级的防火门。当采用防火分隔水幕时，应符合国家标准《自动喷水灭火系统设计规范》（GB 50084—2017）的有关规定。当地下、半地下和高层汽车库内配建分散充电设施时，应设置火灾自动报警系统、排烟设施、自动喷水灭火系统、消防应急照明和疏散指示标志。

防火单元是在防火分区内，通过防火隔墙、防火门、防火卷帘或防火分隔水幕等设施进行分隔的局部空间，其主要功能是在一定时间内防止电动汽车火灾向同一防火分区的其他部分蔓延。按照相关规范，每个防火单元应采用耐火极限不小于一定时间的防火隔墙或防火卷帘、防火分隔水幕等措施进行分隔，以确保在火灾发生时能够有效控制火势的蔓延。若防火隔墙、防火门、防火卷帘等防火设施未按照设计要求进行施工，将导致防火单元之间的分隔失效，从而使防火单元的最大允许建筑面积超过规范允许值。这将使在火灾发生时，火势更容易在防火单元之间蔓延，增加了火灾的危害性和损失程度。每个防火单元的最大允许建筑面积见下表。

耐火等级	单层汽车库	多层汽车库	地下汽车库或高层汽车库
一、二级	1500m²	1250m²	1000m²

问题6：地下、半地下和高层汽车库内配建分散充电设施，未按要求设置火灾自动报警系统、排烟设施、自动喷水灭火系统、消防应急照明和疏散指示标志等消防设施，常见既有建筑内的汽车库，不具备配套的消防设施，不应安装分散充电设施。

参考规范：《电动汽车分散充电设施工程技术标准》（GB/T 51313—2018）第6.1.6条

解析：既有建筑内配建分散充电设施宜符合规范规定。未设置火灾自动报警系统、排烟设施、自动喷水灭火系统、消防应急照明和疏散指示标志的地下、半地下和高层汽车库内不得配建分散充电设施。

火灾自动报警系统能够在火灾初期及时发现火情，并启动相应的灭火和疏散程序；排烟设施能够迅速排除火灾产生的烟雾，为人员疏散和灭火救援提供有利条件；自动喷水灭火系统能够在火灾发生时自动喷水灭火，控制火势蔓延；消防应急照明和疏散指示标志则能够在火灾发生时为人员提供清晰的疏散路径和照明，确保人员能够迅速、安全地撤离火灾现场。对于既有建筑内的汽车库，如果未配备上述消防设施，则不应安装分散充电设施，以确保电动汽车充电过程的安全性和可靠性。

问题7：划分防火单元后的电动汽车库，火灾确认后防火卷帘联动降落的逻辑范围不正确，只联动本防火单元的防火卷帘，未按照防火分区联动防火卷帘下降。

参考规范：《火灾自动报警系统设计规范》（GB 50116—2013）第4.6.3条、第4.6.4条，《汽车库、修车库、停车场设计防火规范》（GB 50067—2014）第9.0.8条

解析：在电动汽车库中，防火单元的设置是为了在火灾发生时，通过防火隔墙、防火门、防火卷帘等防火分隔设施，将火灾限制在局部区域内，防止火势蔓延至整个汽车库其他部位。然而，当火灾被确认后，防火卷帘的联动降落逻辑应更为严格和全面。火灾自动报警系统在探测到火情并确认火灾后，应联动整个防火分区内的防火卷帘下降，而不仅限于火灾发生的防火单元内。这样做的目的是更有效地隔绝火势和烟雾，防止其通过未降落的防火卷帘蔓延至其他防火单元、汽车库的其他防火分区。

问题8：预留的防火单元分隔设施（防火隔墙、防火卷帘、防火门），图纸上标注"需要时进行分隔"，消防验收时未进行防火分隔，也未设置挡烟垂壁，导致防烟分区面积超过规范允许值。

参考规范：《汽车库、修车库、停车场设计防火规范》（GB 50067—2014）第8.2.1条、第8.2.2条

解析：在电动汽车库中，防火单元的设置是为了在火灾发生时，通过防火分隔设施将火灾限制在局部区域内，防止火势和烟雾的蔓延。图纸上标注"需要时进行分隔"意味着这些分隔设施应根据实际情况或特定需求进行安装。设有电动汽车分散充电设施的汽车

库，要综合考虑防火分隔、火灾自动报警系统、机械排烟等各个方面的综合协调。汽车库未进行防火单元分隔的防火分区，若未按规范要求划分防烟分区，则会出现防烟分区面积超过规定值，排烟管道上也会缺少排烟防火阀、排烟阀等组件，导致火灾时烟雾的扩散，对人员疏散和灭火救援极为不利。因此，对于设置充电设施的汽车库，必须严格按照图纸和消防安全规范进行施工和验收。确保防火单元分隔设施和挡烟垂壁等消防设施完整有效。

问题9：汽车库在同一防火分区内配建的分散充电设施，多个防火单元共用一套排烟系统，每个防烟分区的排烟支管上设计的排烟防火阀未安装。

参考规范：《消防设施通用规范》(GB 55036—2022)第11.3.5条

解析：排烟风机入口处、一个排烟系统负担多个防烟分区的排烟支管上、排烟管道穿越防火分区处，均应按照规范要求设置排烟防火阀，排烟防火阀应具有在280℃时自行关闭和联锁关闭相应排烟风机、补风机的功能。

问题10：汽车库多个防火单元共用一套排烟系统，当火灾确认后同时打开了多个防烟分区的排烟阀或排烟口，导致着火的防烟分区排烟量不足；应仅打开着火防烟分区的排烟阀或排烟口，其他防烟分区的排烟阀或排烟口应呈关闭状态。

参考规范：《建筑防烟排烟系统技术标准》(GB 51251—2017)第5.2.3条、第5.2.4条

解析：当火灾确认后，火灾自动报警系统应在15s内联动开启相应防烟分区的全部排烟阀、排烟口、排烟风机和补风设施，并应在30s内自动关闭与排烟无关的通风、空调系统。当火灾确认后，担负2个及以上防烟分区的排烟系统，应仅打开着火防烟分区的排烟阀或排烟口，其他防烟分区的排烟阀或排烟口应呈关闭状态。

问题11：既有建筑改造增加分散充电设施，设置防火隔墙、防火卷帘、防火门分隔构建防火单元后，原本一个防火分区内的机械补风或自然补风口被分隔到其中一个防火单元内，其他防火单元内缺少补风设施。

参考规范：《汽车库、修车库、停车场设计防火规范》(GB 50067—2014)第8.2.10条

解析：汽车库内无直接通向室外的汽车疏散出口的防火分区，当设置机械排烟系统时，应同时设置补风系统，且补风量不宜小于排烟量的50%。

在进行既有建筑改造增加分散充电设施时，必须充分考虑防火分隔对补风系统的影响。应确保每个防火单元内都设有补风设施，以保证各个防火单元内都能够获得足够的空气流通，从而有效地控制烟气，并可能需要增加额外的补风口或调整原有的补风系统布局，以满足新的防火分隔要求。

问题12：Ⅰ类汽车库消防用电未按一级负荷供电，采用同一个变电站引来的两路电源供电，只能满足二级负荷供电需求，不能满足一级负荷双重电源供电需求。

参考规范：《建筑防火通用规范》(GB 55037—2022)第10.1.2条

解析：在消防用电的负荷等级划分中，Ⅰ类汽车库的消防用电按一级负荷供电。一级

负荷的供电要求由2个电源供电，且这2个电源之间应无直接联系，以确保在一个电源发生故障时，另一个电源不会同时受到损坏。如果Ⅰ类汽车库消防用电采用同一个变电站引来的两路电源供电，这两路电源并不是真正的双重电源。因为当该变电站发生故障时，这两路电源都可能同时中断供电，从而无法满足一级负荷的供电要求，难以保障Ⅰ类汽车库消防用电的安全性和可靠性。

问题 13：汽车库与电梯间、疏散楼梯间连通的门未按要求安装甲级防火门，或设置的甲级防火门未向疏散方向开启。

参考规范：《建筑防火通用规范》（GB 55037—2022）第 6.4.2 条

解析：电梯间、疏散楼梯间与汽车库连通的门应为甲级防火门，并应向疏散方向开启。

问题 14：地下汽车库验收时常见汽车库地面涂刷环氧地坪漆，施工人员缺少对湿涂覆比、涂层干膜厚度等相关质量把控记录。

参考规范：《建筑内部装修设计防火规范》（GB 50222—2017）第 5.3.1 条、第 3.0.6 条

解析：地下汽车库顶棚、墙面、地面装修材料分别为 A 级、A 级、B_1 级。施涂于 A 级基材上的无机装修涂料，可作为 A 级装修材料使用；施涂于 A 级基材上，湿涂覆比小于 $1.5kg/m^2$，且涂层干膜厚度不大于 1.0mm 的有机装修涂料，可作为 B_1 级装修材料使用。验收时施工单位缺少对湿涂覆比、涂层干膜厚度等相关质量把控记录，可能意味着施工过程中的质量控制存在漏洞。

环氧地坪漆因其良好的防滑性能、耐磨性、颜色多样美观等优点，在地下汽车库等场所得到广泛应用。在涂刷环氧地坪漆的过程中，湿涂覆比和涂层干膜厚度等质量指标的控制至关重要。

湿涂覆比是指涂料实际涂覆面积与理论涂覆面积的比值，它反映了涂料的利用率和施工效率。涂层干膜厚度则是指涂料干燥后形成的膜层的厚度，它决定了地坪漆的耐磨性、抗冲击性等物理性能。这些指标直接影响到地坪漆的附着力、耐磨性、使用寿命以及防火性能等关键特性。

问题 15：交流充电桩缺少过负荷保护、短路保护、漏电保护功能；充电车位未按要求设置车挡、防撞栏等防撞设施。

参考规范：《电动汽车分散充电设施工程技术标准》（GB/T 51313—2018）第 4.0.7 条、第 4.0.8 条

解析：交流充电桩应具备过负荷保护、短路保护和漏电保护功能。充电车位应安装防撞设施，并应采取措施保护充电设备及操作人员安全。

过负荷保护、短路保护、漏电保护功能是交流充电桩不可或缺的安全保障措施。这些功能能够在充电桩出现过负荷、短路或漏电等异常情况时，迅速切断电源，防止故障扩大，保护设备和人员的安全。在充电车位的设置上应充分考虑安全性和实用性。为防止车辆在充电过程中发生移动或碰撞，充电车位必须按要求设置车挡、防撞栏等防撞设施。

问题 16：充电设备及供电装置未在明显位置设置电源切断装置；应考虑消防应急救

援过程中，消防部门第一时间切断电源，防止消防人员触电，影响救援。

参考规范：《电动汽车分散充电设施工程技术标准》（GB/T 51313—2018）第6.1.4条

解析：为了确保在紧急情况下人员能够迅速切断电源，保障充电安全，充电设备及供电装置应在明显位置设置电源切断装置。

消防设备用房

2.1 消防水泵房、高位水箱间

问题 1：单独建造的消防泵房耐火等级未达到二级或以上，或者附设在建筑内的消防泵房未采用防火门、防火窗、耐火极限不低于 2.00h 的防火隔墙和耐火极限不低于 1.50h 的楼板与其他部位分隔，降低消防泵房在火灾中的防护能力。

参考规范：《建筑防火通用规范》（GB 55037—2022）第 4.1.7 条

解析：附设在建筑内的消防水泵房应采用防火门、防火窗、耐火极限不低于 2.00h 的防火隔墙和耐火极限不低于 1.50h 的楼板与其他部位分隔，以有效阻止火势的蔓延，保护消防泵房内的设备和人员安全，消防水泵房的疏散门应直通室外或安全出口。

问题 2：消防泵房未采取有效的防水淹技术措施，施工过程中未严格按照设计图纸和规范进行施工，例如漏做防水门槛，可能导致在使用过程中因漏水或洪水侵入而影响消防泵的正常运行。

参考规范：《建筑防火通用规范》（GB 55037—2022）第 4.1.7 条

解析：防水淹技术措施是确保消防泵房在极端情况下仍能正常运行的重要保障，防水淹技术措施包括但不限于设置防水门槛等，目的是防止水从外部侵入消防泵房。

问题 3：消防泵房设置楼层不当，设置在地下的消防泵房，室内地面与室外出入口地坪高差大于 10m，或设置在地下 3 层及以下楼层，火灾发生时可能难以迅速疏散和进行救援。

参考规范：《建筑防火通用规范》（GB 55037—2022）第 4.1.7 条，《消防给水及消火栓系统技术规范》（GB 50974—2014）第 5.5.12 条

解析：消防泵房作为消防安全的关键设施，其设置位置需严格考虑火灾发生时的疏散和救援需求。为了确保在火灾发生时，消防人员能够迅速到达并进行救援，避免因楼层过深而影响救援效率，消防泵房不应设置在地下 3 层及以下楼层。为了便于疏散和救援，避免因高差过大而增加救援难度，消防泵房的室内地面与室外出入口地坪的高差不应大于 10m。

问题 4：设置在地下的防火分区建筑面积大于 200m² 的地下或半地下设备间（包含消防水泵房在内），其中一个安全出口利用直通室外的金属竖向梯，现场未施工。

参考规范：《建筑设计防火规范（2018 年版）》（GB 50016—2014）第 5.5.5 条

解析：对于设置在地下的防火分区建筑面积大于 200m² 的地下或半地下设备间，包

括消防水泵房在内，为确保火灾等紧急情况下人员能够迅速、安全地疏散，应至少设置2个安全出口。当需要设置2个安全出口时，其中1个安全出口可利用直通室外的金属竖向梯。若设置的金属竖向梯未施工，则无法满足紧急疏散所需的通行能力和安全性要求。

问题5：疏散门设置不合理，消防水泵房的疏散门未直通室外或安全出口，紧急情况下会延误疏散。

参考规范：《建筑防火通用规范》（GB 55037—2022）第4.1.7条

解析：消防水泵房的疏散门应直接通向室外或安全出口。为确保在紧急情况下，如火灾发生时，人员能够迅速、无障碍地撤离消防水泵房，避免延误疏散时机，从而保障人员的生命安全。

问题6：地下或半地下的消防水泵房建筑面积大于200m²，仅设置1个疏散门。多数是因为消防水泵房与设置的控制室之间的防火隔墙未施工，消防水泵房与控制室合并后建筑面积超过200m²，导致疏散门数量不满足规范要求。

参考规范：《建筑设计防火规范（2018年版）》（GB 50016—2014）第5.5.5条

解析：当建筑面积大于200m²的地下、半地下建筑（室）的消防设备用房，应设置至少2个疏散门以确保紧急情况下的快速疏散。在实际情况中，消防水泵房与控制室之间的防火隔墙若未施工，两者合并后的建筑面积可能超过200m²，从而导致疏散门数量不满足规范要求，仅设置1个疏散门将无法满足紧急疏散的需求。若因合并导致建筑面积超标，应重新规划布局，确保每个区域的建筑面积和疏散门数量均符合规范要求。

问题7：地下或半地下的消防水泵房墙面、地面未采用燃烧性能为A级的装修材料，常见燃烧性能为B_1级的吸音板，或用环氧地坪漆做地面且涂层厚度没有把控。

参考规范：《建筑防火通用规范》（GB 55037—2022）第6.5.4条，《建筑内部装修设计防火规范》（GB 50222—2017）第3.0.6条

解析：消防水泵房的顶棚、墙面和地面内部装修材料的燃烧性能均应为A级。施涂于A级基材上的无机装修涂料，可作为A级装修材料使用；施涂于A级基材上，湿涂覆比小于1.5kg/m²，且涂层干膜厚度不大于1.0mm的有机装修涂料，可作为B_1级装修材料使用。

在实际工程中会出现采用燃烧性能为B_1级的吸音板或环氧地坪漆做地面，且涂层厚度没有严格把控的情况，燃烧性能低于A级材料，存在安全隐患。

问题8：室内环境温度不达标，未采取采暖设施，消防泵房的室内环境温度低于5℃，这可能会影响消防泵的正常启动和运行，特别是在寒冷地区。

参考规范：《建筑防火通用规范》（GB 55037—2022）第4.1.7条

解析：消防泵房作为关键消防设施的一部分，其室内环境温度对于消防泵的正常启动和运行至关重要。在寒冷地区，若室内环境温度不达标且未采取采暖设施，消防泵房内的温度可能会低于5℃，这将导致消防泵等供水设施易受冻结影响，进而影响其正常功能。当环境温度低于5℃时，应采取防冻措施以确保设备的正常运行，如设置暖气、空调、保温、电伴热等措施。

问题 9:消防水泵安装前未按照图纸坐标定位,导致消防水泵机组间及机组至墙壁间的净距不满足设计要求,消防水泵房的主要通道宽度不满足1.2m。

参考规范:《消防给水及消火栓系统技术规范》(GB 50974—2014)第5.5.2条、第12.3.2条

解析:消防水泵安装前应复核水泵基础混凝土强度、隔振装置、坐标、标高、尺寸和螺栓孔位置;校核产品合格证,以及其规格、型号和性能与设计要求应一致,并应根据安装使用说明书安装,以确保设备的正常运行和消防安全。机组间的净距不足会限制操作人员的活动空间,机组至墙壁间的净距不足会影响设备维修。消防水泵房的主要通道宽度应不小于1.2m。主要通道是消防水泵房内人员通行和设备运输的关键路径。若通道宽度不足,不仅会影响操作人员的正常通行,还可能在紧急情况下阻碍救援设备的进入,从而严重影响消防安全。

问题 10:消防水泵房电缆、水管道、通风管道进出的施工孔洞未进行防火封堵。

参考规范:《建筑防火封堵应用技术标准》(GB/T 51410—2020)第5.2条

解析:若这些孔洞未进行防火封堵,一旦发生火灾,火势和烟气可能会通过这些孔洞迅速蔓延至其他区域,扩大火灾范围,增加人员伤亡和财产损失的风险。

标准条文说明中表示,管道穿越被贯穿体时,要根据不同的管道类型、管径,被贯穿体类型(混凝土楼板、混凝土、砌块、轻质防火分隔墙体),环形间隙大小,贯穿孔口大小等,选用不同的防火封堵措施,防火封堵材料符合产品的使用要求,其性能经过相应的测试且不低于本标准的规定。

问题 11:消防水泵房内的架空水管道跨越水泵控制柜等电气设备,未采取保证通道畅通和保护电气设备的措施。

参考规范:《消防给水及消火栓系统技术规范》(GB 50974—2014)第5.5.5条

解析:消防水泵房内的架空水管道,不应阻碍通道和跨越电气设备,当必须跨越时,应采取保证通道畅通和保护电气设备的措施。消防水泵房内的架空水管道不应阻碍通道或跨越电气设备,确保通道畅通无阻,便于人员在紧急情况下快速通行和操作,同时保护电气设备免受潜在损害。当架空水管道确实需要跨越电气设备时,必须采取相应措施来保证通道畅通和保护电气设备,如设置挡水防护棚等措施,同时确保水管道与电气设备之间保持足够的安全距离,以防止因水管道泄漏等原因导致的电气短路或火灾风险。

问题 12:消防水泵控制柜的防护等级不满足规范要求,部分项目消防水泵电源线采用上进线方式从柜体上方进入,电缆进出孔洞未进行防火、防水措施,有压水管道泄漏等情况下可能威胁控制柜安全运行。

参考规范:《消防设施通用规范》(GB 55036—2022)第3.0.12条

解析:消防水泵控制柜位于消防水泵控制室内时,其防护等级不应低于IP30;位于消防水泵房内时,其防护等级不应低于IP55。电缆进出孔洞若未进行防火、防水封堵,不仅可能因水管道泄漏等情况威胁控制柜安全运行,还可能在火灾情况下导致火势和烟气的蔓延。

问题 13：个别消防水泵未设置自动巡检装置。关于消防水泵是否应设置自动巡检装置，以及巡检功能的具体要求，人们存在不同的看法。根据规范，消防水泵在准工作状态时应采用变频运行，并具备自动巡检功能。

参考规范：《民用建筑电气设计标准》（GB 51348—2019）第 13.7.7 条

解析：关于消防水泵是否应设置自动巡检装置的问题，根据《消防给水及消火栓系统技术规范》（GB 50974—2014）第 11.0.18 条和第 13.1.10 条，明确要求调试和测试时应调试自动巡检功能，并对各泵的巡检动作、时间、周期、频率和转速等进行试验检测和验证。第 14.0.4 条还规定每周应模拟消防水泵自动控制的条件自动启动消防水泵运转一次，并自动记录巡检情况。这些要求表明，在实际操作中，自动巡检装置能够更好地满足规范的要求，确保消防水泵的可靠性和安全性。

另一方面，《民用建筑电气设计标准》（GB 51348—2019）指出民用建筑内的消防水泵不宜设置自动巡检装置，主要是出于经济成本、管理成本和节能减排等方面的考虑，但这一规定并未完全否定自动巡检装置的价值。实际上，在特定情况下，如消防水泵处于重度潮湿场所或终年无人管理维护时，自动巡检装置能够防止消防水泵轴封锈蚀，确保其正常运行。建议按图施工，工业建筑应按规范要求设置自动巡检装置，民用建筑是否设置自动巡检装置以经过审核的设计图纸为准。

问题 14：消防泵控制柜内使用的电缆规格型号与设计不符，部分施工单位为了节省成本，使用非耐火电缆或线径不满足设计要求，导致消防泵的性能无法达到设计要求。

参考规范：《建筑防火通用规范》（GB 55037—2022）第 10.1.5 条

解析：建筑内的消防用电设备应采用专用的供电回路，当其中的生产、生活用电被切断时，应仍能保证消防用电设备的用电需要。除三级消防用电负荷外，消防用电设备的备用消防电源的供电时间和容量，应能满足该建筑火灾延续时间内消防用电设备的持续用电要求。

在消防系统中，消防泵控制柜扮演着至关重要的角色，其内部的电缆规格型号直接关系消防泵的性能和可靠性。消防泵控制柜内应使用符合设计要求的电缆，这些电缆通常具有特定的耐火性能和线径要求，以确保在火灾等紧急情况下，消防泵能够正常启动并持续运行，从而有效扑灭火源，保障人员生命财产安全。然而，部分施工单位为了节省成本，可能会选择使用非耐火电缆或线径不满足设计要求的电缆。非耐火电缆在火灾中容易烧毁，导致电路中断，而线径不满足要求的电缆则可能因电流过大而发热，甚至引发火灾。

问题 15：消防水泵房设置的备用照明达不到正常消防水泵房照度。

参考规范：《建筑防火通用规范》（GB 55037—2022）第 10.1.11 条，《消防应急照明和疏散指示系统技术标准》（GB 51309—2018）第 3.8.2 条

解析：消防控制室、消防水泵房、自备发电机房、配电室、防排烟机房以及发生火灾时仍需正常工作的消防设备房应设置备用照明，其作业面的最低照度不应低于正常照明的照度。消防水泵房是人员需要坚守和进行关键操作的地方。备用照明的设置旨在确保即使正常照明因火灾而失效，相关人员仍能继续进行必要的控制和操作，从而有效应对火灾。

备用照明灯具可采用正常照明灯具，在发生火灾时应保持正常的照度；备用照明灯具应由正常照明电源和消防电源专用应急回路互投后供电。

问题 16：消防水泵房未设置疏散照明和安全出口标志、疏散指示标志。

参考规范：《消防应急照明和疏散指示系统技术标准》（GB 51309—2018）第 3.8.1 条

解析：消防水泵房等发生火灾时仍需工作、值守的区域应同时设置备用照明、疏散照明和疏散指示标志，也就是说备用照明不应代替消防应急照明。

问题 17：消防水泵房未按要求设置消防电话分机。

参考规范：《火灾自动报警系统设计规范》（GB 50116—2013）第 6.7.4 条

解析：消防水泵房应设置消防专用电话分机，应固定安装在明显且便于使用的部位，并应有区别于普通电话的标识。消防电话分机的设置旨在确保消防控制室值班人员能够及时与消防水泵房等关键部位的值班人员进行通话，从而及时通知有关消防安全方面的情况，并采取必要的应对措施。因此，未按要求设置消防电话分机将严重影响消防系统的通信效率和应急响应能力。

问题 18：高位消防水箱有效容积不满足设计要求，导致火灾发生时无法及时供水。

参考规范：《消防设施通用规范》（GB 55036—2022）第 3.0.10 条

解析：室内临时高压消防给水系统的高位消防水箱有效容积和压力应能保证初期灭火所需水量。高位消防水箱是消防系统中的重要组成部分，其有效容积必须满足设计要求，以确保在火灾发生时能够及时提供足够的消防用水。如果容积过小，水箱中的水可能无法满足初期灭火的需求，从而影响火灾的扑救效果。

问题 19：转输水箱间常见问题与高位消防水箱间类似，不再赘述。

问题 20：消防水泵房、高位消防水箱间、转输水箱间供水系统的其他问题见本书 4.1 节相关内容，不再赘述。

2.2 消防控制室

问题 1：消防控制室位置未按图纸施工，调整后的消防控制室（原门卫、值班室或普通房间）未采用防火门、防火窗、耐火极限不低于 2.00h 的防火隔墙和耐火极限不低于 1.50h 的楼板与其他部位分隔。

参考规范：《建筑防火通用规范》（GB 55037—2022）第 4.1.8 条

解析：附设在建筑内的消防控制室应采用防火门、防火窗、耐火极限不低于 2.00h 的防火隔墙和耐火极限不低于 1.50h 的楼板与其他部位分隔。

如果消防控制室的位置未按图纸施工，调整后的位置（如原门卫、值班室或普通房间）未采用防火门、防火窗、耐火极限不低于 2.00h 的防火隔墙和耐火极限不低于 1.50h 的楼板与其他部位分隔，将严重影响消防控制室的防火性能和安全性。

问题 2：消防控制室所在楼层不符合规范要求，未布置在建筑首层或地下一层，常见于工业项目，消防控制室放置在三层、四层的中央控制室内。

参考规范：《建筑防火通用规范》（GB 55037—2022）第 4.1.8 条

解析：消防控制室应设置在建筑的首层或地下一层，以便于人员疏散和火灾扑救。在一些工业项目中，存在将消防控制室放置在三层、四层等较高楼层的中央控制室内的情况，无法保证火灾等紧急情况下人员能够迅速、安全地疏散。

问题 3：消防控制室与工业建筑的控制室组合建造，未采取防火分隔措施，消防控制室疏散门不能直通室外或安全出口，疏散门需要穿过中央控制室后进入公共疏散走道，火灾情况下会影响相关应急人员安全进出。

参考规范：《建筑防火通用规范》（GB 55037—2022）第 4.1.8 条

解析：当消防控制室与工业建筑的控制室组合建造时，必须采取有效的防火分隔措施，以防止火灾在两者之间蔓延。这些防火分隔措施可能包括防火门、防火窗、防火墙等，它们能够在火灾发生时起到阻隔火势、保护人员安全的重要作用。消防控制室的疏散门必须能够直通室外或安全出口，以确保在火灾情况下，应急人员能够迅速、安全地撤离。个别情况下，消防控制室的疏散门需要穿过中央控制室后进入公共疏散走道，不仅会增大应急人员在火灾中的疏散难度，还可能危及他们的生命安全。

问题 4：消防控制室未采取足够的防水淹技术措施或技术措施不到位，施工过程中未严格按照设计图纸和规范进行施工，例如漏做防水门槛，可能导致在使用过程中外部水侵入而影响消防控制室的正常运行。

参考规范：《建筑防火通用规范》（GB 55037—2022）第 4.1.8 条

解析：为了防止外部水侵入，消防控制室必须采取足够的防水淹技术措施。这些措施包括设置防水门槛、采用防水材料、安装排水系统等，确保在火灾或其他紧急情况下，消防控制室能够保持干燥，正常运行。如漏做防水门槛或防水材料使用不当，就可能导致防水措施不到位。这样一来，一旦外部水源（如雨水、消防用水等）侵入，就可能对消防控制室内的设备和线路造成损害，进而影响其正常运行。

问题 5：消防控制室未采取防啮齿动物进入的措施，个别项目设计的防鼠挡板验收时未安装，或因为影响人员日常通行而被拆除。

参考规范：《建筑防火通用规范》（GB 55037—2022）第 4.1.8 条

解析：消防控制室应采取防啮齿动物进入的措施，这一要求主要基于消防控制室的重要性和啮齿动物可能对消防设备造成的破坏，包括咬断电线、破坏电路板等，这些行为都可能导致消防设备故障甚至失效，从而严重威胁建筑物的消防安全。

问题 6：建筑高度大于 100m 的建筑中的消防控制室开向建筑内的门未采用甲级防火门。

参考规范：《建筑防火通用规范》（GB 55037—2022）第 6.4.3 条

解析：建筑高度大于 100m 的高层建筑，消防控制室开向建筑内的门应采用甲级防火门，以确保在火灾情况下，门体能够抵御火势的侵袭，保持消防控制室的相对安全，从而保障消防系统的正常运行和人员的安全疏散。如果建筑高度大于 100m 的高层建筑消防控制室开向建筑内的门未采用甲级防火门，将严重威胁消防控制室的安全性和可靠性，可能导致火灾迅速蔓延至消防控制室，进而影响消防系统的正常运行，给人员疏散和消防救援带来极大困难。

问题 7：附设在建筑内的消防控制室与其他部位之间分隔的墙体未按设计图纸施工，现场采用普通玻璃隔墙或非隔热的 C 类耐火玻璃窗、玻璃隔墙，耐火性能不能满足 2.0h 耐火性能要求。

参考规范：《建筑防火通用规范》（GB 55037—2022）第 4.1.8 条、第 6.4.7 条、第 6.4.9 条

解析：附设在建筑内的消防控制室应采用防火门、防火窗、耐火极限不低于 2.00h 的防火隔墙和耐火极限不低于 1.50h 的楼板与其他部位分隔。用于防火分隔的防火玻璃墙，耐火性能不应低于所在防火分隔部位的耐火性能要求。

普通玻璃隔墙或非隔热的 C 类耐火玻璃窗、玻璃隔墙的耐火性能远远不能达到耐火极限不低于 2.00h 要求。这些材料在火灾情况下很可能迅速破裂或失效，从而无法起到有效的防火分隔作用。

问题 8：附设在建筑内的消防控制室与走道或其他部位之间分隔的防火隔墙、防火玻璃墙仅分隔到吊顶下部，未砌筑到楼板底面基层，吊顶内全部连通。

参考规范：《建筑防火通用规范》（GB 55037—2022）第 6.2.1 条

解析：防火隔墙应从楼地面基层隔断至梁、楼板或屋面板的底面基层，防火隔墙上的门、窗等开口应采取防止火灾蔓延至防火隔墙另一侧的措施。

问题 9：消防控制室墙体、地面装修材料燃烧性能不满足规范要求，尤其是防静电地板忽略了燃烧性能要求。

参考规范：《建筑防火通用规范》（GB 55037—2022）第 6.5.4 条

解析：消防控制室地面装修材料的燃烧性能不应低于 B_1 级，顶棚和墙面内部装修材料的燃烧性能均应为 A 级。

问题 10：某些项目甲方随意变更消防控制室位置，只考虑设备用房紧凑布置，将消防控制室设置在高压配电室、变电所等电磁干扰较强的场所附近，可能影响火灾自动报警系统设备的正常工作。

参考规范：《火灾自动报警系统设计规范》（GB 50116—2013）第 3.4.7 条

解析：消防控制室不应设置在电磁场干扰较强及其他影响消防控制室设备工作的设备用房附近。电磁干扰可能会影响火灾自动报警系统设备的稳定性和准确性，从而在火灾发生时导致误报、漏报或迟报，给人员疏散和消防救援带来极大困难。消防控制室设计变更应慎重，尤其是位置变动。

问题 11：消防控制室内未设置可直接报火警的外线电话，火灾时无法保证消防控制室与消防救援机构消防通信的可靠性。

参考规范：《消防设施通用规范》（GB 55036—2022）第 12.0.10 条

解析：消防控制室内应设置消防专用电话总机和可直接报火警的外线电话，消防专用电话网络应为独立的消防通信系统，这是为了确保在火灾发生时，消防控制室能够迅速、可靠地与消防救援机构进行通信，及时报告火警信息，从而有效组织灭火和救援行动，最大限度地减少火灾损失和人员伤亡。

❓ 问题12：消防控制室未按规范要求设置与正常照度一致的备用照明、疏散照明和疏散指示标志，最常见的问题是未设置安全出口标志。

参考规范：《建筑防火通用规范》（GB 55037—2022）第10.1.11条，《消防应急照明和疏散指示系统技术标准》（GB 51309—2018）第3.8.1条、第3.8.2条

解析：消防控制室应设置备用照明，其作业面的最低照度不应低于正常照明的照度。消防控制室应同时设置备用照明、疏散照明和疏散指示标志。在实际工程中，由于设计或施工人员疏忽、施工不当或监管不严等，消防控制室未按规范要求设置与正常照度一致的备用照明和指示标志。这可能导致在火灾等紧急情况下，消防控制室内部照明不足，工作人员难以正常操作和值守；同时，疏散路径不清晰，人员难以迅速找到安全出口并安全疏散。

❓ 问题13：消防控制室的2条供电回路，未从变电所或总配电室放射式供电，部分住宅项目，消防控制室距离配电室较远，消防控制室主电源接自住宅建筑的配电箱。

参考规范：《民用建筑电气设计标准》（GB 51348—2019）第13.7.5条

解析：为了确保消防控制室在火灾等紧急情况下能够持续、稳定地供电，其2条供电回路应从变电所或总配电室以放射式的方式供电。这种方式可以确保供电的独立性和可靠性，避免因局部故障而影响整个消防系统的正常运行。然而，在一些住宅项目中，由于消防控制室距离配电室较远或其他原因，部分开发商或设计单位将消防控制室的主电源接自住宅建筑的配电箱。这种做法存在严重的安全隐患。

❓ 问题14：按一、二级负荷供电的消防控制室，与监控室合用的项目，消防控制室火灾自动报警系统电源箱未设置明显标志；部分项目消防设备配电箱与监控系统合用，配电箱未独立设置。

参考规范：《建筑设计防火规范（2018年版）》（GB 50016—2014）第10.1.9条

解析：按一、二级负荷供电的消防设备，其配电箱应独立设置。这是为了确保消防设备在紧急情况下能够持续、稳定地供电，不受其他非消防负荷的影响。虽然《民用建筑电气设计标准》（GB 51348—2019）中允许在特定条件下设置消防安防合用配电箱，但这通常是在消防控制室与安防监控中心合用机房，且火灾自动报警系统与安全技术防范系统有联动的情况下。然而，即使在这种情况下，也应确保配电箱的设置不会影响消防设备的独立供电和紧急操作。

❓ 问题15：消防控制室未设置消防水池液位显示装置，常见漏设高位消防水池、转输水箱、高压细水雾水箱的液位显示装置。

参考规范：《消防给水及消火栓系统技术规范》（GB 50974—2014）第4.3.9条

解析：消防水池应设置就地水位显示装置，并应在消防控制中心或值班室等地点设置显示消防水池水位的装置，同时应有最高和最低报警水位，这一规定旨在确保消防人员能够实时了解消防水池的水位情况，以便在火灾等紧急情况下及时采取应对措施。

问题16：消防控制室内消防设备的布置和安装未按图施工，如设备面盘前操作距离、盘后的维修距离不足。

参考规范：《火灾自动报警系统设计规范》（GB 50116—2013）第3.4.8条

解析：设备面盘前的操作距离在单列布置时不应小于1.5m，双列布置时不应小于2m，确保值班人员在紧急情况下能够迅速、有效地操作消防设备。若操作距离不足，将影响值班人员的操作效率和准确性，进而可能延误火灾的扑救时机。设备面盘后的维修距离不宜小于1m，方便维修人员对消防设备进行日常维护和故障排查。若维修距离不足，将增加维修难度和时间，降低消防设备的可靠性和稳定性。

问题17：设计图纸中消防控制室内的灭火器，现场未配置到位。

参考规范：《建筑设计防火规范（2018年版）》（GB 50016—2014）第8.1.10条

解析：高层住宅建筑的公共部位和公共建筑内应设置灭火器，其他住宅建筑的公共部位宜设置灭火器。

问题18：消防控制室设置的火灾自动报警系统、气体灭火系统消防验收常见问题见第4章、第6章等，不再赘述。

2.3 变电所、配电室、变压器室

问题1：变电所、配电室、变压器室与建筑内其他部位分隔设施不符合规范要求、设计要求。

参考规范：《建筑防火通用规范》（GB 55037—2022）第4.1.6条，《建筑设计防火规范（2018年版）》（GB 50016—2014）第6.2.7条，《20kV及以下变电所设计规范》（GB 50053—2013）第6.1.2条、第6.1.3条

解析：附设在建筑内的可燃油油浸变压器、充有可燃油的高压电容器和多油开关等的设备用房，变压器室之间、变压器室与配电室之间应采用防火门和耐火极限不低于2.00h的防火隔墙分隔。

变电所位于高层主体建筑或裙房内时，通向其他相邻房间的门应为甲级防火门，通向过道的门应为乙级防火门；变电所位于多层建筑物的二层或更高层时，通向其他相邻房间的门应为甲级防火门，通向过道的门应为乙级防火门；变电所位于地下层或下面有地下层时，通向其他相邻房间或过道的门应为甲级防火门；变电所附近堆有易燃物品或通向汽车库的门应为甲级防火门；变电所直接通向室外的门应为丙级防火门。

此外，这些设备用房的设置还需满足其他相关要求，如油浸电力变压器、多油开关室、高压电容器室应设置防止油品流散的设施，以及燃气、燃油锅炉房应设置独立的通风系统等。同时，油浸式变压器、充有可燃油的高压电容器和多油断路器等用房宜独立建

造，以确保其安全性和防火性能。

问题 2：变电所直接通向室外的门设置了普通防盗门，未设置防火门。

参考规范：《20kV 及以下变电所设计规范》（GB 50053—2013）第 6.1.3 条

解析：变电所作为重要的电气设备用房，其安全性和防火性能至关重要。变电所直接通向室外的门应设置为丙级防火门。防火门能够在一定程度上阻止火势的蔓延，为人员疏散和消防救援争取宝贵时间。

问题 3：油浸变压器室、多油开关室、高压电容器室未按要求设置防止油品流散的设施，或设置的储油池容量不足。

参考规范：《建筑防火通用规范》（GB 55037—2022）第 4.1.6 条，《20kV 及以下变电所设计规范》（GB 50053—2013）第 6.1.6 条

解析：油浸变压器室、多油开关室、高压电容器室均应设置防止油品流散的设施；高层建筑物的裙房和多层建筑物内的附设变电所及车间内变电所的油浸变压器室，应设置容量为 100% 变压器油量的储油池，确保在油品泄漏时能够全部容纳，防止油品外溢造成更大的危害。

问题 4：在多层建筑物或高层建筑物裙房的首层布置的油浸变压器的变电站，首层外墙开口部位的上方未设置宽度不小于 1.0m 的不燃烧体防火挑檐或高度不小于 1.2m 的窗槛墙。

参考规范：《20kV 及以下变电所设计规范》（GB 50053—2013）第 6.1.9 条

解析：为防止当充油的电气设备发生火灾时，火焰从外墙开口部位延伸到上层建筑物引燃物品，引起事故扩大，应采取防止火灾从外墙往上蔓延的措施。在多层建筑物或高层建筑物裙房的首层布置油浸变压器的变电站时，首层外墙开口部位的上方应设置宽度不小于 1.0m 的不燃烧体防火挑檐或高度不小于 1.2m 的窗槛墙。

问题 5：变压器室、配电室、电容器室的门未向外开启，为了使值班人员在配电室发生事故时能迅速通过房门，脱离危险场所，疏散门应向外开启。

参考规范：《20kV 及以下变电所设计规范》（GB 50053—2013）第 6.2.2 条

解析：变压器室、配电室、电容器室的门应向外开启。相邻配电室之间有门时，应采用不燃材料制作的双向弹簧门。这有助于减少人员在紧急情况下的逃生障碍，提高疏散效率，从而保障人员的生命安全。

问题 6：建设单位随意变更会导致长度大于 7m 的配电室、变电站疏散门未按图施工，安全出口数量不足。双层布置的变电所，位于楼上的配电室未设置通向室外的平台或通向变电所外部通道的安全出口。

参考规范：《20kV 及以下变电所设计规范》（GB 50053—2013）第 6.2.6 条

解析：长度大于 7m 的配电室应设 2 个安全出口，并宜布置在配电室的两端。当配电室的长度大于 60m 时，宜增加一个安全出口，相邻安全出口之间的距离不应大于 40m。当变电所采用双层布置时，位于楼上的配电室应至少设一个通向室外的平台或通向变电所外部通道的安全出口。安全出口数量不足，将严重威胁人员的生命安全。

问题 7：变电站、配电室的电缆桥架、母线在穿越墙体、进出建筑物、电气竖井内穿越楼板、穿越不同防火分区处未做防火封堵，或防火封堵措施不符合规范要求。

参考规范：《建筑防火通用规范》（GB 55037—2022）第 6.3.4 条，《民用建筑电气设计标准》（GB 51348—2019）第 8.1.10 条

解析：如果电缆桥架、母线在这些关键位置未做防火封堵，或者封堵措施不符合规范要求，将可能导致火灾迅速蔓延，增加火灾的破坏性和危险性。电气线路和各类管道穿过防火墙、防火隔墙、竖井井壁、建筑变形缝处和楼板处的孔隙应采取防火封堵措施。防火封堵组件的耐火性能不应低于防火分隔部位的耐火性能要求。布线用各种电缆、导管、电缆桥架及母线槽在穿越防火分区楼板、隔墙及防火卷帘上方的防火隔板时，其空隙应采用相当于建筑构件耐火极限的不燃烧材料填塞密实。

问题 8：变电站、配电室预留的配电柜未安装，预留空洞未采取防火措施，导致上下层通过楼板上的预留空洞、吊装空洞连通。

参考规范：《建筑防火通用规范》（GB 55037—2022）第 6.3.4 条，《民用建筑电气设计标准》（GB 51348—2019）第 8.1.10 条

解析：由于预留空洞未采取防火措施，火灾蔓延风险增加，一旦变电站、配电室发生火灾，火焰和烟气可能通过这些空洞迅速蔓延到上下层，扩大火灾范围，增加火灾的破坏性和危险性。预留的配电柜未安装，可能导致电气线路裸露，增加电气故障和短路的风险。同时，空洞的存在也可能成为小动物进入的通道，进一步加剧电气安全隐患。

问题 9：电缆桥架、母线槽跨越建筑物变形缝处，未设置补偿装置，在运行中因温度变化和建筑物沉降等发生位移时切断电缆桥架、母线槽，影响供电的安全可靠。

参考规范：《建筑电气工程施工质量验收规范》（GB 50303—2015）第 10.2.5 条

解析：在建筑物中，由于温度变化和建筑物沉降等，变形缝处会发生位移。如果电缆桥架、母线槽在跨越这些变形缝时没有设置补偿装置，在位移发生时，电缆桥架、母线槽可能会受到过度的拉伸或压缩，从而导致损坏或切断，进而影响供电的安全性和可靠性。相关规范要求，当母线槽跨越建筑物变形缝处时，应设置补偿装置；母线槽直线敷设长度超过 80m，每 50～60m 宜设置伸缩节。当直线段钢制或塑料梯架、托盘和槽盒长度超过 30m，铝合金或玻璃钢制梯架、托盘和槽盒长度超过 15m 时，应设置伸缩节；当梯架、托盘和槽盒跨越建筑物变形缝处时，应设置补偿装置。矿物绝缘电缆敷设在温度变化大的场所、振动场所或穿越建筑物变形缝时应采取"S"或"Q"弯。

问题 10：建筑高度大于 150m 的建筑，未设置供消防用电应急电源的专用母线段。

参考规范：《建筑防火通用规范》（GB 55037—2022）第 10.1.1 条

解析：建筑高度大于 150m 的工业与民用建筑的消防用电应按特级负荷供电；应急电源的消防供电回路应采用专用线路连接至专用母线段；消防用电设备的供电电源干线应有 2 个路由，以确保在火灾等紧急情况下，消防用电设备能够持续、可靠运行，从而保障人员疏散和灭火救援工作的顺利进行。

问题 11：消防控制室、消防水泵房的消防用电设备及消防电梯等的供电，将自动切

换装置设置在配电室，未在配电线路的最末一级配电箱内设置自动切换装置。

参考规范：《建筑防火通用规范》（GB 55037—2022）第 10.1.6 条

解析：消防控制室、消防水泵房的消防用电设备及消防电梯等的供电，应在其配电线路的最末一级配电箱内设置自动切换装置。防烟和排烟风机房的消防用电设备的供电，应在其配电线路的最末一级配电箱内或所在防火分区的配电箱内设置自动切换装置。防火卷帘、电动排烟窗、消防潜污泵、消防应急照明和疏散指示标志等的供电，应在所在防火分区的配电箱内设置自动切换装置。如果在配电线路的最末一级配电箱内设置自动切换装置，那么在配电干线出现故障时，会无法及时、有效地切换至备用电源，从而影响消防用电设备的正常运行。

问题 12：高层民用建筑内的配电室未设置自动灭火系统，设计图纸中标注配电室气体灭火系统应委托二次深化设计，建设单位未委托二次设计，未安装气体灭火系统或干粉灭火系统。

参考规范：《建筑设计防火规范（2018 年版）》（GB 50016—2014）第 8.3.9 条

解析：高层民用建筑内火灾危险性大，发生火灾后对生产、生活影响严重的配电室，属于特殊重要设备室，应设置自动灭火系统，并宜采用气体灭火系统或细水雾灭火系统。

问题 13：配电室设置的电气火灾监控系统，剩余电流式电气火灾监控探测器未设置在低压配电系统首端，设置在其下一级配电柜（箱）。

参考规范：《火灾自动报警系统设计规范》（GB 50116—2013）第 9.2.1 条

解析：剩余电流式电气火灾监控探测器应以设置在低压配电系统首端为基本原则，宜设置在第一级配电柜（箱）的出线端。在供电线路泄漏电流大于 500mA 时，宜在其下一级配电柜（箱）设置。低压配电系统首端是电力供应的起点，也是电气火灾隐患可能产生的重要部位。将剩余电流式电气火灾监控探测器设置在低压配电系统首端，可以实现对整个配电系统电气火灾隐患的全面监测。一旦探测器发出报警信号，专业人员可以迅速定位并处理故障点，确保配电系统的安全运行。

问题 14：在火灾自动报警系统主电源、应急照明配电箱或集中电源供电回路上设置了剩余电流动作保护器。

参考规范：《火灾自动报警系统设计规范》（GB 50116—2013）第 10.1.4 条，《消防应急照明和疏散指示系统技术标准》（GB 51309—2018）第 3.3.2 条

解析：火灾自动报警系统主电源不应设置剩余电流动作保护和过负荷保护装置。应急照明配电箱或集中电源的输入及输出回路中不应装设剩余电流动作保护器，输出回路严禁接入系统以外的开关装置、插座及其他负载。一旦剩余电流动作保护和过负荷保护装置动作，会自动切断设备主电源，导致火灾自动报警系统、应急照明和疏散指示系统无法正常运行。

问题 15：配电室、变电站的电缆进出电缆沟、隧道及架空桥架处设计的防火墙、阻火段、防火涂料，现场未按照图纸施工。

参考规范：《电力工程电缆设计标准》（GB 50217—2018）第 7.0.1 条至第 7.0.4 条

解析：在电力行业中，电缆作为电能传输和分配的重要载体，其安全性直接关系整个电力系统的稳定运行。为了确保电缆在火灾等极端情况下的安全，配电室、变电站等关键设施内通常会设计防火墙、阻火段和防火涂料等防火措施。这些措施的目的是有效隔离火灾，防止火势蔓延，从而保障电力设施的安全运行，减少人员伤亡和财产损失。如果现场未按照图纸施工，将可能导致这些防火措施无法发挥应有的作用。例如，防火墙和阻火段的缺失或位置不当，将使得火灾在电缆沟、隧道及架空桥架中迅速蔓延，增加火灾的破坏力和危险性。同样，防火涂料的未施工或施工质量不达标，也将严重影响电缆的耐火性能，使得电缆在火灾中更容易受损，进而引发更大的安全事故。

问题 16：消防设备供电线路未采用耐火电缆，无法满足建筑火灾延续时间内消防用电设备的持续用电要求。

参考规范：《建筑防火通用规范》（GB 55037—2022）第 10.1.5 条，《电力工程电缆设计标准》（GB 50217—2018）第 7.0.7 条

解析：消防用电设备的备用消防电源的供电时间和容量，应能满足该建筑火灾延续时间内消防用电设备的持续用电要求；消防等重要回路应实施防火分隔或采用耐火电缆。

耐火电缆是一种能够在规定时间内保持电路完整性的电缆，它能够在火灾高温下保持绝缘层不燃烧、不短路，从而确保电路的连续供电。如果消防设备供电线路未按照设计采用耐火电缆，那么在火灾发生时，线路可能会因高温而损坏，导致电路中断，进而影响消防设备的正常运行。

问题 17：配电室、变电站、变压器设置的火灾自动报警系统、自动灭火系统、通风系统等消防验收常见问题见本书第 4 章至第 6 章等内容，不再赘述。

2.4 柴油发电机房

问题 1：独立建造的柴油发电机房与民用建筑中人员密集的场所（如餐厅、报告厅等）贴邻，不符合规范要求。

参考规范：《建筑防火通用规范》（GB 55037—2022）第 4.1.4 条

解析：燃油或燃气锅炉、可燃油油浸变压器、充有可燃油的高压电容器和多油开关、柴油发电机房等独立建造的设备用房与民用建筑贴邻时，应采用防火墙进行分隔，并且使其不得与建筑中人员密集的场所相邻。当其位于人员密集的场所的上一层、下一层或贴邻时，应采取防止设备用房的爆炸作用危及上一层、下一层或相邻场所的措施。这一规定是为了确保在火灾等紧急情况下，能够有效地隔离火源，防止火势蔓延至人员密集场所，从而保障人员的生命安全。

问题 2：附设在建筑内的柴油发电机房与其他部位分隔措施不满足规范要求，2.00h 的防火隔墙上设置了乙级防火窗；应采用耐火极限不低于 2.00h 的防火隔墙和耐火极限不低于 1.50h 的不燃性楼板，防火隔墙上的门、窗应为甲级防火门、窗。

参考规范：《建筑防火通用规范》（GB 55037—2022）第 4.1.4 条

解析：相关规范要求，附设在建筑内的柴油发电机房与其他部位之间使用耐火极限不低于 2.00h 的防火隔墙和耐火极限不低于 1.50h 的不燃性楼板进行分隔，这是基于火灾时火势蔓延的速度和火灾持续的时间来确定的。同时，防火隔墙上的门、窗也应为甲级防火门、窗，以确保在火灾发生时能够保持有效的防火分隔。

问题 3：柴油发电机房的甲级防火门未向外开启。

参考规范：《民用建筑电气设计标准》（GB 51348—2019）第 6.1.11 条

解析：柴油发电机房的门应为向外开启的甲级防火门；发电机间与控制室、配电室之间的门和观察窗应采取防火、隔声措施，门应为甲级防火门，并应开向发电机间。如果甲级防火门未向外开启，在火灾发生时可能会阻碍人员的疏散和消防救援的进行。

问题 4：附设在建筑内的柴油发电机房位于人员密集的场所的上一层、下一层或贴邻时，未采取防止设备用房的爆炸作用危及上一层、下一层或相邻场所的措施，应采用抗爆墙、防爆墙或防火墙分隔。

参考规范：《建筑防火通用规范》（GB 55037—2022）第 4.1.4 条

解析：柴油发电机房在民用建筑内不应布置在人员密集场所的上一层、下一层或贴邻。当位于人员密集的场所的上一层、下一层或贴邻时，应采取防止设备用房的爆炸作用危及上一层、下一层或相邻场所的措施。这些分隔措施通常包括使用耐火极限不低于 2.00h 的不燃烧体隔墙和 1.50h 的不燃烧体楼板与其他部位隔开，并且门应采用甲级防火门。在特定情况下，如果仅采用防火墙等分隔措施仍不足以满足安全要求，还需要考虑使用抗爆墙或防爆墙等更高级别的防护措施。这些措施能够更有效地抵御爆炸产生的冲击波和压力，从而保护相邻场所的人员和财产安全。

问题 5：柴油发电机组设在厕所、浴室或其他经常积水场所的正下方或贴邻，一旦漏水将影响发电机组的运行。尤其针对大型商业综合体、高层综合楼、教学建筑等，设计师易忽略这一点。

参考规范：《民用建筑电气设计标准》（GB 51348—2019）第 6.1.2 条

解析：发电机间、控制室及配电室不应设在厕所、浴室或其他经常积水场所的正下方或贴邻。这些场所一旦发生漏水情况，水分很容易渗透到发电机组中，导致设备受潮、短路甚至损坏，严重影响发电机组的正常运行。特别是在大型商业综合体、高层综合楼、教学建筑等人员密集且对电力供应要求较高的场所，这种设置方式将严重威胁人员生命和财产安全。

问题 6：附设在其他建筑内的柴油发电机房，未按要求设置火灾自动报警系统和自动灭火设施。

参考规范：《民用建筑电气设计标准》（GB 51348—2019）第 6.1.2 条，《建筑设计防火规范（2018 年版）》（GB 50016—2014）第 5.4.13 条

解析：布置在民用建筑内的柴油发电机房应设置火灾报警装置，当建筑内其他部位设置自动喷水灭火系统时，柴油发电机房应设置相应的自动喷水灭火系统或其他适合的灭火设施，以确保火灾发生时能够及时发现并有效控制火势，保障人员和财产的安全。如果柴

油发电机房未按要求设置这些系统，一旦发生火灾，由于缺少及时的报警和灭火手段，火势可能会迅速蔓延，造成不可估量的损失。

问题7：部分项目柴油发电机房选择点型感烟探测器，火灾探测器选型错误，应选择感温探测器。

参考规范：《火灾自动报警系统设计规范》(GB 50116—2013) 第5.2.5条

解析：在柴油发电机房中，由于机器运行时可能产生大量的油烟和粉尘，这些颗粒物可能会误触发感烟探测器，导致误报警；相比之下，感温探测器可能更适合柴油发电机房的环境。感温探测器主要响应异常温度、升温速率和温差变化等参数，对油烟和粉尘的干扰相对较小。在柴油发电机房这种可能存在高温和火灾风险的场所，感温探测器能够更准确地探测火灾的发生，减少误报的可能性。

问题8：柴油发电机房未按规范要求设置与正常照度一致的备用照明，未设置消防电话分机。

参考规范：《建筑防火通用规范》(GB 55037—2022) 第10.1.11条，《火灾自动报警系统设计规范》(GB 50116—2013) 第6.7.4条

解析：柴油发电机房作为重要的备用电源设施，在紧急情况下需要确保照明充足，以便操作人员能够迅速、准确地执行应急操作。因此，相关规范要求，柴油发电机房应设置与正常照度一致的备用照明。消防电话分机是消防通信系统中的重要组成部分，用于在火灾等紧急情况下实现快速、可靠的通信。柴油发电机房作为关键区域，应设置消防电话分机，以便在紧急情况下能够及时与消防控制室或其他相关部门进行通信，协调应急响应。

问题9：储油间未采用耐火极限不低于3.00h的防火隔墙与发电机间、锅炉间分隔，或设计的储油间墙体未施工，或单间储油间的燃油储存量大于1m³。

参考规范：《建筑防火通用规范》(GB 55037—2022) 第4.1.5条

解析：储油间应采用耐火极限不低于3.00h的防火隔墙与发电机间、锅炉间分隔，建筑内单间储油间的燃油储存量不应大于1m³。防火分隔可以防止在火灾发生时，火势通过隔墙蔓延至储油间，引发更大的火灾风险。过多的燃油储存会增加火灾发生的可能性和火灾的严重程度。

问题10：密闭油箱通气管未通向室外，或设置的通气管未设置带阻火器的呼吸阀。

参考规范：《建筑设计防火规范（2018年版）》(GB 50016—2014) 第5.4.15条

解析：储油间的油箱应密闭且应设置通向室外的通气管，通气管应设置带阻火器的呼吸阀。

在柴油发电机房的储油间中，油箱通常是密闭的，但为了确保油箱内部气压的平衡，以及防止超压或过度真空而导致的油箱损坏，需要设置通向室外的通气管；通气管上还应设置带阻火器的呼吸阀。阻火器主要用于防止易燃易爆气体或蒸气的火焰蔓延。带阻火器的呼吸阀则能在调节油箱内气压的同时，提供额外的火灾和爆炸保护。即使油箱内部发生火灾，火焰也无法通过通气管蔓延到室外，从而降低了火灾的危害性。

问题11：油箱的下部未设置防止油品流散的设施；或采用门槛做防止油品流散的设

施，门槛高度不足以防止油品流散。

参考规范：《建筑防火通用规范》（GB 55037—2022）第 4.1.5 条

解析：在柴油发电机房的储油间中，油箱是储存燃油的关键设备。为了确保油箱在发生泄漏或溢出时燃油随意流散会增加火灾和环境污染的风险，油箱的下部应设置专门的防止油品流散的设施。这些设施可以是等容量的储油盆、储油坑或其他能够有效收集泄漏燃油的装置。有些设计可能会采用门槛作为防止油品流散的设施之一。门槛的高度应按储油量不溢出储油间为原则进行核算以确保在油箱发生泄漏时能够阻止燃油流散出储油间。

问题 12：民用建筑内的储油间与柴油发电机间采用耐火极限 3.00h 的防火隔墙分隔，未按照《民用建筑电气设计标准》（GB 51348—2019）要求采用防火墙。

参考规范：《民用建筑电气设计标准》（GB 51348—2019）第 6.1.11 条

解析：柴油发电机房储油间应采用防火墙与发电机间隔开；当必须在防火墙上开门时，应设置能自行关闭的甲级防火门；不同规范之间可能存在更新不同步或表述差异的情况，《民用建筑电气设计标准》（GB 51348—2019）中提到的"储油间应采用防火墙与发电机间隔开"的要求，注意以下几点：民用建筑柴油发电机房需要查阅《民用建筑电气设计标准》（GB 51348—2019）的具体条文，柴油发电机房储油间应采用防火墙与发电机间隔开。工业建筑可依据《建筑防火通用规范》（GB 55037—2022）第 4.1.5 条，储油间应采用耐火极限不低于 3.00h 的防火隔墙与发电机间、锅炉间分隔。

问题 13：燃油或燃气管道在设备间内及进入建筑物前，仅设置手动关闭阀门，未设置自动切断阀。

参考规范：《建筑设计防火规范（2018 年版）》（GB 50016—2014）第 5.4.15 条

解析：为了确保在紧急情况下，能够迅速切断燃料供给，防止火灾或爆炸事故的蔓延和扩大，燃油或燃气管道在进入建筑物前和设备间内的管道上均应设置自动和手动切断阀。

问题 14：采用自备发电设备作备用电源，自备发电设备仅设置手动控制，未设置自动启动功能；检查柴油发电机组的自动切换功能，自动启动方式时启动时间较长，难以保证低压发电机组 30s 内供电，高压发电机组 60s 内供电。

参考规范：《建筑设计防火规范（2018 年版）》（GB 50016—2014）第 10.1.4 条，《民用建筑电气设计标准》（GB 51348—2019）第 6.1.8 条

解析：为确保在紧急情况下自备发电设备能够迅速启动并供电，以保障消防用电设备的正常运行和人员安全，消防用电按一、二级负荷供电的建筑，当采用自备发电设备作为备用电源时，自备发电设备应设置自动和手动启动装置。当采用自动启动方式时，应能保证在 30s 内供电。《民用建筑电气设计标准》（GB 51348—2019）要求，用于应急供电的发电机组平时应处于自启动状态。当市电中断时，低压发电机组应在 30s 内供电，高压发电机组应在 60s 内供电。

问题 15：采用自备柴油发电设备作备用电源时，多数验收人员未进行负载测试，检查火灾时柴油发电机在额定负载和超载状态下的运行性能，应测试柴油发电机供电状态下

消防水泵、排烟风机等消防负荷是否能正常启动、正常工作。

参考规范：《建筑防火通用规范》（GB 55037—2022）第10.1.5条

解析：建筑内的消防用电设备应采用专用的供电回路，当其中的生产、生活用电被切断时，应仍能保证消防用电设备的用电需要。消防用电设备的备用消防电源的供电时间和容量，应能满足该建筑火灾延续时间内消防用电设备的持续用电要求。

负载测试是验证柴油发电机在紧急情况下能否稳定供电的关键步骤。在火灾等紧急情况下，消防水泵、排烟风机等消防负荷需要迅速启动并持续工作，以确保人员安全和减少火灾损失。因此，验收人员必须测试柴油发电机在供电状态下，这些消防负荷是否能正常启动和正常工作。

具体来说，负载测试应包括额定负载测试和超载测试两个方面。额定负载测试旨在验证柴油发电机在额定负载下的供电能力，确保其能够满足消防负荷的用电需求。而超载测试则是为了检查柴油发电机在超载状态下的运行稳定性和过载保护能力。

2.5 锅 炉 房

问题1：独立建造的燃油或燃气锅炉与民用建筑中人员密集的场所（如餐厅、报告厅等）贴邻，不符合规范要求。

参考规范：《建筑防火通用规范》（GB 55037—2022）第4.1.4条

解析：为防止设备用房可能发生的爆炸等事故对人员密集场所造成危害，燃油或燃气锅炉等独立建造的设备用房，与民用建筑贴邻时，应采用防火墙分隔，且不应贴邻建筑中人员密集的场所。当这些设备用房需要附设在建筑内时，如果位于人员密集的场所的上一层、下一层或贴邻位置，应采取防止设备用房的爆炸作用危及上一层、下一层或相邻场所的措施。相关规范说明，即使采取了这些措施，从安全和规范的角度出发，仍然不建议将燃油或燃气锅炉等设备用房与人员密集场所贴邻布置。

问题2：燃油或燃气锅炉与其他部位分隔措施不满足规范要求，2.00h的防火隔墙上设置了乙级防火窗；应采用耐火极限不低于2.00h的防火隔墙和耐火极限不低于1.50h的不燃性楼板，防火隔墙上的门、窗应为甲级防火门、窗。

参考规范：《建筑防火通用规范》（GB 55037—2022）第4.1.4条

解析：燃油或燃气锅炉作为重要的设备用房，一旦发生火灾等紧急情况，需要确保火势不会通过门、窗等开口部位迅速蔓延至其他区域。锅炉房与其他部位之间应采用耐火极限不低于2.00h的防火隔墙和1.50h的不燃性楼板分隔。在隔墙和楼板上不应开设洞口，确需在隔墙上设置门、窗时，应采用甲级防火门、窗。

问题3：燃油或燃气锅炉位于人员密集的场所的上一层、下一层或贴邻时，未采取防止设备用房的爆炸作用危及上一层、下一层或相邻场所的措施，应采用抗爆墙、防爆墙或防火墙分隔。

参考规范：《建筑防火通用规范》（GB 55037—2022）第4.1.4条

解析：燃油或燃气锅炉等独立建造的设备用房与民用建筑贴邻时，应采用防火墙分隔，且不应贴邻建筑中人员密集的场所。附设在建筑内且位于人员密集的场所的上一层、下一层或贴邻时，应采取防止设备用房的爆炸作用危及上一层、下一层或相邻场所的措施。这些措施包括但不限于使用抗爆墙、防爆墙或防火墙进行分隔，以确保在锅炉等设备发生故障或爆炸时，火势和爆炸冲击波不会迅速蔓延到相邻的人员密集场所，从而保障人员的生命安全和减少财产损失。

问题4：非独立锅炉房及单台锅炉容量大于或等于10t/h（7MW）或锅炉房总容量大于或等于40t/h（28MW）的独立锅炉房，未设置火灾探测器和自动报警装置。

参考规范：《锅炉房设计标准》（GB 50041—2020）第17.0.6条

解析：为确保锅炉房发生火灾时，能够及时发现并报警，从而采取有效的灭火和救援措施，减少火灾造成的损失，非独立锅炉房和单台蒸汽锅炉额定蒸发量大于或等于10t/h，或总额定蒸发量大于或等于40t/h及单台热水锅炉额定热功率大于或等于7MW，或总额定热功率大于或等于28MW的独立锅炉房，应设置火灾探测器和自动报警装置。

问题5：燃气锅炉房设置的事故排风机未选用防爆型；机械通风设施未设置导除静电的接地装置。

参考规范：《建筑设计防火规范（2018年版）》（GB 50016—2014）第9.3.16条

解析：燃油或燃气锅炉房应设置自然通风或机械通风设施。燃气锅炉房应选用防爆型的事故排风机。当采取机械通风时，机械通风设施应设置导除静电的接地装置。

问题6：燃油或燃气锅炉房设置的事故排风机通风量不满足规范要求。

参考规范：《建筑设计防火规范（2018年版）》（GB 50016—2014）第9.3.16条

解析：燃油锅炉房的正常通风量应按换气次数不少于3次/h确定，事故排风量应按换气次数不少于6次/h确定；燃气锅炉房的正常通风量应按换气次数不少于6次/h确定，事故排风量应按换气次数不少于12次/h确定。

问题7：燃气锅炉房未按要求设置可燃气体探测报警装置。

参考规范：《建筑防火通用规范》（GB 55037—2022）第8.3.3条

解析：除住宅建筑的燃气用气部位外，建筑内可能散发可燃气体、可燃蒸气的场所应设置可燃气体探测报警装置。未按要求设置可燃气体探测报警装置，意味着在燃气泄漏时无法及时发现并报警，增加了火灾、爆炸等事故的风险，不仅会造成人员伤亡和财产损失，还可能对周边环境和社会稳定产生不良影响。从法律责任的角度来看，《中华人民共和国安全生产法》规定，使用燃气的生产经营单位应当安装可燃气体报警装置。若燃气锅炉房未按要求设置，将违反相关法律法规，并面临责令限期改正、罚款等行政处罚。

问题8：燃气锅炉房未按规范要求设置爆炸泄压设施。

参考规范：《建筑设计防火规范（2018年版）》（GB 50016—2014）第5.4.12条

解析：燃气锅炉房应设置爆炸泄压设施。爆炸泄压设施是燃气锅炉房安全系统的重要组成部分，其能够在燃气泄漏或锅炉超压等紧急情况下，通过释放压力来防止爆炸事故的发生。如果燃气锅炉房未按规范要求设置爆炸泄压设施，那么在燃气泄漏、锅炉超压等危险情况下，将无法及时释放压力，从而增加了爆炸的风险，这不仅会造成锅炉房设备的严重损坏，还可能引发火灾，对周边区域的人员和财产造成巨大威胁。

问题9：燃气锅炉房未按规范要求设置与锅炉容量及建筑规模相适应的灭火设施、火灾报警装置。

参考规范：《建筑设计防火规范（2018年版）》（GB 50016—2014）第5.4.12条

解析：布置在民用建筑内的燃气锅炉房作为使用燃气的场所，存在较高的火灾风险。若未按规定设置与锅炉容量及建筑规模相适应的灭火设施，一旦发生火灾，将难以及时有效地进行扑救，可能导致火势迅速蔓延，造成严重的财产损失和人员伤亡。火灾报警装置能够在火灾初期及时发现并报警，为人员疏散和火灾扑救赢得宝贵时间。若燃气锅炉房未按规定设置火灾报警装置，将无法在火灾初期及时发现火情，从而延误了最佳的灭火和疏散时机。

问题10：燃气锅炉房设置的可燃气体探测报警系统报警后不能联动事故风机通风；不能联动切断燃气管道上的自动控制阀门切断气源。

参考规范：《火灾自动报警系统设计规范》（GB 50116—2013）第8.1.6条

解析：可燃气体探测报警系统保护区域内有联动和警报要求时，应由可燃气体报警控制器或消防联动控制器联动实现。当可燃气体探测报警系统检测到燃气泄漏并发出报警信号时，如果无法联动事故风机进行通风，泄漏的燃气将在锅炉房内积聚，增加了爆炸和火灾的风险。事故风机的作用是在检测到燃气泄漏时迅速启动，将泄漏的燃气排出室外，从而降低爆炸和火灾的可能性。如果可燃气体探测报警系统无法联动切断燃气管道上的自动控制阀门并切断气源，那么燃气将继续泄漏，进一步加剧了爆炸和火灾的威胁。切断燃气供应是防止燃气泄漏事故扩大的关键措施之一，因此，可燃气体探测报警系统必须能够联动切断燃气管道上的自动控制阀门，以确保在燃气泄漏时能够迅速切断气源。

问题11：锅炉房的疏散门未按要求直通室外或安全出口。

参考规范：《建筑防火通用规范》（GB 55037—2022）第4.1.4条

解析：锅炉房疏散门应直通室外或安全出口，以确保在紧急情况下人员能够迅速、安全地撤离。

问题12：燃油锅炉房设计的储油间墙体未施工，导致现场未设置储油间，或单间储油间的燃油储存量大于 $1m^3$。

参考规范：《建筑防火通用规范》（GB 55037—2022）第4.1.5条

解析：参照本书2.4柴油发电机房中的问题9，不再赘述。

问题13：密闭油箱通气管未通向室外，或设置的通气管未设置带阻火器的呼吸阀。

参考规范：《建筑防火通用规范》（GB 55037—2022）第4.1.5条

解析：参照本书2.4柴油发电机房中的问题10，不再赘述。

问题14：油箱的下部未设置防止油品流散的设施；或采用门槛做防止油品流散的设施，门槛高度不足以防止油品流散。

参考规范：《建筑防火通用规范》（GB 55037—2022）第4.1.5条

解析：参照本书 2.4 柴油发电机房中的问题 11，不再赘述。

问题 15：燃油或燃气管道在设备间内及进入建筑物前，仅设置手动关闭阀门，未设置自动切断阀。

参考规范：《建筑设计防火规范（2018 年版）》（GB 50016—2014）第 5.4.15 条

解析：参照本书 2.4 柴油发电机房中的问题 13，不再赘述。

2.6 防烟、排烟机房，补风机房

问题 1：设计的防烟、排烟机房，补风机房的墙体未施工，防烟、排烟风机直接放在屋面或汽车库内。

参考规范：《建筑防烟排烟系统技术标准》（GB 51251—2017）第 3.3.5 条、第 4.4.5 条

解析：为保证加压送风机、排烟风机不因受风、雨、异物等侵蚀损坏，在火灾时能可靠运行，《建筑防烟排烟系统技术标准》（GB 51251—2017）特别规定了送风机、排烟风机应放置在专用机房内。

排烟机房和补风机房是建筑中重要的防火排烟设施，机房的墙体施工是确保机房内设备正常运行和防止火灾蔓延的关键措施之一。墙体不仅能够隔绝火源，还能防止烟气扩散，为人员疏散和消防扑救创造有利条件。将防烟、排烟风机直接放在屋面或汽车库内，屋面和汽车库往往存在多种安全隐患，如屋面可能受到风雨侵蚀，汽车库内则可能存放易燃易爆物品。在这些环境下，防烟、排烟风机的安全运行将受到严重影响，可能导致在火灾发生时无法发挥应有的作用。

问题 2：验收时，防烟、排烟机房，补风机房设计的甲级防火门无铭牌、无闭门器、顺序闭门器，火灾时不能自行关闭，忽略了消防设备用房防火门的要求。

参考规范：《建筑设计防火规范》（GB 50016—2014）第 6.5.1 条

解析：甲级防火门是消防设备用房中重要的防火分隔设施，除管井检修门和住宅的户门外，防火门应具有自行关闭功能，双扇防火门应具有按顺序自行关闭的功能，确保火灾等紧急情况下能够迅速、自动地关闭，有效隔绝火源和烟气，为人员疏散和消防扑救创造有利条件。

问题 3：风机外壳至墙壁或其他设备的距离小于 600mm，风机的维护保养不便。

参考规范：《建筑防烟排烟系统技术标准》（GB 51251—2017）第 6.5.2 条

解析：风机外壳至墙壁或其他设备的距离不应小于 600mm。当风机外壳与墙壁或其他设备的距离过小时，会给风机的日常维护和保养带来困难。

问题 4：为节约空间，部分排烟风机吊装在吊顶内，风机未设在混凝土或钢架基础上，且吊顶内未设置洒水喷头，高温排烟风机、管道一旦着火，人员不易发现内部情况，应考虑设置洒水喷头。

参考规范：《建筑防烟排烟系统技术标准》（GB 51251—2017）第 6.5.3 条，《自动喷

水灭火系统设计规范》（GB 50084—2017）第 7.1.11 条

解析：将排烟风机吊装在吊顶内，虽然可以节约空间，但这种做法却带来了诸多安全隐患。首先，吊顶内的环境相对封闭，一旦高温排烟风机或管道着火，火势将迅速蔓延，且由于吊顶的遮挡，人员很难及时发现内部情况，从而延误了灭火和疏散的时机。其次，排烟风机未设在混凝土或钢架基础上，将影响其稳定性和使用寿命。在长期的运行过程中，风机可能会因振动和负载变化而产生位移或变形，进而影响其排烟效果。为了有效应对这些安全隐患，应考虑在吊顶内设置洒水喷头。洒水喷头可以在火灾初期迅速响应，喷洒水雾或水流以扑灭火焰或控制火势蔓延。这样不仅可以提高排烟系统的安全性，还可以为人员疏散和消防扑救赢得宝贵时间。

问题 5：专用防排烟风机使用橡胶减振装置，当设备在高温下运行时，橡胶会变形熔化、弹簧会失去弹性或性能变差，影响排烟风机可靠地运行。

参考规范：《建筑防烟排烟系统技术标准》（GB 51251—2017）第 6.5.3 条

解析：风机应设在混凝土或钢架基础上，且不应设置减振装置；若排烟系统与通风空调系统共用且需要设置减振装置时，不应使用橡胶减振装置。当设备在高温下运行时，橡胶会变形熔化、弹簧会失去弹性或性能变差，影响排烟风机可靠地运行。

问题 6：独立设置的机械排烟系统，排烟风机与风管采用柔性短管连接，不符合要求。

参考规范：《通风与空调工程施工质量验收规范》（GB 50243—2016）第 5.2.7 条

解析：防排烟系统的柔性短管必须采用不燃材料。相关规范说明：防排烟系统作为独立系统时，风机与风管应采用直接连接，不应加设柔性短管。只有在排烟与排风共用风管系统，或其他特殊情况时应加设柔性短管。该柔性短管应满足排烟系统运行的要求，即在高温280℃下持续安全运行30min及以上的不燃材料。如果排烟风机与风管采用柔性短管连接，没有设置足够的固定和支撑，在长期运行过程中，其可能会因为振动、负载变化等而连接松动或损坏，进而影响排烟系统的正常运行和排烟效果。柔性短管没有足够的支撑，可能导致风机在运行时产生过大的位移或变形，存在安全隐患。

问题 7：防烟、排烟机房、补风机房未按照规范要求设置与正常照度一致的备用照明，未安装消防电话分机。

参考规范：《建筑防火通用规范》（GB 55037—2022）第 10.1.11 条，《火灾自动报警系统设计规范》（GB 50116—2013）第 6.7.4 条

解析：参照本书 2.4 柴油发电机房中的问题 8，不再赘述

问题 8：防烟、排烟井道（集气室）设置的检查门的关闭方向错误，未考虑工作状态下集气室内压力与检查门关闭方向的关系。

解析：排烟系统井道（集气室）工作时处于正压状态，送、补风机房井道（集气室）工作时处于负压状态，防烟、排烟井道（集气室）设置的检查门应逆气流方向关闭。

问题 9：送风机的进风口与排烟风机的出风口之间距离不足。

参考规范：《建筑防烟排烟系统技术标准》（GB 51251—2017）第 3.3.5 条

解析：加压送风机的进风必须是室外不受火灾和烟气污染的空气。一般应将进风口设在排烟口下方，并保持一定的高度差；其必须设在同一层面时，应保持两风口边缘间的相对距离，或设在不同朝向的墙面上，并应将进风口设在该地区主导风向的上风侧。送风机的进风口不应与排烟风机的出风口设在同一面。当确有困难时，送风机的进风口与排烟风机的出风口应分开布置，且竖向布置时，送风机的进风口应设置在排烟出口的下方，其两者边缘最小垂直距离不应小于6.0m；水平布置时，两者边缘水平距离不应小于20.0m。

问题10：排烟风机入口处的排烟防火阀，穿越防火墙、防火隔墙处排烟防火阀与墙面的距离大于200mm。

参考规范：《建筑防烟排烟系统技术标准》（GB 51251—2017）第6.4.1条

解析：防火分区隔墙两侧的排烟防火阀距墙端面不应大于200mm，防火分区隔墙两侧的防火阀离墙越远，则对穿越墙的管道耐火性能要求越高，阀门功能作用越差。

问题11：排烟系统与通风空气调节系统共用的系统，排烟风机与排风风机的合用机房内未设置自动喷水灭火系统，常见于未设置自动喷水灭火系统的多层、二类高层办公楼、综合楼。

参考规范：《建筑防烟排烟系统技术标准》（GB 51251—2017）第4.4.5条

解析：对于排烟系统与通风空气调节系统共用的系统，排烟风机与排风风机的合用机房内应设置自动喷水灭火系统，以确保在火灾发生时能够及时有效地进行灭火，提高建筑的消防安全性能，减少火灾造成的损失。

问题12：排烟防火阀280℃时自行关闭后，仅能联锁关闭相应的排烟风机，不能联锁关闭补风机。

参考规范：《建筑防烟排烟系统技术标准》（GB 51251—2017）第11.3.5条

解析：排烟防火阀在280℃时应自行关闭，并应连锁关闭排烟风机和补风机，以确保火灾情况下，当排烟管道内烟气温度达到280℃时，排烟防火阀能够及时关闭，阻止高温烟气进入排烟管道系统，保护排烟风机和排烟管道，并同时联锁关闭排烟风机和补风机，防止火灾向其他区域蔓延。火灾自动报警联动控制系统设计中，排烟风机和补风机通常是同启同停的，即补风机随排烟机而动，在火灾时，排烟和补风系统需要协同工作，以确保排烟效果。

建筑防火

3.1 建筑类别定性

在进行特殊建设工程的消防验收、其他建设工程抽查时，应首先对照经过消防设计审查的图纸确定建筑物类别、建设工程类别，根据工程规模、用途和建筑类型（如体育场馆、展览馆、高层住宅等），确定建筑物分类、是否为特殊建设工程。检查特殊建设工程施工图是否经过审查，提交的消防验收申请表、工程竣工验收报告、涉及消防的建设工程竣工图纸中，建筑类别是否一致。

问题1： 厂房内存在不同火灾危险性生产，火灾危险性较大的建筑面积超过规定值，导致整个厂房火灾危险性定性错误，常见丙类厂房中甲、乙类生产部分建筑面积超过允许值；或丁、戊类厂房内的油漆工段建筑面积超过允许值。

参考规范：《建筑设计防火规范（2018年版）》（GB 50016—2014）第3.1.2条

解析： 当厂房内存在不同火灾危险性生产时，应按照《建筑设计防火规范（2018年版）》（GB 50016—2014）的相关规定来确定厂房或防火分区内的生产火灾危险性类别。若火灾危险性较大的生产部分占本层或本防火分区建筑面积的比例超过规定值（如5%或特定条件下的10%、20%等），且未采取有效的防火措施，那么整个厂房的火灾危险性类别可能会被错误提升。这种定性错误将带来以下消防安全影响：①消防设施配置不足，厂房火灾危险性类别被错误提升，可能导致按照更高类别的火灾危险性来配置消防设施，而实际存在的火灾危险性较大的生产部分可能因面积超标而未得到足够的消防保护。②疏散设计不合理，火灾危险性定性的错误可能导致疏散通道、安全出口等设计不符合实际火灾危险性的需求，火灾发生时影响人员的安全疏散。③火灾蔓延风险增加，火灾危险性较大的生产部分防火分区若未得到有效隔离和控制，一旦发生火灾，火势可能迅速蔓延至整个厂房，造成更大的损失和危害。因此，在厂房设计和使用过程中，必须严格按照相关规范来确定火灾危险性类别。

问题2： 特殊生产区域描述过于简单，导致火灾危险性判定错误。如金属制品打磨车间判定为戊类，未按照规范要求判定为乙类火灾危险性；如面粉加工碾磨车间（部位）定性为丙类，未按照规范要求定性为乙类生产；如植物油加工浸出车间，错误定性为丙类，未按照规范要求定性为甲类生产。应根据生产中使用的全部原材料的性质、生产中操作条件的变化是否会改变物质的性质、生产中产生的全部中间产物的性质、生产的最终产品及其副产品的性质和生产过程中的自然通风、气温、湿度等环境条件等因素分析确定。

参考规范：《建筑设计防火规范（2018年版）》（GB 50016—2014）第3.1.1条及条文说明第3.1.1条表1。

解析： 在特殊生产区域，如金属制品打磨车间、面粉加工碾磨车间（部位）及植物油加工浸出车间等，火灾危险性的判定不能过于简单，应严格按照规范要求综合考虑生产中使用的全部原材料的性质、生产中操作条件的变化是否会改变物质的性质、生产中产生的全部中间产物的性质、生产的最终产品及其副产品的性质，以及生产过程中的自然通风、气温、湿度等环境条件等因素。

金属制品打磨车间：若仅根据车间的主要功能或常见情况将其判定为戊类火灾危险性，可能会忽视打磨过程中产生的可燃性粉尘（如金属粉尘）的火灾风险。根据规范要求，当车间内存在能与空气形成爆炸性混合物的粉尘时，其火灾危险性应判定为乙类。

面粉加工碾磨车间（部位）：面粉加工过程中，小麦粉等原材料在碾磨时可能形成可燃性粉尘，且面粉本身也具有一定的火灾危险性。若仅将其判定为丙类火灾危险性，可能会低估其火灾风险。按照规范要求，当车间内存在可燃性粉尘或原材料本身具有较大火灾危险性时，应将其判定为乙类生产。

植物油加工浸出车间：植物油加工浸出过程中，使用的溶剂（如己烷）通常具有较低的闪点和易燃性，且浸出过程中可能产生可燃性蒸气。因此，若将其错误判定为丙类火灾危险性，将严重低估其火灾风险。按照规范要求，当车间内使用易燃溶剂或存在可燃性蒸气时，应将其判定为甲类生产。

问题3： 同一座仓库或仓库的任一防火分区内储存不同火灾危险性物品，仓库的火灾危险性未按火灾危险性最大的物品确定，判定错误。影响建筑防火、消防设施的配置。

参考规范：《建筑设计防火规范（2018年版）》（GB 50016—2014）第3.1.4条

解析： 为确保仓库的防火设计和消防设施配置能够满足最高火灾危险性的需求，从而保障仓库的消防安全，同一座仓库或仓库的任一防火分区内储存不同火灾危险性物品时，仓库或防火分区的火灾危险性应按火灾危险性最大的物品确定。

工程中，如果仓库的火灾危险性未按此原则确定，而是基于其他因素或错误判断进行了定性，那么将可能导致以下严重后果：①建筑防火设计不足，仓库的建筑防火设计，如防火墙、防火门、防火窗等的设置，都是基于仓库的火灾危险性来确定的。如果火灾危险性判定错误，那么这些防火设施可能无法满足实际火灾危险性的需求，从而在火灾发生时无法有效阻止火势的蔓延。②消防设施配置不合理，仓库的消防设施，如自动喷水灭火系统、气体灭火系统、泡沫灭火系统等，也是根据仓库的火灾危险性来配置的。如果火灾危险性判定错误，那么消防设施的配置可能不合理，无法在火灾初期迅速有效地扑灭火源，从而增加火灾的损失和风险。

问题4： 丁、戊类储存物品仓库的火灾危险性，可燃包装质量大于物品本身质量的1/4或可燃包装体积大于物品本身体积的1/2，按照丁、戊类仓库定性，未按丙类确定。

参考规范：《建筑设计防火规范（2018年版）》（GB 50016—2014）第3.1.5条

解析： 丁、戊类储存物品仓库的火灾危险性，当可燃包装质量大于物品本身质量的1/4或可燃包装体积大于物品本身体积的1/2时，应按丙类确定。

当丁、戊类储存物品仓库的可燃包装质量超过物品本身质量的1/4，或可燃包装体积超过物品本身体积的1/2时，仓库的火灾危险性实际上已经增加。此时，若仍按照丁、戊类仓库的火灾危险性进行防火设计和消防设施配置，将无法满足实际火灾危险性的需求。

按丙类确定火灾危险性是为了确保仓库的防火设计和消防设施能够应对更高的火灾风险。丙类仓库的防火要求高于丁、戊类仓库，包括更严格的建筑构造、防火分隔、安全疏散及消防设施的配置等。

问题 5：使用功能与设计功能不一致，如设计为厂房，使用中作为仓库使用；如设计为戊类厂房，使用中作为丙类厂房。

解析：当建筑的使用功能与设计功能不一致时，其原有的消防设施可能无法满足新的使用功能下的消防安全需求。例如，设计为厂房的建筑，其消防设施可能主要针对生产过程中的火灾风险进行配置，而若改为仓库使用，仓库的火灾风险可能与生产过程有所不同，原有的消防设施可能无法有效应对仓库火灾。同样，设计为戊类厂房的建筑，其消防设施的配置标准通常低于丙类厂房，若改为丙类厂房使用，将增加火灾风险，原有的消防设施可能无法提供足够的保护。

使用功能与设计功能不一致还可能导致建筑内防火分区、防火分隔措施不符合新的使用功能对安全的要求。

根据相关法律法规，改变建筑的使用功能需要经过消防设计审查验收或备案。若未经审查验收或备案擅自改变建筑使用功能，将可能面临法律责任和处罚。例如，《中华人民共和国消防法》规定，依法应当进行消防设计审查的建设工程，未经依法审查或者审查不合格，擅自施工的，将受到相应的处罚。

问题 6：厂房中盲目加大中间仓库的建筑面积，用于中间库房的最大允许建筑面积超过一个防火分区允许面积。

参考规范：《建筑防火通用规范》（GB 55037—2022）第 4.2.3 条，《建筑设计防火规范（2018 年版）》（GB 50016—2014）第 3.3.6 条

解析："中间仓库"是为满足厂房内正常连续生产需要，在厂房内存放原材料或连接上下工序的半成品、辅助材料及成品的周转库房。设置在厂房内的甲、乙、丙类中间仓库，应采用防火墙和耐火极限不低于 1.50h 的不燃性楼板与其他部位分隔。

《建筑设计防火规范（2018 年版）》（GB 50016—2014）条文说明中表示，在厂房内设置的仓库，耐火等级和面积应符合本规范第 3.3.2 条中表 3.3.2 的规定，且中间仓库与所服务车间的建筑面积之和不应大于该类厂房有关一个防火分区的最大允许建筑面积。例如，在一级耐火等级的丙类多层厂房内设置丙类 2 项物品库房，厂房每个防火分区的最大允许建筑面积为 6000m²，每座仓库的最大允许占地面积为 4800m²，每个防火分区的最大允许建筑面积为 1200m²，则该中间仓库与所服务车间的防火分区最大允许建筑面积之和不应大于 6000m²，但对厂房占地面积不作限制，其中，用于中间库房的最大允许建筑面积一般不能大于 1200m²；当设置自动灭火系统时，仓库的占地面积和防火分区的建筑面积可按本规范第 3.3.3 条的规定增加。限定中间仓库的面积，目的是在火灾发生时将火势控制在一定范围内，防止火势蔓延至整个建筑。若中间仓库的建筑面积过大，一旦发生火灾，火势将更容易蔓延至整个防火分区，甚至可能波及相邻的防火分区，从而加大火灾的危害程度。

问题 7：建筑高度不超过 50m、每层建筑面积超过 1000m² 的办公建筑，部分楼层设

置对外营业的酒店、商店、餐饮功能，定性为二类高层公共建筑，未按照规范规定的"其他多种功能组合的建筑"定性为一类高层公共建筑。

参考规范：《建筑设计防火规范（2018年版）》（GB 50016—2014）表 5.1.1

解析：建筑高度24m以上部分任一楼层建筑面积大于$1000m^2$的商店、展览、电信、邮政、财贸金融建筑和其他多种功能组合的建筑，属于一类高层公共建筑。

条文说明中表示，表中"一类"第2项中的"其他多种功能组合"，指公共建筑中具有两种或两种以上的公共使用功能，不包括住宅与公共建筑组合建造的情况。办公建筑设置对外营业的酒店、商店、餐饮功能，不是供办公人员自用，该建筑属于两种或两种以上的公共使用功能，应属于一类高层公共建筑。

这种定性错误将带来以下消防影响：①消防设施配置不足，一类高层公共建筑对消防设施的配置要求通常高于二类高层公共建筑。定性错误可能导致消防设施配置不足，无法满足实际火灾危险性的需求。例如，一类高层公共建筑可能需要更高级的自动喷水灭火系统、火灾自动报警系统等，而二类高层公共建筑则可能配置较低级别的消防设施。②疏散难度增加，多种功能组合的建筑中，由于人员构成复杂、疏散路径多样，疏散难度通常较大。若将此类建筑定性为二类高层公共建筑，可能忽视了对复杂疏散条件的特殊考虑，导致在火灾等紧急情况下人员疏散困难。③火灾风险增加，酒店、商店、餐饮等功能区域通常存在较多的可燃物，火灾风险较高。若将此类多种功能组合的建筑定性为二类高层公共建筑，可能低估了火灾风险，导致在火灾预防和扑救方面存在不足。

问题8：建筑高度不超过50m、每层建筑面积超过$1000m^2$的酒店、公寓、宿舍等建筑，带有商店、餐饮、办公室、多功能厅、会议室等功能，定性为二类高层公共建筑，未按照规范规定的"其他多种功能组合的建筑"定性为一类高层公共建筑。

参考规范：《建筑设计防火规范（2018年版）》（GB 50016—2014）表 5.1.1

解析：酒店属旅馆建筑，酒店、公寓、宿舍等均属于公共建筑，有商店、餐饮、办公室、多功能厅、会议室等功能。判断其是否属于多种功能组合的建筑，遵循以下基本原则：对于酒店、公寓的附属配套功能，以及主要供酒店或客人自用的商店、餐饮、办公室、多功能厅、会议室等功能，均属于二类高层公共建筑。若这些功能场所具有较典型的对外营业特征，则应属于多种功能组合的建筑，即一类高层公共建筑。

问题9：部分沿街建筑，1~3层为商业建筑，4层及以上使用功能为办公，建筑高度超过24m未超过50m，楼板的标高大于24m的标准层建筑面积大于$1000m^2$，设计按照二类高层公共建筑进行防火设计，应按照两种或两种以上的公共使用功能定性为一类高层公共建筑。

参考规范：《建筑设计防火规范（2018年版）》（GB 50016—2014）表 5.1.1

解析：建筑高度24m以上部分任一楼层建筑面积大于$1000m^2$的商店、展览、电信、邮政、财贸金融建筑和其他多种功能组合的建筑，属于一类高层公共建筑。若定性错误，将出现消防设施配置不足、疏散条件受限、火灾风险增加。

问题10：建筑高度40~50m、每层建筑面积超过$1000m^2$的银行分行，建筑设计按照二类高层。

参考规范：《建筑设计防火规范（2018 年版）》（GB 50016—2014）表 5.1.1

解析：建筑高度 24m 以上部分任一楼层建筑面积大于 1000m² 的商店、展览、电信、邮政、财贸金融建筑和其他多种功能组合的建筑，属于一类高层公共建筑。若定性错误，将出现消防设施配置不足、疏散条件受限、火灾风险增加。

问题 11：中学建设项目中建筑高度超过 24m 但未超过 50m 的综合楼，1～5 层为学生计算机教室，使用总人数超过 500 人，6 层及以上为行政办公、管理、图书阅览等功能，未按照重要公共建筑考虑，设计定性为二类高层公共建筑。应按照建筑高度超过 24m 的重要公共建筑，按照一类高层公共建筑进行防火设计。

参考规范：《建筑设计防火规范（2018 年版）》（GB 50016—2014）表 5.1.1、第 2.1.3 条，《汽车加油加气加氢站技术标准》（GB 50156—2021）附录 B 民用建筑物保护类别划分

解析：建筑高度超过 24m 的医疗建筑、重要公共建筑、独立建造的老年人照料设施，属于一类高层公共建筑。中学建设项目中建筑高度超过 24m 但未超过 50m 的综合楼，若包含学生计算机教室且使用总人数超过 500 人，以及行政办公、管理、图书阅览等功能，应定性为一类高层公共建筑进行防火设计，而非二类高层公共建筑。综合楼由于建筑高度超过 24m，且包含多种功能区域，特别是学生计算机教室这种人员密集场所，使用总人数超过 500 人，其火灾危险性较高。此类建筑应被视为一类高层公共建筑，并按照更高的防火要求进行设计。具体来说，一类高层公共建筑在消防设施配置、疏散条件、防火分隔等方面都有更为严格的要求。

问题 12：建筑高度超过 24m 但未超过 50m 的高中宿舍楼，学生居住人数超过 500 人，未按照重要公共建筑考虑，设计定性为二类高层公共建筑。应按照建筑高度超过 24m 的重要公共建筑一类高层公共建筑进行防火设计。

参考规范：《建筑设计防火规范（2018 年版）》（GB 50016—2014）表 5.1.1、第 2.1.3 条，《汽车加油加气加氢站技术标准》（GB 50156—2021）附录 B 民用建筑物保护类别划分

解析：同本节问题 11 解析所述。

问题 13：剧本杀、密室逃脱类场所定性较乱，各地相关规定不一致，有些省（区、市）按照歌舞娱乐场所要求进行防火设计，有些省（区、市）按照公共娱乐场所要求进行防火设计。

解析：近年来，以"剧本杀""密室逃脱"为代表的现场组织消费者扮演角色完成任务的剧本娱乐经营场所快速发展。然而，由于这些场所属于新兴业态，其定性在各地存在差异，导致防火设计等方面的规定也不尽一致，其有关规定：《消防救援局关于印发密室逃脱类场所火灾风险指南及检查指引的通知》（应急消〔2021〕170 号）。

《四川省房屋建筑工程消防设计技术审查要点（2024 年版）》第 13.4.1 条，歌厅、舞厅、录像厅、夜总会、卡拉 OK 厅和具有卡拉 OK 功能的餐厅或包房、各类游艺厅（如密室逃脱、剧本杀游戏厅、室内电动卡丁车场、真人 CS 等）、桑拿浴室（不包括洗浴部分）的休息室和具有桑拿服务功能的客房、网吧、足疗等场所按歌舞娱乐放映游艺场所的要求

执行，且应采取防火分隔措施（耐火极限不低于2.00h的防火隔墙、乙级防火门或符合《建筑设计防火规范（2018年版）》（GB 50016—2014）第6.5.3条的规定的防火卷帘和耐火极限不低于1.00h的不燃性楼板）与其他功能用房完全分隔。

《北京市规划和自然资源委员会关于发布〈北京市既有建筑改造工程消防设计指南〉(2023年版)的通知》（京规自发〔2023〕96号）第2.2.10条，改造为下列功能的场所应执行现行消防技术标准，并符合下列规定：网吧、酒吧、棋牌室、剧本杀、密室逃脱、足浴店、洗浴中心、蒸拿房、水疗美容、电竞酒店客房等公共娱乐场所，沉浸式观演场所、室内拍摄棚等公共文化活动场所，应按歌舞娱乐放映游艺场所的规定执行。其中，密室逃脱、剧本杀、电竞酒店客房等场所，应根据应用场景设置火灾探测器、应急广播、消防应急照明和疏散指示系统，并应设置电气火灾监控系统。

《贵州省住房和城乡建设厅关于印发〈贵州省消防技术规范疑难问题技术指南〉的通知》（黔建消通〔2022〕35号）提出密室逃脱类场所应与相邻其他区域进行防火分隔，应采用耐火极限不低于2.0h的防火隔墙及可自行关闭的甲级防火门隔离，道具仓库应采用耐火极限不低于2.0h防火隔墙及可自行关闭的乙级防火门隔离。

《广州市住房和城乡建设局 广州市消防救援支队关于印发〈广州市密室逃脱、剧本类娱乐经营场所消防技术指引〉（试行）的通知》（穗建消防〔2022〕699号）虽未明确此类场所按照歌舞娱乐场所进行防火设计，但楼层布置、主题单元与主题单元之间及与场所的其他部位之间分隔措施等方面也基本按照歌舞娱乐场所要求。

《省住房城乡建设厅关于印发〈江苏省建设工程消防设计审查验收常见技术难点问题解答2.0〉的通知》（苏建函消防〔2022〕506号）明确，密室逃生、剧本杀等场所属于非歌舞娱乐放映游艺的公共娱乐场所。

《山西省住房和城乡建设厅关于印发〈山西省民用建筑工程消防设计审查难点解析〉的通知》（晋建消字〔2022〕195号）第1.0.1条：密室逃生、剧本杀、情景剧类剧本娱乐经营场所属于公共娱乐场所。

《杭州市商业娱乐新业态消防技术导则（试行）》指出，目前剧本娱乐经营场所从游戏特点、室内装修、场所空间特征、安全疏散及消防管理的特点等方面分为两类：以"剧本杀"为代表的桌面剧本娱乐经营场所和以"密室逃脱""沉浸式互动剧场"等实境体验为代表的实景剧本娱乐经营场所。两类场所火灾风险概况不同，应采取不同的消防技术措施。

综上所述，剧本杀、密室逃脱类场所的定性及防火设计要求因地区而异，并非统一按照歌舞娱乐场所或公共娱乐场所进行规定。为确保消防安全，各地应根据实际情况制定具体的防火设计标准和要求。

3.2 总平面布局

消防验收时，首先查阅图纸资料，了解建筑物分类、高度、耐火等级、使用功能等基础信息，对照图纸现场核查建筑周边的防火间距，重点关注不满足正常防火间距需设置防火墙、防火门窗时，是否设置符合要求的甲级防火门、窗；核查地下独立出地面的风井、楼梯间、采光天窗等与周边建筑的间距；核查临时建筑与验收建筑的距离；核查箱式变电站与周边建筑的距离。

问题 1：民用建筑与施工现场尚未拆除的临时建筑防火间距不足，如高层民用建筑与施工现场管理用房之间不足 9m；民用建筑与施工现场临时箱式变电站距离不满足 ≥3m 的要求。

参考规范：《建筑设计防火规范（2018 年版）》（GB 50016—2014）第 5.2.2 条、第 5.2.3 条

解析：防火间距是指在建筑物之间、建筑物与构筑物之间，以及可燃材料堆场之间，为防止火灾蔓延而设置的必要空间距离。防火间距的设置是基于对火灾蔓延速度、消防扑救能力及人员疏散需求的综合考虑。当防火间距不足时，一旦发生火灾，火势很容易迅速蔓延至相邻建筑或区域，从而扩大火灾范围，增加扑救难度。

高层民用建筑与单多层民用建筑之间应不小于 9m，民用建筑与 10kV 及以下的预装式变电站的防火间距不应小于 3m。施工现场管理用房、施工现场临时箱式变电站在项目总平面布置图中是不会出现的，施工完毕应及时拆除。

问题 2：建设及设计单位对周边既有建筑的勘察不到位，导致设计图纸与现场不符，总平面设计中建筑之间的防火间距不满足现行消防技术标准。

参考规范：《建筑设计防火规范（2018 年版）》（GB 50016—2014）

解析：当建设及设计单位对周边既有建筑的勘察不到位，导致设计图纸与现场实际情况不符时，特别是总平面设计中建筑之间的防火间距不满足现行消防技术标准，这将对建筑的安全构成严重威胁。一旦发现设计图纸与现场不符且防火间距不满足消防技术标准，建设及设计单位应立即停止相关施工，避免造成更大的安全隐患。同时，需与设计、施工、监理等单位进行沟通，共同查明原因，并协商确定整改方案。整改方案应确保防火间距等安全指标满足现行消防技术标准，且需经过相关部门的审核和批准后方可实施。预防措施：为避免类似问题的再次发生，建设及设计单位应加强沟通与协作，确保勘察工作的准确性和完整性。在勘察阶段，应充分考虑周边既有建筑的情况，确保设计图纸与现场实际情况相符。

问题 3：新建建筑与既有建筑或新建建筑之间防火间距不满足要求，常见原因是勘察不足或既有建筑耐火等级较低；另外一个常见原因是为减少防火间距而设计的无门窗洞口的防火墙，建设单位为满足采光需求在防火墙上设置普通门窗，不符合规范要求，导致防火间距不足。例如，两栋建筑贴邻建造，防火间距不满足要求，设计的无门窗洞口的防火墙上开设多个普通门窗。

解析：新建建筑与既有建筑或新建建筑之间防火间距不满足要求的常见原因包括勘察不足、既有建筑耐火等级较低以及在防火墙上违规开设门窗：①勘察不足，既有建筑耐火等级较低，在新建建筑的设计与施工过程中，对周边既有建筑的勘察是至关重要的环节。若勘察不足，可能导致设计图纸与现场实际情况不符，进而造成防火间距不满足现行消防技术标准的问题。此外，既有建筑的耐火等级也是影响防火间距的重要因素。若既有建筑的耐火等级较低，为满足防火安全要求，所需的最小防火间距会相应增大，从而增加了设计与施工的难度。②在设计时为减少防火间距而设置了无门窗洞口的防火墙，但建设单位

为满足采光需求，在防火墙上违规开设了普通门窗。这种做法严重违反了消防规范要求，因为防火墙的主要作用是防止火灾蔓延，而开设门窗则会破坏防火墙的完整性，使其失去应有的防火功能。例如，当两栋建筑贴邻建造，防火间距本就不满足要求时，若再在设计的无门窗洞口的防火墙上开设多个普通门窗，将极大地增加火灾蔓延的风险。

因此，为确保新建建筑与既有建筑或新建建筑之间的防火间距满足规范要求，建设单位应加强勘察工作，确保设计图纸与现场实际情况相符；同时，应严格遵守消防规范要求，不得在防火墙上违规开设门窗。对于既有建筑耐火等级较低的问题，可考虑通过改建或加固等方式提高其耐火等级，以满足防火安全要求。

问题4：设计图纸中标注"废弃""拆除"的建筑物、构筑物，现场未拆除，导致防火间距不足，工业建筑、民用建筑消防验收过程中常见此类问题。

解析：在设计阶段，为了确保建筑之间的防火安全，设计师会根据相关消防规范和标准，在图纸上明确标注需要废弃或拆除的建筑物、构筑物，以确保新建建筑或既有建筑之间的防火间距满足要求。然而，在实际施工过程中，由于各种情况，如施工单位的疏忽、业主的干预或资金问题等，这些标注为"废弃"或"拆除"的建筑物、构筑物可能并未被及时拆除，从而导致防火间距不足。

问题5：相邻建筑之间搭建钢结构雨棚等，作为堆放杂物或仓储区域使用，占用建筑防火间距且影响消防车道正常通行。相邻建筑之间或在建筑室内区域搭建临时建（构）筑物作为办公室或仓库使用，导致防火间距不符合消防安全要求。

解析：在消防规范中，防火间距是确保建筑之间在发生火灾时能够有效隔离，防止火势蔓延的重要安全距离。然而，当相邻建筑之间搭建钢结构雨棚等临时构筑物，并将其用作堆放杂物或仓储区域时，这些构筑物往往会占用原有的防火间距，使得建筑之间的安全距离不足。一旦发生火灾，火势很容易通过这些临时构筑物迅速蔓延，加大火灾的危害程度。同样，搭建临时建筑物作为办公室或仓库使用，也会导致防火间距不符合消防安全要求。这些临时建筑物往往没有经过严格的消防设计和审查，其耐火等级、防火分隔、安全疏散等方面可能存在严重隐患。

问题6：实际使用功能与设计图纸不一致，如原设计为普通办公，现场调整为餐厅、报告厅等人员密集的场所，导致该建筑与周边甲乙类厂房、仓库、甲、乙类物品运输车的汽车库、修车库、停车场的防火间距不足。

参考规范：《建筑防火通用规范》（GB 55037—2022）第3.1.3条、第3.2.1条至3.2.3条

解析：甲类厂房与人员密集场所的防火间距不应小于50m，与明火或散发火花地点的防火间距不应小于30m。甲类仓库与高层民用建筑和设置人员密集场所的民用建筑的防火间距不应小于50m，甲类仓库之间的防火间距不应小于20m。除乙类第5项、第6项物品仓库外，乙类仓库与高层民用建筑和设置人员密集场所的其他民用建筑的防火间距不应小于50m。甲、乙类物品运输车的汽车库、修车库、停车场与人员密集场所的防火间距不应小于50m，与其他民用建筑的防火间距不应小于25m；甲类物品运输车的汽车库、修车库、停车场与明火或散发火花地点的防火间距不应小于30m。

实际使用功能与设计图纸不一致，导致防火间距不足，是严重违反消防安全和建筑法规的行为。

这种行为违反了《建设工程质量管理条例》和《中华人民共和国建筑法》的相关规定。具体来说，《建设工程质量管理条例》第二十八条明确要求施工单位必须按照工程设计图纸和施工技术标准进行施工，不得擅自修改工程设计。而《中华人民共和国建筑法》第五十八条也有类似规定，强调建筑施工企业必须按照工程设计图纸施工。

当实际使用功能从原设计的普通办公调整为餐厅、报告厅等人员密集的场所时，建筑的火灾危险性和疏散需求会显著增加。这可能导致该建筑与周边甲乙类厂房、仓库、甲、乙类物品运输车的汽车库、修车库、停车场的防火间距不足，从而严重威胁公共安全。

对于这种情况，应立即采取措施进行整改。首先，应停止违规使用，恢复建筑的原设计功能或按照消防规范进行重新设计和审批。其次，应与相关部门（如消防部门、建设部门等）进行沟通，了解具体的整改要求和流程，并按照要求制定详细的整改方案。最后，应严格按照整改方案进行施工，确保整改后的建筑满足消防安全和建筑法规的要求。

3.3 消防救援设施

问题 1：消防车道未施工完毕。常见设计图纸中作为消防车道的规划市政道路未施工完毕或尚未开工，导致部分高层建筑不具备消防救援条件。

参考规范：《建筑防火通用规范》（GB 55037—2022）第 3.4.2 条

解析：消防车道未施工完毕是一个严重的消防安全隐患，特别是在设计图纸中作为消防车道的规划市政道路未施工完毕或尚未开工时，会导致部分高层建筑不具备消防救援条件。这种情况在实际工程中并不罕见。由于各种情况，如资金问题、施工计划调整、政策变动等，导致规划市政道路的施工进度可能会滞后于周边建筑的建设进度。当这些道路被设计为消防车道时，其未施工完毕将直接影响消防车辆的通行和救援效率。

问题 2：设置的消防车道的净宽度和净高度不符合设计要求，可能导致救援车辆无法及时到达现场。

参考规范：《建筑防火通用规范》（GB 55037—2022）第 3.4.5 条，《建筑设计防火规范（2018 年版）》（GB 50016—2014）第 7.1.8 条

解析：消防车道或兼作消防车道的道路的净宽度和净空高度应满足消防车安全、快速通行的要求；消防车道的净宽度和净空高度均不应小于 4.0m。如果消防车道的净宽度或净高度小于设计要求，那么消防车辆就无法顺利进入或通过该车道。这可能会导致救援时间的延误，危及人员的生命安全和财产的安全

问题 3：消防车道坡度过大，2023 年 6 月 1 日之后设计的项目坡度超过 10%，违反《建筑防火通用规范》（GB 55037—2022）规定，影响稳定性和安全性。

参考规范：《建筑防火通用规范》（GB 55037—2022）第 3.4.5 条

解析：坡度过大可能会影响消防车辆的通行和稳定性，进而影响消防救援的效率和安全。在设计和施工过程中严格遵守相关工程技术标准和规定，确保消防车道的坡度、宽

度、高度等参数均满足规范要求。

问题 4：消防车道两侧设置影响消防车通行的树木、架空管线等障碍物，火灾时影响消防救援。

参考规范：《建筑防火通用规范》（GB 55037—2022）第 3.4.5 条

解析：为了确保消防车道的畅通无阻，提高火灾救援的效率，消防车道与建筑消防扑救面之间不应有妨碍消防车操作的障碍物，不应有影响消防车安全作业的架空高压电线。

问题 5：环形消防车道：应至少有 2 个出口与其他车道连通，确保能从不同方向进入，个别项目验收时周边道路未施工完毕，现场只有 1 个出口与其他车道连通。

参考规范：《建筑设计防火规范（2018 年版）》（GB 50016—2014）第 7.1.9 条

解析：环形消防车道的设计初衷是为了在火灾发生时，能够迅速将消防车辆引导至火灾现场，并从多个方向进行灭火和救援工作。如果只有一个出口与其他车道连通，那么一旦该出口被堵塞或无法使用，消防车辆将无法进入火灾现场，这将严重影响救援工作的进行。

问题 6：验收时，个别项目转弯半径不足，不满足消防车转弯的需求，影响救援效率。

参考规范：《建筑防火通用规范》（GB 55037—2022）第 3.4.5 条，《建筑设计防火规范（2018 年版）》（GB 50016—2014）第 7.1.8 条

解析：消防车道的转弯半径是消防车能够顺利通过的关键参数之一。在火灾发生时，消防车需要迅速到达火灾现场，并进行有效的灭火和救援工作。消防车的转弯半径一般均较大，通常为 9~12m，特种车 16~20m。如果消防车道的转弯半径不足，消防车将无法顺利通过，这将极大地延误救援时间，增加火灾造成的损失和人员伤亡的风险。

问题 7：标识缺失或错误，消防车道的标识未正确喷涂或缺失，影响识别和引导消防车通行。

参考规范：《建筑防火通用规范》（GB 55037—2022）第 12.0.2 条

解析：建筑周围的消防车道和消防车登高操作场地应保持畅通，其范围内不应存放机动车辆，不应设置隔离桩、栏杆等可能影响消防车通行的障碍物，并应设置明显的消防车道或消防车登高操作场地的标识和不得占用、阻塞的警示标志。

问题 8：消防验收现场，登高操作场地长度和宽度不足，高层建筑的消防车登高操作场地长度和宽度与设计图纸不符，影响救援操作。

参考规范：《建筑防火通用规范》（GB 55037—2022）第 3.4.6 条，《建筑设计防火规范（2018 年版）》（GB 50016—2014）第 7.2.1 条、第 7.2.2 条

解析：高层建筑应至少沿其一条长边设置消防车登高操作场地。未连续布置的消防车登高操作场地，应保证消防车的救援作业范围能覆盖该建筑的全部消防扑救面。场地的长度和宽度分别不应小于 15m 和 10m。对于建筑高度大于 50m 的建筑，场地的长度和宽度分别不应小于 20m 和 10m。如果登高操作场地的长度和宽度不足，或者实际尺寸与设计图纸不符，消防车在进行登高救援时可能会受到限制，无法顺利接近高层建筑进行救援操

作。这不仅会延误救援时间，还可能增加火灾造成的人员伤亡和财产损失。

问题 9：消防车登高操作场地坡度超过 3%，影响稳定性和安全性。

参考规范：《建筑防火通用规范》（GB 55037—2022）第 3.4.7 条，《建筑设计防火规范（2018 年版）》（GB 50016—2014）第 7.2.2 条

解析：为保证举高消防车在展开作业时能够稳定支腿，防止场地坡度过大而导致车辆侧翻或作业不稳定，从而危及救援人员和被困人员的安全，消防车登高操作场地的坡度不宜大于 3%。

问题 10：消防车登高操作场地内有树木、架空管线等障碍物，妨碍消防车操作。

参考规范：《建筑防火通用规范》（GB 55037—2022）第 3.4.7 条

解析：为了确保消防车能够顺利进行操作，场地内不应设置任何妨碍消防车操作的障碍物，包括但不限于树木、架空管线等。

问题 11：消防救援场地范围内裙房进深超过 4m，影响登高消防车靠近高层建筑主体。

参考规范：《建筑防火通用规范》（GB 55037—2022）第 3.4.7 条

解析：消防车登高操作场地范围内的裙房进深不应大于 4m。根据登高消防车功能试验证明，高度在 5m、进深在 4m 以上的附属建筑会影响扑救作业。如果裙房进深超过这一限制，登高消防车无法顺利接近高层建筑，增加救援难度，甚至导致救援行动无法实施。

问题 12：建筑周围的消防车道和消防车登高操作场地未设置明显的消防车道或消防车登高操作场地的标识和不得占用、阻塞的警示标志。

参考规范：《建筑防火通用规范》（GB 55037—2022）第 12.0.2 条

解析：建筑周围的消防车道和消防车登高操作场地应保持畅通，其范围内不应存放机动车辆，不应设置隔离桩、栏杆等可能影响消防车通行的障碍物，并应设置明显的消防车道或消防车登高操作场地的标识和不得占用、阻塞的警示标志。

问题 13：消防验收现场，长度大于 40m 的尽头式消防车道未按照图纸设置满足消防车回转要求的场地或道路，或设置的回车场面积不满足设计要求。

参考规范：《建筑防火通用规范》（GB 55037—2022）第 3.4.5 条，《建筑设计防火规范（2018 年版）》（GB 50016—2014）第 7.1.9 条

解析：为确保消防车能够顺利回转，长度大于 40m 的尽头式消防车道应设置满足消防车回转要求的场地或道路；回车场的面积不应小于 12m×12m；对于高层建筑，不宜小于 15m×15m；供重型消防车使用时，不宜小于 18m×18m。

问题 14：消防验收现场，消防救援窗面积小于 1m²，或面积满足但净高度和净宽度不足 1.0m。

参考规范：《建筑防火通用规范》（GB 55037—2022）第 2.2.3 条

解析：消防救援口的净高度和净宽度均不应小于 1.0m，当利用门时，净宽度不应小于 0.8m。

问题 15：救援窗的玻璃采用不易破碎的有机玻璃或乙级防火窗、安装不牢固，影响救援。消防救援口应易于从室内和室外打开或破拆，采用玻璃窗时，应选用安全玻璃。

参考规范：《建筑防火通用规范》(GB 55037—2022) 第 2.2.3 条

解析：不易破碎的有机玻璃或乙级防火窗，由于其坚固性，可能会延误救援时间，增加人员伤亡和财产损失的风险。相反，消防救援口应易于从室内和室外打开或破拆，当采用玻璃窗时，应选用安全玻璃。这类玻璃在受到敲击或冲击时能够迅速破碎，为消防救援人员提供快速进入的通道。同时，安全玻璃的使用也能在一定程度上保障消防救援人员在破窗过程中的安全。

问题 16：消防救援窗设置位置不当，未设置在公共部位，如公共走廊、卫生间、楼梯间等。

解析：为了确保在火灾等紧急情况下，消防救援人员能够迅速接近并通过消防救援窗进行救援，消防救援窗应设置在公共部位。这些部位通常包括公共走廊、楼梯间等，因为这些区域相对开放，易于接近，且符合消防救援的操作要求。将消防救援窗设置在非公共部位，如私人房间、办公室等，可能会延误救援时间，增加救援难度，甚至导致救援行动无法顺利进行。

问题 17：消防救援窗数量不足，每个防火分区不应少于 2 个，且间距不宜大于 20m。

参考规范：《建筑设计防火规范（2018 年版）》(GB 50016—2014) 第 7.2.5 条

解析：为确保在火灾发生时消防救援人员能够迅速接近并通过救援窗进行救援，最大限度地减少人员伤亡和财产损失，每个防火分区设置至少 2 个消防救援窗，可以提供多个救援入口，增加救援的灵活性和效率。为确保在任何位置都能快速找到救援窗，缩短救援时间，救援窗之间的间距不宜大于 20m。

问题 18：消防救援窗未设置明显的标识，消防员难以快速识别和使用。

参考规范：《建筑防火通用规范》(GB 55037—2022) 第 2.2.3 条

解析：消防救援口应设置可在室内和室外识别的永久性明显标志。

问题 19：消防验收现场，消防电梯集水坑容量不足 $2m^3$，排水泵的排水量不符合规范要求。

参考规范：《建筑防火通用规范》(GB 55037—2022) 第 2.2.9 条

解析：消防电梯的井底应设置排水设施，且排水井（集水坑）的容量不应小于 $2m^3$，排水泵的排水量不应小于 10L/s。这些规定是为了确保在火灾等紧急情况下，消防电梯井底的水能够及时排出，避免积水对电梯运行和救援行动造成不利影响。

问题 20：消防电梯前室在首层未直通室外或未经过不大于 30m 专用通道通向室外，或专用通道与相邻区域之间未采取防火分隔措施。前室常见问题是短边小于 2.4m、合用前室使用面积不足。

参考规范：《建筑防火通用规范》(GB 55037—2022) 第 2.2.8 条

解析：消防电梯前室在首层应直通室外，或经过长度不大于 30m 的通道通向室外。

这一规定是为了确保在紧急情况下，消防人员能够迅速到达消防电梯前室，进而使用消防电梯进行救援。

防火分隔措施：专用通道与相邻区域之间应采取防火分隔措施，以防止火势蔓延，保障消防电梯前室的安全性。

前室短边长度要求：前室的短边不应小于2.4m，这是为了确保前室具有足够的空间，便于消防人员操作和疏散。

居住建筑的前室使用面积不应小于6m²（与防烟楼梯间合用时），公共建筑和工业建筑的前室使用面积不应小于10m²（与防烟楼梯间合用时）。这一规定是为了确保在紧急情况下，前室能够容纳足够的人员，并便于消防人员进行救援操作。

问题21：消防电梯的动力和控制线缆与控制面板的连接处、控制面板的外壳防水性能等级不应低于IPX5，现场验收时，以上设备外壳无防水性能，无防水性能标识。

参考规范：《建筑防火通用规范》（GB 55037—2022）第2.2.10条

解析：为防止水分侵入导致电路短路、设备损坏或功能失效，电梯的动力和控制线缆与控制面板的连接处、控制面板的外壳防水性能等级不应低于IPX5。

问题22：轿厢内配套组件设置不全，2023年6月1日后设计的项目未按照《建筑防火通用规范》（GB 55037—2022）规定设置视频监控系统的终端设备。

参考规范：《建筑防火通用规范》（GB 55037—2022）第2.2.10条

解析：在消防电梯轿厢内应设置视频监控系统，并且应将视频信号传至消防控制室，以便现场救援人员在必要时可以直接与消防控制室通话联系。

问题23：电梯联动测试问题，个别项目的消防电梯联动时被切断电源，不能正确参与联动，影响消防救援。

参考规范：《火灾自动报警系统设计规范》（GB 50116—2013）第4.7.1条

解析：消防电梯应能在所服务区域每层停靠，火灾时消防联动控制器应发出联动控制信号强制所有电梯停于首层或电梯转换层。

问题24：消防电梯前室及电梯轿厢内部装修和标识问题，部分项目为了保护消防电梯轿厢，内部装修材料使用可燃材料，不符合规范要求。

参考规范：《建筑防火通用规范》（GB 55037—2022）第2.2.10条、第6.5.3条

解析：电梯轿厢内部装修材料的燃烧性能应为A级。消防电梯前室或合用前室的顶棚、墙面和地面内部装修材料的燃烧性能均应为A级。

问题25：消防电梯首层入口处未按要求设置供消防救援人员专用的操作按钮。

参考规范：《建筑防火通用规范》（GB 55037—2022）第2.2.10条

解析：为了确保在火灾等紧急情况下，消防救援人员能够迅速、便捷地操作电梯，进行灭火和救援工作，在消防电梯的首层入口处，应设置明显的标识和供消防救援人员专用的操作按钮。为保证该操作按钮的专用性，需要采取一系列措施。例如，可以在按钮旁边设置明显的标识，注明"消防救援人员专用"，以提醒其他人员不要随意使用。同时，还可以通过技术手段，如设置保护罩等，限制非消防救援人员误操作。

问题 26：消防验收现场，设计的屋顶直升机停机坪现场未施工，常见医疗建筑、老年人照料设施，设计的屋顶直升机停机坪未施工。

参考规范：《建筑防火通用规范》（GB 55037—2022）第 2.2.11 条

解析：建筑高度大于 250m 的工业与民用建筑，应在屋顶设置直升机停机坪。对于医疗建筑和老年人照料设施等特定类型的建筑，由于其特殊的使用性质和人员密集性，在消防设计和审查阶段，通常会根据建筑的类型、高度、使用性质以及周边消防通道和救援条件等因素，综合考虑是否需要设置屋顶直升机停机坪。在施工阶段严格按照设计要求及消防规范和标准施工。

问题 27：北方设置在屋面停机坪附近设置的消火栓未采取防冻措施。

参考规范：《消防给水及消火栓系统技术规范》（GB 50974—2014）第 12.3.19 条

解析：在北方地区冬季气温较低，消火栓等消防设施容易受到冰冻的影响无法正常使用。对于设置在屋面停机坪附近的消火栓，必须采取适当的防冻措施，包括但不限于采取保温材料包裹、电伴热带等防冻措施。

问题 28：通往屋顶停机坪的通道上、停机坪上漏设应急照明，设置的疏散照明装置防护等级不满足 IP67。

参考规范：《消防应急照明和疏散指示系统技术标准》（GB 51309—2018）第 3.2.5 条、第 3.2.1 条

解析：应急照明能够在火灾等紧急情况下提供必要的照明，确保人员能够安全、迅速地撤离到停机坪，并便于消防救援人员进行救援操作。在室外设置的灯具及其连接附件，防护等级不应低于 IP67，以确保在恶劣环境下仍能正常工作。

问题 29：屋顶直升机停机坪出口的宽度不满足规范要求、设计要求。

参考规范：《建筑防火通用规范》（GB 55037—2022）第 2.2.12 条、第 7.1.4 条，《建筑设计防火规范（2018 年版）》（GB 50016—2014）第 7.4.2 条

解析：建筑通向停机坪的出口不应少于 2 个，确保紧急情况下人员能够迅速、安全地撤离到停机坪，也便于消防救援人员进行救援操作，出口宽度不宜小于 0.90m。

3.4　建筑构件、构造防火和耐火等级

问题 1：防火墙、防火隔墙、防火卷帘未砌筑到顶、到边，导致建筑构件未起到分隔作用。

参考规范：《建筑防火通用规范》（GB 55037—2022）第 6.1.1 条、第 6.1.2 条、第 6.2.1 条

解析：防火墙应直接设置在建筑的基础或具有相应耐火性能的框架、梁等承重结构上，并应从楼地面基层隔断至结构梁、楼板或屋面板的底面。防火墙与建筑外墙、屋顶相交处，防火墙上的门、窗等开口，应采取防止火灾蔓延至防火墙另一侧的措施。防火隔墙应从楼地面基层隔断至梁、楼板或屋面板的底面基层。防火墙、防火隔墙和防火卷帘等建

筑构件的主要功能是分隔不同的防火区域，以阻止火势的蔓延。如果这些构件未砌筑到顶、到边，将会导致分隔作用失效，火势有可能通过这些未封闭的区域迅速扩散，从而增加火灾的危害性。

问题 2：混淆防火玻璃、防火玻璃墙概念，防火玻璃替代防火玻璃墙、C 类防火窗替代防火隔墙，不符合规范要求。

参考规范：《建筑防火通用规范》（GB 55037—2022）第 6.4.9 条，《防火玻璃非承重隔墙通用技术条件》（XF 97—1995）第 3.1 条、第 3.2 条

解析：用于防火分隔的防火玻璃墙，耐火性能不应低于所在防火分隔部位的耐火性能要求。防火玻璃和防火玻璃墙虽然都具备防火功能，但它们是两种不同的产品。防火玻璃是一种措施型防火材料，通常作为防火玻璃墙的组成构件，单独使用无法发挥其完整的防火作用。而防火玻璃墙则是由防火玻璃、框架及防火密封材料组成的系统防火构件，能够在一定时间内满足耐火稳定性、完整性和隔热性要求，常用于建筑中庭与周围连通空间的分隔、建筑外墙上、下层开口之间的分隔等场景。而防火玻璃的防火等级则因其类型和应用场景的不同而有所差异。例如，C 类防火窗（非隔热防火窗）仅满足耐火完整性要求，而不具备隔热性，因此，将防火玻璃直接替代防火玻璃墙使用，或者将 C 类防火窗替代防火隔墙使用，都是不符合规范要求的。

问题 3：钢结构构件未按照设计要求采取喷涂防火涂料、无机材料包覆等防火保护措施，导致钢结构承重构件的耐火极限低于设计耐火极限，建筑耐火等级不足。

参考规范：《建筑防火通用规范》（GB 55037—2022）第 5.1.1 条、第 5.1.4 条，《钢结构通用规范》（GB 55006—2021）第 6.3.2 条至第 6.3.4 条，《建筑钢结构防火技术规范》（GB 51249—2017）第 4.1.2 条

解析：建筑中承重的金属结构或构件应根据设计耐火极限和受力情况等进行耐火性能验算和防火保护设计，或采用耐火试验验证其耐火性能。钢结构构件的耐火极限经验算低于设计耐火极限时，应采取防火保护措施。钢结构的防火保护可采用喷涂（抹涂）防火涂料、包覆防火板、包覆柔性毡状隔热材料、外包混凝土、金属网抹砂浆或砌筑砌体等措施。

问题 4：钢结构构件的防火涂料选型、非膨胀型防火涂料涂层的厚度不符合设计要求。

参考规范：《建筑钢结构防火技术规范》（GB 51249—2017）第 4.1.3 条、第 9.3.2 条，《钢结构防火涂料》（GB 14907—2018）第 5.1.5 条

解析：钢结构采用喷涂防火涂料保护时，室内隐蔽构件宜选用非膨胀型防火涂料；设计耐火极限大于 1.50h 的构件，不宜选用膨胀型防火涂料；室外、半室外钢结构采用膨胀型防火涂料时，应选用符合环境对其性能要求的产品；防火涂料与防腐涂料应相容、匹配。膨胀型钢结构防火涂料的涂层厚度不应小于 1.5mm，非膨胀型钢结构防火涂料的涂层厚度不应小于 15mm。

防火涂料的涂装遍数和每遍涂装的厚度均应符合产品说明书的要求。防火涂料涂层的厚度不得小于设计厚度。非膨胀型防火涂料涂层最薄处的厚度不得小于设计厚度的 85%；

平均厚度的允许偏差应为设计厚度的±10%，且不应大于±2mm。膨胀型防火涂料涂层最薄处厚度的允许偏差应为设计厚度的±5%，且不应大于±0.2mm。

问题5：幕墙与楼板、防火隔墙的缝隙未采用防火封堵材料封堵。

参考规范：《建筑防火通用规范》（GB 550037—2022）第6.2.4条，《建筑防火封堵应用技术标准》（GB/T 51410—2020）第4.0.3条、第6.3.2条

解析：为确保在火灾发生时火势和烟雾不会通过这些缝隙蔓延，幕墙与每层楼板、隔墙处的缝隙应采用防火封堵材料封堵。

问题6：消防验收时，建筑变形缝处未采用防火封堵材料封堵。

参考规范：《建筑防火通用规范》（GB 550037—2022）第6.3.4条、第6.3.5条，《建筑防火封堵应用技术标准》（GB/T 51410—2020）第4.0.5条

解析：在消防验收过程中，建筑变形缝的处理是一个重要的检查点。变形缝是为了适应建筑物因温度变化、沉降或地震等而产生的变形而设置的构造缝。这些缝隙在火灾发生时可能成为火势和烟雾蔓延的通道，因此必须采用防火封堵材料进行封堵。如果建筑变形缝处未采用防火封堵材料封堵，一旦火灾发生，火势和烟雾可能通过这些未封堵的缝隙迅速蔓延，增大人员疏散和消防救援的难度，严重威胁人员生命财产安全。

电气线路和各类管道穿过防火墙、防火隔墙、竖井井壁、建筑变形缝处和楼板处的孔隙应采取防火封堵措施。防火封堵组件的耐火性能不应低于防火分隔部位的耐火性能要求。沉降缝、伸缩缝、抗震缝等建筑变形缝在防火分隔部位的防火封堵应符合下列规定应采用矿物棉等背衬材料填塞；背衬材料的填塞厚度不应小于200mm，背衬材料的下部应设置钢质承托板，承托板的厚度不应小于1.5mm。承托板之间、承托板与主体结构之间的缝隙，应采用具有弹性的防火封堵材料填塞；在背衬材料的外面应覆盖具有弹性的防火封堵材料。

问题7：通风、空调、水管道等穿越防火隔墙、楼板和防火墙时，未采取防止火灾通过管道蔓延至其他防火分隔区域的措施。

参考规范：《建筑防火通用规范》（GB 550037—2022）第6.3.3条至第6.3.5条，《通风与空调工程施工质量验收规范》（GB 50243—2016）第6.2.2条

解析：通风、空调、水管道等穿越防火隔墙、楼板和防火墙处的孔隙应采用防火封堵材料进行封堵，以防止火灾通过管道蔓延至其他防火分隔区域，且防火分隔组件的耐火性能不应低于楼板的耐火性能，是确保建筑防火安全的重要措施之一。当风管穿过需要封闭的防火、防爆的墙体或楼板时，必须设置厚度不小于1.6mm的钢制防护套管；风管与防护套管之间应采用不燃柔性材料封堵严密。

问题8：电缆桥架、电缆线槽、母线槽、水管道井等穿越每层楼板处，未采取防火封堵的措施。

参考规范：《建筑防火通用规范》（GB 550037—2022）第6.3.3条，《建筑防火封堵应用技术标准》（GB/T 51410—2020）第5.2.6条、第5.3.6条

解析：除通风管道井、送风管道井、排烟管道井、必须通风的燃气管道竖井及其他有

特殊要求的竖井可不在层间的楼板处分隔外，其他竖井应在每层楼板处采取防火分隔措施，且防火分隔组件的耐火性能不应低于楼板的耐火性能。管道井、管沟、管廊防火分隔处的封堵应采用矿物棉等背衬材料填塞并覆盖有机防火封堵材料；或采用防火封堵板材封堵，并在管道与防火封堵板材之间的缝隙填塞有机防火封堵材料。电缆井的每层水平防火分隔处应采用无机或膨胀性的防火封堵材料封堵；或采用矿物棉等背衬材料填塞并覆盖膨胀性的防火封堵材料；或采用防火封堵板材封堵，在电缆与防火封堵板材之间的缝隙填塞膨胀型防火封堵材料。

问题9：暗装的消火栓箱贯穿防火隔墙、防火墙，破坏墙体的耐火极限，未采取加厚墙体耐火极限补偿措施，常见水管井设置的消火栓箱、消防电梯前室暗装的消火栓箱、疏散走道两侧墙体暗装的消火栓箱。

参考规范：《消防给水及消火栓系统技术规范》（GB 50974—2014）第 12.3.10 条

解析：暗装的消火栓箱不应破坏隔墙的耐火性能；当暗装的消火栓箱贯穿防火隔墙、防火墙时，会破坏墙体的完整性，进而影响其耐火极限。为确保建筑的防火安全，必须采取相应的补偿措施。常见的补偿措施包括加厚墙体或使用更高耐火等级的材料来重建被贯穿的部分。

问题10：防火门、防火卷帘与楼板、梁、墙、柱之间的空隙、防火封堵不完善。

参考规范：《防火卷帘、防火门、防火窗施工及验收规范》（GB 50877—2014）第 5.2.9 条

解析：防火卷帘、防护罩等与楼板、梁和墙、柱之间的空隙，应采用防火封堵材料等封堵，对于穿越防火卷帘包厢的管道及桥架，也应进行防火封堵，以防止火势通过这些管道或桥架蔓延。

封堵部位的耐火极限不应低于防火卷帘的耐火极限。防火门与周围结构之间的空隙应使用防火材料进行封堵，以确保其耐火完整性。在实际工程中，由于施工不当或监管不严等，这些空隙的防火封堵往往存在不完善的情况。例如，防火门四周的封堵材料不符合设计要求，防火卷帘的封堵不到位或存在遗漏等。

问题11：防火卷帘导轨未安装在建筑结构上或导轨处耐火极限不能满足规范要求。防火卷帘导轨可以采用砖砌保护墙或者混凝土保护墙，采用防火板进行封堵保护时需要注意耐火极限需达到 3h。

参考规范：《建筑防火通用规范》（GB 55037—2022）第 6.4.8 条

解析：防火卷帘导轨是防火卷帘的重要组成部分，其安装位置和耐火极限直接关系防火卷帘的防火效果。规范要求防火卷帘导轨必须安装在建筑结构上，以确保其稳定性和可靠性。导轨的耐火极限也应满足规范要求，以防止在火灾中导轨失效而导致防火卷帘无法正常工作。为了满足导轨的耐火极限要求，可以采取多种保护措施。其中，砖砌保护墙和混凝土保护墙是常见的保护方式。这些保护墙能够有效隔绝火源，提高导轨的耐火性能。另外，采用防火板进行封堵保护也是一种有效的措施。但是在使用防火板进行封堵保护时，需要注意防火板的材质、厚度和安装方式等因素，以确保其耐火性能达到规定要求。

问题12：建筑耐火等级和层数不对应，超过规范允许层数，常见于工业建筑。

参考规范：《建筑设计防火规范（2018 年版）》（GB 50016—2014）表 3.3.1、表 3.3.2、表 5.3.1

解析：在工业建筑中，由于生产活动的特殊性和复杂性，建筑的耐火等级和层数往往受到严格的规范限制。在实际设计和施工过程中，有时会出现建筑耐火等级和层数不对应，或者超过规范允许层数的情况。

不同耐火等级的建筑对应着不同的允许层数。例如甲类仓库通常只能为单层建筑，乙类厂房在耐火等级为二级时，层数最多为 6 层；丙类厂房和仓库的耐火等级和层数限制则根据储存物品的性质和火灾危险性有所不同。在实际工程中，由于设计或使用不当，有时会出现耐火等级较低的建筑，或者层数超过了规范允许的范围。

问题 13：储存可燃液体的多层丙类仓库，建筑构件的燃烧性能、耐火极限仅能满足二级耐火等级，不满足规范要求的一级耐火等级要求。

参考规范：《建筑防火通用规范》（GB 55037—2022）第 5.2.1 条

解析：储存可燃液体的多层丙类仓库的耐火等级应为一级。这是因为这类仓库储存的物品具有可燃性，一旦发生火灾，火势容易蔓延且难以控制。为保障仓库的安全，防止火灾事故的发生，必须提高仓库的耐火等级。

3.5 平面布置

问题 1：现场平面布置与经过图审的消防设计图纸、竣工图平面布置不一致；建设单位随意变更导致个别现场平面布置不满足规范要求，设计单位不出具设计变更。

参考规范：《建设工程消防设计审查验收管理暂行规定》（住建部令〔2023〕第 58 号）

解析：在消防设计和施工过程中，图纸的审核和竣工图的制作都是确保建筑消防安全的重要环节。经过图审的消防设计图纸是建筑消防安全的法定依据，而竣工图则是对实际施工情况的准确反映，现场平面布置必须与经过图审的消防设计图纸和竣工图保持一致。

问题 2：当办公室、休息室等作为附属管理用房设置在丙类厂房内，附属管理用房与厂房的所占比例太大，基本以民用办公、管理为主，其主要使用功能与设计功能不一致。

解析：虽然《建筑设计防火规范（2018 年版）》（GB 50016—2014）中并未明确规定办公室、休息室等附属管理用房与丙类厂房的具体所占比例，但通常这些附属用房的设置应服务于厂房的生产需求，且面积宜控制在一定范围内，以避免影响厂房的主要使用功能及消防安全。若附属管理用房面积过大，甚至以民用办公、管理为主，那么这不仅改变了厂房的原始设计功能，还可能对消防安全构成潜在威胁。

《自然资源部关于发布〈工业项目建设用地控制指标〉的通知》（自然资发〔2023〕72 号）中要求，工业项目所需行政办公及生活服务设施用地面积不得超过工业项目总用地面积的 7%，严禁在工业项目用地范围内建造成套住宅、专家楼、宾馆、招待所和培训中心等非生产性配套设施。

同时，参照《省住房城乡建设厅关于印发〈江苏省建设工程消防设计审查验收常见技术难点问题解答 2.0〉的通知》（苏建函消防〔2022〕506 号）第 1.1.2.9 条或（和）《建筑设计防火规范（2018年版）》（GB 50016—2014）第 3.3.5 条、第 3.3.9 条的问题：办公室、休息室允许设置在丙、丁类厂房、仓库内，办公室、休息室的面积如何控制？江苏省住房和城乡建设厅给出了相关解答：为厂房、仓库提供服务的配套办公室、休息室可以设置在丙、丁类厂房、仓库内，虽然规范对面积没有限制，但一般宜控制在车间、仓库总建筑面积的 15% 以内；设置时，可不限制楼层，但应按照规范要求采用相应耐火极限的防火隔墙和防火门与其他区域分隔，并设置独立的安全出口。

问题 3：个别工业项目为方便职工休息，部分区域改变使用功能和平面布置，在厂房、仓库内设置单身公寓或倒班宿舍。

参考规范：《建筑防火通用规范》（GB 55037—2022）第 4.2.2 条、第 4.2.7 条

解析：厂房、仓库内不应设置员工宿舍及与库房运行、管理无直接关系的其他用房。厂房和仓库作为生产和储存物品的场所，其内部通常存放有大量易燃、易爆物品或可燃材料，将员工宿舍设置在厂房、仓库内，会加大火灾、爆炸等安全事故的风险。

问题 4：丙类厂房内设置办公室、休息室，隔墙上连通的门未采用乙级防火门，或防火隔墙上设置普通窗或 C 类耐火窗。

参考规范：《建筑防火通用规范》（GB 55037—2022）第 4.2.2 条、第 6.4.3 条

解析：在丙类厂房内设置办公室、休息室等附属用房时，为了保障消防安全，丙类厂房内的辅助用房应采用乙级防火门、防火窗、耐火极限不低于 2.00h 的防火隔墙和耐火极限不低于 1.00h 的楼板与厂房内的其他部位分隔，以确保在火灾发生时能够有效阻隔火势蔓延，为人员疏散和灭火救援赢得宝贵时间。此外，防火隔墙的完整性和耐火性能对于防止火灾蔓延至关重要，防火隔墙上不应设置普通窗或 C 类耐火窗。这些窗户的存在会破坏防火隔墙的完整性，降低其耐火性能，从而增加火灾蔓延的风险。

问题 5：丙类厂房内设置办公室、休息室，未设置至少 1 个独立的安全出口。

参考规范：《建筑防火通用规范》（GB 55037—2022）第 4.2.2 条

解析：为确保在火灾等紧急情况下人员能够迅速、安全地疏散到安全区域，设置在丙类厂房内的辅助用房应设置至少 1 个独立的安全出口。个别项目未设置至少 1 个独立的安全出口，出现此类问题常见的原因如下：①设计图纸中办公室、休息室使用的室外楼梯未施工；②未按图施工，自行增加办公用房；③平面布置调整，原设计图纸中办公、休息室调整了位置，疏散楼梯间未调整，导致办公室、休息室缺少独立的安全出口。

问题 6：厂房设置的甲、乙、丙类中间仓库，用于分隔的防火墙上未按要求设置甲级防火门，现场验收时防火门铭牌及 S 签信息显示为乙级防火门。

参考规范：《建筑防火通用规范》（GB 55037—2022）第 4.2.3 条、第 6.4.2 条

解析：设置在厂房内的甲、乙、丙类中间仓库，应采用防火墙和耐火极限不低于 1.50h 的不燃性楼板与其他部位分隔，防火墙上设置的门应为甲级防火门。防火门铭牌信息应与 S 签信息、防火门实物一致。

问题 7：厂房设置的甲、乙、丙类中间仓库，用于分隔的防火墙与建筑外墙、屋顶相交处未采取防止火灾蔓延至防火墙另一侧的措施，导致厂房通过墙边、顶部与中间仓库

连通。

参考规范：《建筑防火通用规范》（GB 55037—2022）第 4.2.3 条、第 6.1.1 条

解析：设置在厂房内的甲、乙、丙类中间仓库，应采用防火墙和耐火极限不低于 1.50h 的不燃性楼板与其他部位分隔。防火墙应直接设置在建筑的基础或具有相应耐火性能的框架、梁等承重结构上，并应从楼地面基层隔断至结构梁、楼板或屋面板的底面。防火墙与建筑外墙、屋顶相交处，防火墙上的门、窗等开口，应采取防止火灾蔓延至防火墙另一侧的措施。

问题 8：丙类厂房或丙、丁类仓库内的办公室、休息室等辅助用房之间设置的防火隔墙仅砌筑到吊顶底部，未砌筑至梁、楼板或屋面板的底面基层，厂房、仓库通过吊顶内空间与办公室、休息室等辅助用房连通。

参考规范：《建筑防火通用规范》（GB 55037—2022）第 6.2.1 条、第 6.2.2 条

解析：防火隔墙应从楼地面基层隔断至梁、楼板或屋面板的底面基层，防火隔墙上的门、窗等开口应采取防止火灾蔓延至防火隔墙另一侧的措施。防火隔墙与建筑外墙、楼板、屋顶相交处，应采取防止火灾蔓延至另一侧的防火封堵措施。如果防火隔墙仅砌筑到吊顶底部，而未砌筑至梁、楼板或屋面板的底面基层，那么吊顶内空间将成为火灾蔓延的潜在通道，一旦发生火灾，火焰和烟气可能通过吊顶内空间蔓延至其他区域，从而破坏防火隔墙的防火分隔作用。

问题 9：部分项目未按图施工，调整平面布置与使用功能，如面粉厂碾磨车间定性为乙类厂房，原设计图纸中首层设置了工具间、通风机房，验收时该区域实际功能为配电室，配电室与乙类厂房之间的防火隔墙上设置普通窗户，平面布置不符合设计要求、规范要求。

参考规范：《建筑防火通用规范》（GB 55037—2022）第 4.2.4 条

解析：与甲、乙类厂房贴邻并供该甲、乙类厂房专用的 10kV 及以下的变（配）电站，应采用无开口的防火墙或抗爆墙一面贴邻，与乙类厂房贴邻的防火墙上的开口应为甲级防火窗。其他变（配）电站应设置在甲、乙类厂房以及爆炸危险性区域外，不应与甲、乙类厂房贴邻。

问题 10：仓库平面布置调整，如物流仓库自行增加"开票室""司机休息区"，不具备规范要求的防火分隔及疏散条件。

参考规范：《建筑防火通用规范》（GB 55037—2022）第 4.2.7 条、第 5.2.4 条

解析：丙、丁类仓库内的办公室、休息室等辅助用房，应采用防火门、防火窗、耐火极限不低于 2.00h 的防火隔墙和耐火极限不低于 1.00h 的楼板与其他部位分隔，并应设置独立的安全出口。丙、丁类物流建筑的物流作业区域和辅助办公区域应分别设置独立的安全出口或疏散楼梯；物流作业区域与辅助办公区域之间应采用耐火极限不低于 3.00h 的防火隔墙和耐火极限不低于 2.00h 的楼板分隔。新增的"开票室""司机休息区"未采用符合规范的防火隔墙、防火门等防火设施进行分隔，那么一旦发生火灾，火势可能迅速蔓延至整个仓库，造成严重后果。且未设置符合条件的独立安全出口或疏散楼梯，火灾时人员需要借助物流建筑疏散，加重人员伤亡。

问题 11：物流仓库设置的传送带、物流梯等物流通道穿越防火分区、楼板、电梯井壁处的开口未采取设置甲级防火门、防火卷帘等防火分隔设施；物流梯层门无法满足防火要求。

参考规范：《建筑防火通用规范》（GB 55037—2022）第 6.4.2 条、第 6.4.8 条

解析：物流仓库作为存储和转运货物的重要场所，其消防安全至关重要。在仓库中，传送带、物流梯等物流通道经常需要穿越防火分区、楼板、电梯井壁等关键部位，这些开口如果不采取适当的防火分隔措施，将严重威胁仓库的消防安全。当物流通道穿越防火分区时，必须在开口处设置甲级防火门、防火卷帘等防火分隔设施防止火灾蔓延。甲级防火门具有较高的耐火极限，能够在火灾时自行关闭，有效阻止火势的扩散。防火卷帘能够在火灾发生时迅速下降，将火势控制在一定范围内。设置的物流梯层门也必须满足防火要求。这要求物流梯层门在设计和制造时，必须采用符合消防规范的防火材料，并经过严格的防火测试。发生火灾时物流梯层门应处于关闭状态或采取其他防止火灾蔓延的措施。

问题 12：丙、丁类物流建筑内物流作业区域与辅助办公区域未分别设置独立的安全出口或疏散楼梯；部分项目物流作业区域与辅助办公区域之间按照丙类厂房内的辅助用房与厂房之间进行分隔，采用 2.00h 的防火隔墙和耐火极限不低于 1.00h 的楼板，未采用耐火极限不低于 3.00h 的防火隔墙、不低于 2.00h 的楼板分隔，不符合规范要求。

参考规范：《建筑防火通用规范》（GB 55037—2022）第 5.2.4 条

解析：丙、丁类物流建筑内的物流作业区域与辅助办公区域应分别设置独立的安全出口或疏散楼梯。这是为了防止在火灾等紧急情况下，2 个区域的人员疏散发生交叉感染，确保人员能够迅速、安全地撤离。物流作业区域与辅助办公区域之间应采用耐火极限不低于 3.00h 的防火隔墙和耐火极限不低于 2.00h 的楼板进行分隔。若防火隔墙和楼板的耐火极限不足，发生火灾时将导致火势迅速蔓延至辅助办公区域，增加人员伤亡和财产损失的风险。若安全出口或疏散楼梯设置不当，也将影响人员的疏散效率，增加疏散过程中的危险。

问题 13：既有建筑改造项目或租赁厂房、仓库经营项目，厂房、仓库的火灾危险性与原建筑相比火灾危险性增大或厂房改为仓库，建筑物定性、耐火等级、防火分区、平面布置、疏散、消防设施等诸多条件不满足要求，相关人员未及时依据新功能进行消防设计、消防改造。

参考规范：《建筑防火通用规范》（GB 55037—2022）第 1.0.5 条

解析：既有建筑改造项目或租赁厂房、仓库经营项目在火灾危险性增大或功能改变时，必须及时依据新功能进行消防设计和改造，以确保建筑物的消防安全。应根据新的使用功能，重新确定建筑物的火灾危险性类别，确保建筑物的设计与使用功能相匹配。根据新的火灾危险性，可能需要提高建筑物的耐火等级，包括墙体、楼板、屋顶等构件的耐火极限，以及防火分隔设施的设置。根据新的使用功能和火灾危险性，重新划分防火分区，确保火灾发生时火势不会迅速蔓延。需要调整建筑物的平面布置，确保疏散通道、安全出口的设置符合规范要求，便于人员疏散和消防救援。可能需要完善疏散设施，如增加或改善疏散楼梯、疏散指示标志、应急照明等疏散设施，确保人员在火灾发生时能够迅速、安

全地撤离。需要根据新的火灾危险性，增设或更新消防设施，如自动喷水灭火系统、火灾自动报警系统、防排烟系统等，提高建筑物的火灾防控能力。

问题 14：商业综合体内儿童活动场所或综合楼内的儿童培训机构，设置的楼层不符合设计文件或规范规定。

参考规范：《建筑防火通用规范》（GB 55037—2022）第 4.3.4 条

解析：儿童游乐厅等儿童活动场所，设置在其他民用建筑内时，应设置在一、二级耐火等级建筑的首层、二层或三层。这是为了确保在火灾发生时，儿童能够迅速、安全地撤离到安全区域。不应设置在四层及以上、地下或半地下。这些楼层或区域在火灾发生时，逃生难度较大，不利于儿童的疏散和救援。

问题 15：医院手术室或手术部未按规定与其他部位进行防火分隔；医院和疗养院的病房楼内相邻护理单元之间隔墙上的门采用普通门或乙级防火门，不符合规范要求。

参考规范：《建筑防火通用规范》（GB 55037—2022）第 4.1.3 条、第 4.3.6 条

解析：医疗建筑中的手术室或手术部应采用防火门、防火窗、耐火极限不低于 2.00h 的防火隔墙和耐火极限不低于 1.00h 的楼板与其他区域分隔；医疗建筑中住院病房相邻护理单元之间应采用耐火极限不低于 2.00h 的防火隔墙和甲级防火门分隔，火灾发生时，分隔设施可有效阻止火势和烟雾的蔓延，为人员疏散和消防救援争取宝贵时间。

问题 16：公共建筑中厨房与其他区域未按照设计文件规定分隔，防火隔墙上设置传菜口或普通固定玻璃窗，常见售卖窗口与厨房之间未采用乙级防火窗。部分项目因随意调整平面布置导致厨房区域防火分隔设施、消防设施配置不满足规范要求、设计图纸要求。

参考规范：《建筑防火通用规范》（GB 55037—2022）第 4.1.3 条、第 6.4.7 条、第 6.4.3 条

解析：建筑内的厨房应采用不低于乙级防火门、防火窗、耐火极限不低于 2.00h 的防火隔墙和耐火极限不低于 1.00h 的楼板与其他区域分隔。建筑高度大于 100m 的建筑门应为甲级防火门。防火隔墙的主要作用是阻止火势和烟雾的蔓延，而传菜口或普通固定玻璃窗的设置会破坏防火隔墙的完整性，从而降低其防火效果，这些开口必须采用相应的防火措施进行封堵，如设置乙级防火窗或防火卷帘等。售卖窗口与厨房之间也是火灾蔓延的潜在通道，因此必须采用乙级防火窗进行分隔，以确保在火灾发生时能够有效阻止火势和烟雾的蔓延。

问题 17：高层公共建筑内使用功能发生改变，如原设计综合办公楼，个别楼层使用功能为私人会所、民宿宾馆，随意增加厨房，使用瓶装液化石油气；如高层商业综合体内随意扩大餐饮区域，防火分隔及燃气使用均不符合规范要求。

参考规范：《建筑防火通用规范》（GB 55037—2022），《建筑设计防火规范（2018 年版）》（GB 50016—2014）第 5.4.16 条

解析：高层民用建筑内使用可燃气体燃料时，应采用管道供气。使用可燃气体的房间或部位宜靠外墙设置，并应符合国家标准《城镇燃气设计规范》（GB 50028—2006）的规

定。高层公共建筑在设计和使用过程中，必须严格遵守消防规范和设计要求，确保防火分隔、消防设施等符合要求。擅自改变使用功能，如将办公楼改为私人会所、民宿宾馆，并增加厨房或使用瓶装液化石油气，以及随意扩大餐饮区域等行为，都可能破坏原有的防火分隔和消防设施，从而增加火灾风险。在高层公共建筑内使用瓶装液化石油气等燃气设施，必须严格遵守相关规范要求，擅自增加厨房或使用瓶装液化石油气，将严重威胁公共安全。

问题 18：多层建筑如托儿所、老年人照料、学校、医院等功能的附属厨房，采用瓶装液化石油气瓶组供气，未设置独立的瓶组间，或瓶组间与所服务建筑之间的防火间距不满足规范要求。

参考规范：《建筑设计防火规范（2018年版）》（GB 50016—2014）第5.4.17条

解析：对于多层建筑中的附属厨房，若采用瓶装液化石油气瓶组供气，必须设置独立的瓶组间，以避免与其他功能区域产生安全隐患。独立的瓶组间有助于在发生泄漏等紧急情况时，将风险控制在最小范围内。瓶组间与所服务建筑之间的防火间距需满足规范要求，防止火势从一栋建筑蔓延到另一栋建筑。

问题 19：高层公共建筑内地上四层及以上楼层或地下半地下楼层的老年人公共活动用房、康复与医疗用房，个别房间建筑面积大于200m^2或使用人数大于30人。

参考规范：《建筑防火通用规范》（GB 55037—2022）第4.3.5条

解析：老年人照料设施的老年人公共活动用房、康复与医疗用房，应布置在地下一层及以上楼层，当布置在半地下或地下一层、地上四层及以上楼层时，每个房间的建筑面积不应大于200m^2且使用人数不应大于30人。若这些房间的建筑面积过大或使用人数过多，将增加疏散难度和救援时间，不利于保障老年人的生命安全。因此，在这些楼层设置的老年人公共活动用房、康复与医疗用房，其建筑面积和使用人数必须严格控制在规定范围内。

问题 20：既有建筑改造或新建建筑中，为规避消防手续，个别项目没有按照歌舞娱乐放映游艺场所进行防火分隔和布置，如四层及以上房间建筑面积大于200m^2的歌舞厅改为宴会厅，如具有卡拉OK功能的餐厅改为大包间或贵宾包房，从设计及使用角度均存在消防安全隐患。

参考规范：《建筑防火通用规范》（GB 55037—2022）第4.3.7条

解析：歌舞娱乐放映游艺场所房间之间应采用耐火极限不低于2.00h的防火隔墙分隔；与建筑的其他部位之间应采用防火门、耐火极限不低于2.00h的防火隔墙和耐火极限不低于1.00h的不燃性楼板分隔。当布置在地下一层或地上四层及以上楼层时，每个房间的建筑面积不应大于200m^2；

条文说明中表示，本规范规定的"歌舞娱乐放映游艺场所"包括歌厅、舞厅、录像厅、夜总会、卡拉OK厅和具有卡拉OK功能的餐厅或包房、各类游艺厅、桑拿浴室的休息室和具有桑拿服务功能的客房、网吧等场所，不包括电影院和剧场的观众厅。

《建设工程消防设计审查验收管理暂行规定》（住建部令〔2023〕第58号）规定了建设、设计、施工、工程监理等单位的责任和义务，确保建设工程的消防安全，不得为规避消防手续而在名称上做文章，忽视防火分隔和布置的要求。建设单位不得明示或者暗示设计、施工、工程监理、技术服务等单位及其从业人员违反建设工程法律法规和国家工程建设消防技术标准，降低建设工程消防设计、施工质量；应依法申请建设工程消防设计审查、消防验收，办理备案并接受抽查。

问题 21：在歌舞娱乐放映游艺场所内，房间之间设置的防火隔墙上设置了连通的门窗，不符合规范要求。

参考规范：《建筑防火通用规范》（GB 55037—2022）第 4.3.7 条，《〈建筑防火通用规范〉GB 55037—2022 实施指南》第 4.3.7 条

解析：歌舞娱乐放映游艺场所房间之间应采用耐火极限不低于 2.00h 的防火隔墙分隔，该防火隔墙上不应设置门、窗。当歌舞娱乐放映游艺场所与其他场所划分为不同防火分区时，应采用防火墙分隔，连通门应为甲级防火门；当歌舞娱乐放映游艺场所与其他场所划分为同一防火分区时，可以按照本条规定采用耐火极限不低于 2.00h 的防火隔墙分隔，连通门的耐火性能不应低于乙级防火门的相应要求。

问题 22：消防控制室、消防水泵房、排烟机房等消防设备用房与周围区域（如走道、隔壁房间等）之间的防火隔墙未分隔到顶，通过吊顶连通。

参考规范：《建筑防火通用规范》（GB 55037—2022）第 4.1.7 条、第 4.1.8 条、第 6.2.1 条

解析：消防水泵房、消防控制室应采用防火门、防火窗、耐火极限不低于 2.00h 的防火隔墙和耐火极限不低于 1.50h 的楼板与其他部位分隔。防火隔墙应从楼地面基层隔断至梁、楼板或屋面板的底面基层，防火隔墙上的门、窗等开口应采取防止火灾蔓延至防火隔墙另一侧的措施。防火隔墙与建筑外墙、楼板、屋顶相交处，应采取防止火灾蔓延至另一侧的防火封堵措施。对于消防设备用房来说，防火隔墙必须分隔到顶，以确保火势和烟气不会通过吊顶等空隙进入设备用房，影响设备的正常运行或造成二次灾害。

问题 23：消防控制室、消防水泵房、排烟机房等消防设备用房的设置位置与经过审核的设计图纸平面布置不一致，导致消防控制室、消防水泵房的疏散门不能直通室外或安全出口。

参考规范：《建筑防火通用规范》（GB 55037—2022）第 4.1.7 条、第 4.1.8 条

解析：在建筑设计和施工过程中，消防设备用房的设置位置是至关重要的，它们直接关系建筑在火灾发生时的消防安全。消防设备用房必须严格按照经过审核的设计图纸进行布置，以确保其能够满足消防安全的要求。消防控制室、消防水泵房的疏散门不能直通室外或安全出口，这将严重影响工作人员、消防救援人员紧急疏散和逃生，影响消防救援，可能导致人员伤亡和财产损失。

问题 24：住宅建筑中的汽车库与住宅之间防火隔墙设计的乙级防火门，消防验收时未安装。

参考规范：《建筑防火通用规范》（GB 55037—2022）第 4.1.3 条、第 6.4.3 条

解析：住宅建筑中的汽车库应采用不低于乙级防火门、防火窗、耐火极限不低于

2.00h 的防火隔墙和耐火极限不低于 1.00h 的楼板与其他区域分隔,以确保在火灾发生时能够有效地隔离火源,保护住宅区域的安全。

问题 25:燃油或燃气锅炉、可燃油油浸变压器、柴油发电机房等设备用房设置在人员密集的场所的上一层、下一层或贴邻,未采取防止设备用房的爆炸作用危及上一层、下一层或相邻场所的措施,常见原因是初步设计时燃油或燃气锅炉、可燃油油浸变压器、柴油发电机房等房间的上一层、下一层及毗邻房间的具体使用功能未明确,平面图中容易忽略,投入使用时其功能却含有人员密集场所,未经设计确认。常见的情况如设置在顶层的电影院上方屋面层设置燃气锅炉房;学校报告厅或医院门诊大厅下方设置柴油发电机房或燃气锅炉房。

参考规范:《建筑防火通用规范》(GB 55037—2022)第 4.1.4 条、第 4.1.5 条

解析:在初步设计阶段,由于燃油或燃气锅炉、可燃油油浸变压器、柴油发电机房等房间及其上一层、下一层及毗邻房间的具体使用功能尚未明确,设计师可能未能充分考虑这些设备用房与人员密集场所之间的防火分隔要求。因此,在平面图中未明确相关的防火措施,如设置防火墙、防火门等。在实际投入使用时,这些房间的功能却可能含有人员密集场所,如电影院、学校报告厅、医院门诊大厅等。由于未经设计确认,这些人员密集场所与设备用房之间的防火分隔措施可能不足,从而存在严重的安全隐患。为了避免这种情况的发生,设计师在初步设计阶段应充分与建设单位沟通,考虑设备用房与人员密集场所之间的防火分隔要求,并在平面图中明确标注相关的防火措施。

问题 26:变压器室与配电室之间的防火隔墙上设置乙级防火门分隔,未按规范要求采用甲级防火门。

参考规范:《建筑防火通用规范》(GB 55037—2022)第 4.1.6 条、第 4.1.4 条

解析:附设在建筑内的可燃油油浸变压器、变压器室之间、变压器室与配电室之间应采用防火门和耐火极限不低于 2.00h 的防火隔墙分隔,如果需要在防火墙上开设门洞以供人员通行或设备搬运,则应选用甲级防火门。

问题 27:储油间通气管未通向室外,未设置带阻火器的呼吸阀,油箱下部未设置防止油品流散的措施。

参考规范:《建筑防火通用规范》(GB 55037—2022)第 4.1.5 条、《建筑设计防火规范(2018 年版)》(GB 50016—2014)第 5.4.15 条

解析:通气管应通向室外是为了确保储油间内的油气能够及时排出,避免在密闭空间内积聚,从而引发火灾或爆炸。如果通气管未通向室外,油气可能会在储油间内积聚,增加火灾风险。设置带阻火器的呼吸阀,调节储油间内外的气压平衡,防止气压差过大而导致储油罐损坏。同时,阻火器的设置可以有效阻止外部火焰通过呼吸阀进入储油间,从而防止火灾的蔓延。油箱下部应设置防止油品流散的措施,防止在火灾发生时,油品因受热膨胀而流出储油间,进而引发更大范围的火灾。常见的防止油品流散的措施包括设置集油坑、铺设防油材料等。

问题 28:车位数量超过 15 个的 I 类修车库未单独建造,常见汽车 4S 店,保养、修

理车位超过 15 个的 I 类修车库与展厅建筑组合建造，不符合规范要求。

参考规范：《汽车库、修车库、停车场设计防火规范》（GB 50067—2014）第 2.0.2 条、第 4.1.6 条

解析：修车库是用于保养、修理由内燃机驱动且无轨道的客车、货车、工程车等汽车的建（构）筑物。I 类修车库，即修车库车位数大于 15 辆或总建筑面积大于 3000m² 的修车库，应单独建造。修车库不可以和甲、乙类厂房、仓库、明火作业的车间或托儿所、幼儿园、中小学校的教学楼、老年人建筑、病房楼及人员密集场所组合建造或贴邻。汽车 4S 店内的展厅通常属于人员密集场所，因此将 I 类修车库与展厅建筑组合建造违反了这一规定。

问题 29：汽车 4S 店维修、保养车间与销售展厅、贵宾室组合建造，未采用防火墙、甲级防火门进行分隔，常见销售展厅、贵宾室与维修、保养车间之间设置普通门窗。

参考规范：《汽车库、修车库、停车场设计防火规范》（GB 50067—2014）第 5.1.6 条

解析：汽车库、修车库与其他建筑贴邻建造时，应采用防火墙隔开；设在建筑物内的汽车库（包括屋顶停车场）、修车库与其他部位之间，应采用防火墙和耐火极限不低于 2.00h 的不燃性楼板分隔。一些汽车 4S 店为了节省成本或追求布局的美观性，可能会采用普通门窗来分隔这些区域，这种做法是极其危险的。普通门窗的耐火极限无法承受火灾高温和火焰的侵袭，无法有效地阻止火势的蔓延。一旦维修、保养车间发生火灾，火势和烟气可能会迅速通过普通门窗蔓延至销售展厅、贵宾室等区域，造成人员伤亡和财产损失。

问题 30：个别住宅项目地下汽车库区域未按图施工，原设计工具间、设备用房区域增加走道、围墙作为住宅储藏室，平面布置、防火分区划分均与经过审核的消防设计图纸不一致。

参考规范：《建设工程消防设计审查验收管理暂行规定》（住建部令〔2023〕第 58 号）

解析：建筑施工企业必须按照工程设计图纸和施工技术标准施工，不得擅自修改工程设计。若住宅项目地下汽车库区域未按图施工，擅自将原设计的工具间、设备用房区域增加走道、围墙作为住宅储藏室，平面布置、防火分区划分均与经过审核的消防设计图纸不一致。擅自改变防火分区的划分可能会破坏建筑的防火性能，增加火灾发生的风险。

问题 31：部分项目，原经过审核的消防设计图纸中疏散走道两侧为普通办公室，消防验收时疏散走道两侧的防火隔墙、房间隔墙未施工，作为敞开式办公、展厅使用，平面布置、使用功能均与设计图纸不一致，未考虑对疏散、排烟等影响。

解析：部分项目在实际施工过程中，擅自改变了设计图纸中的平面布置和使用功能，将原本应为防火隔墙和房间隔墙的位置改为敞开式办公或展厅使用，由于平面布置和使用功能与设计图纸不一致，未考虑对疏散、排烟等的影响，一旦发生火灾等紧急情况，将严重威胁人员的生命安全和建筑的消防安全。相关部门应责令建设单位立即整改，恢复设计图纸中的防火隔墙等消防安全设施，以确保建筑的消防安全。

问题 32：部分项目屋顶设计的设备用房，验收时改变功能作为职工活动室、档案室

使用，或医院建筑将屋面露天区域增加墙体和屋顶作为家属休息区，影响建筑高度、建筑物分类定性，且缺乏相应的消防设施配置。

解析：屋顶设备用房改变为职工活动室、档案室等用途，医院建筑将屋面露天区域增加墙体和屋顶作为家属休息区，改变建筑原有的设计和使用功能，增加了火灾等紧急情况的风险。

3.6 安 全 疏 散

问题 1：高层建筑内的儿童活动场所，未设置独立的安全出口和疏散楼梯。

参考规范：《建筑防火通用规范》（GB 55037—2022）第 7.4.3 条

解析：位于高层建筑内的儿童活动场所，安全出口和疏散楼梯应独立设置，旨在提高疏散的可靠性，避免与其他楼层和场所的疏散人员混合，以确保在紧急情况下儿童能够迅速、安全地疏散。

问题 2：设置在其他民用建筑内的电影院，未设置至少一个独立的安全出口和疏散楼梯。

参考规范：《建筑设计防火规范（2018 年版）》（GB 50016—2014）第 5.4.7 条

解析：剧场、电影院、礼堂设置在其他民用建筑内时，至少应设置 1 个独立的安全出口和疏散楼梯，以确保在紧急情况下人员能够迅速、安全地疏散。

问题 3：装修时，建设单位盲目追求大空间或视觉效果，把某些会议室、报告厅、展厅的安全出口封堵或者锁闭，导致安全出口或疏散门数量不够，疏散距离超出规定，疏散宽度不足，无法保证人员安全逃生。

参考规范：《建筑防火通用规范》（GB 55037—2022）第 6.5.1 条

解析：建筑内部装修不应擅自减少、改动、拆除、遮挡消防设施或器材及其标识、疏散指示标志、疏散出口、疏散走道或疏散横通道，不应擅自改变防火分区或防火分隔、防烟分区及其分隔，不应影响消防设施或器材的使用功能和正常操作。如果建设单位为了追求视觉效果而牺牲了消防安全，无法保证人员在紧急情况下安全逃生，人员可能会因为安全出口被封堵或锁闭而无法及时撤离，加重人员伤亡和财产损失。

问题 4：疏散楼梯形式错误，较为突出的有两种情况，①高层公共建筑与裙房之间采用防火卷帘进行防火分隔，裙房未采用防烟楼梯间，采用了封闭楼梯间，不符合要求；②原本设计敞开式外廊的多层医疗建筑、旅馆建筑、老年人照料设施、设置歌舞娱乐放映游艺场所及类似使用功能的建筑，敞开式外廊被封闭，楼梯间依然采用敞开楼梯间。

参考规范：《建筑防火通用规范》（GB 55037—2022）第 7.4.4 条、第 7.4.5 条

解析：一类高层公共建筑、建筑高度大于 32m 的二类高层公共建筑，室内疏散楼梯应为防烟楼梯间。高层公共建筑的裙房，当其与高层建筑主体之间设置防火墙时，其疏散楼梯可按单、多层建筑的要求确定，采用封闭楼梯间。但若高层公共建筑与裙房之间仅采用防火卷帘进行防火分隔，则裙房的疏散楼梯应满足高层公共建筑的要求。当敞开式外廊被封闭后，楼梯间应相应升级为封闭楼梯间或防烟楼梯间，以确保在紧急情况下人员的安

全疏散。

❓ 问题 5：设置的室外楼梯周围墙面上、下 2.0m 范围内，存在门窗开口。

参考规范：《建筑防火通用规范》（GB 55037—2022）第 7.1.11 条

解析：除疏散门外，室外楼梯周围墙面在特定高度范围内（如上、下 2.0m 内）不应开设门窗开口，或者需要采取特殊的防火措施来确保开口处的安全。如果室外楼梯周围墙面上、下 2.0m 内存在门窗开口，这可能会成为火势和烟雾扩散的通道，增加疏散难度和危险性。工程中可采取特殊的防火措施，如将 2.0m 范围内的门窗开口改为乙级防火门、窗，确保开口处的安全。

❓ 问题 6：疏散楼梯间或前室的开口与建筑外墙上的其他相邻开口最近边缘之间的水平距离小于 1.0m，且未采取防止火势通过相邻开口蔓延的措施。

参考规范：《建筑防火通用规范》（GB 55037—2022）第 7.1.8 条

解析：为防止火灾时烟、火通过相邻开口蔓延至疏散楼梯间内，保障疏散通道的安全，疏散楼梯间及其前室上的开口与建筑外墙上的其他相邻开口最近边缘之间的水平距离不应小于 1.0m。当距离不符合要求时，应采取防止火势通过相邻开口蔓延的措施，如设置内衬墙或设置不低于乙级防火窗、防火门。

❓ 问题 7：疏散楼梯间及其前室或合用前室内的墙上设置了出入口、外窗和送风口之外的其他门、窗等开口，常见空调检修口、值班室的观察窗等。

参考规范：《建筑防火通用规范》（GB 55037—2022）第 7.1.8 条

解析：为确保疏散楼梯间及其前室或合用前室在火灾时的安全性和封闭性，除疏散楼梯间及其前室的出入口、外窗和送风口，住宅建筑疏散楼梯间前室或合用前室内的管道井检查门外，疏散楼梯间及其前室或合用前室内的墙上不应设置其他门、窗等开口。如果设置了其他门、窗等开口，如常见的空调检修口、值班室的观察窗等，这些开口可能会成为火势和烟气蔓延的通道，增加疏散难度和危险性。

❓ 问题 8：地下楼层的疏散楼梯间与地上楼层的疏散楼梯间，在直通室外地面的楼层采用耐火极限不低于 2.00h 的防火隔墙和乙级防火门分隔，不符合《建筑防火通用规范》（GB 55037—2022）相关规定，应在直通室外地面的楼层采用耐火极限不低于 2.00h 且无开口的防火隔墙分隔。

参考规范：《建筑防火通用规范》（GB 55037—2022）第 7.1.10 条

解析：为确保火灾时烟气和火焰不会通过开口蔓延到建筑的上部楼层，同时避免建筑上部的疏散人员误入地下楼层，《建筑防火通用规范》（GB 55037—2022）要求除住宅建筑套内的自用楼梯外，地下楼层的疏散楼梯间与地上楼层的疏散楼梯间，应在直通室外地面的楼层采用耐火极限不低于 2.00h 且无开口的防火隔墙分隔。这意味着，在直通室外地面的楼层，地下与地上的疏散楼梯间之间不仅需要使用耐火极限不低于 2.00h 的防火隔墙进行分隔，而且该防火隔墙上不应设置任何开口，包括乙级防火门等。《建筑设计防火规范（2018 年版）》（GB 50016—2014）允许在特定条件下，通过采用耐火极限不低于 2.00h 的防火隔墙和乙级防火门将地下或半地下部分与地上部分的连通部位完全分隔。然而，规范对此进行了更为严格的要求，不再允许地下楼梯门开到地上楼梯间内的设计方式。

问题 9：封闭楼梯间、防烟楼梯间在首层的扩大的封闭楼梯间、扩大的防烟楼梯间前室与其他走道和房间分隔，未采用乙级防火门、防火窗等，现场突出的两种情况：①采用普通门窗，②采用非隔热的耐火窗（C 类玻璃，不具备隔热性）。

参考规范：《建筑设计防火规范（2018 年版）》（GB 50016—2014）第 6.4.2 条、第 6.4.3 条

解析：为保障人员在火灾时的安全疏散，封闭楼梯间、防烟楼梯间及其前室需要与其他走道和房间进行严格的分隔，如采用乙级防火门、防火窗等具有特定耐火极限和隔热性能的防火分隔物。采用普通门窗作为分隔物，耐火极限和隔热性能无法满足消防安全要求，一旦火灾发生，很容易成为火势和烟气蔓延的通道，影响人员疏散。采用非隔热的耐火窗（C 类玻璃，不具备隔热性）作为分隔物。虽然这些耐火窗具有一定的耐火性能，但由于其不具备隔热性，在火灾高温下，玻璃可能会破裂或失效，从而失去分隔作用，同样无法保障人员的安全疏散。

问题 10：由于装修材料或结构较厚，造成疏散走道净宽度不满足要求或在楼梯间装设栏杆造成楼梯间疏散宽度不满足要求。

参考规范：《建筑防火通用规范》（GB 55037—2022）第 6.5.1 条

解析：建筑内部装修不应擅自减少、改动、拆除、遮挡消防设施或器材及其标识、疏散指示标志、疏散出口、疏散走道或疏散横通道，不应擅自改变防火分区或防火分隔、防烟分区及其分隔，不应影响消防设施或器材的使用功能和正常操作。无论是装修材料或结构较厚导致疏散走道净宽度不满足要求，还是在楼梯间装设栏杆导致楼梯间疏散宽度不满足要求，疏散走道的净宽度、楼梯间的有效疏散宽度不足，火灾时都可能发生拥堵，不能保证快速、安全疏散。

问题 11：因预留洞口不足、门框安装过大，疏散楼梯净宽度、疏散门净宽度不足，尤其是人员密集的场所，不能满足人员疏散的流量需求；门窗安装人员未到现场测量，安装统一规格的门窗，导致疏散宽度不满足设计要求的情况越来越多。

参考规范：《建筑防火通用规范》（GB 55037—2022）第 7.1.4 条、第 7.1.5 条，《建筑设计防火规范（2018 年版）》（GB 50016—2014）第 3.7.5 条、第 5.5.18 条、第 5.5.19 条

解析：疏散楼梯和疏散门的净宽度、净高度是保障人员迅速撤离的关键因素。疏散通道、疏散走道、疏散出口的净高度均不应小于 2.1m；疏散出口门、室外疏散楼梯的净宽度均不应小于 0.80m；人员密集的公共场所、观众厅的疏散门净宽度不应小于 1.40m；疏散走道、首层疏散外门、公共建筑中的室内疏散楼梯的净宽度均不应小于 1.1m；高层公共建筑内楼梯间的首层疏散门、首层疏散外门不应小于 1.20m；高层医疗建筑内楼梯间的首层疏散门、首层疏散外门不应小于 1.30m；厂房首层外门的最小净宽度不应小于 1.20m；住宅建筑中直通室外地面的住宅户门的净宽度不应小于 0.80m，当住宅建筑高度不大于 18m 且一边设置栏杆时，室内疏散楼梯的净宽度不应小于 1.0m，其他住宅建筑室内疏散楼梯的净宽度不应小于 1.1m。

为了确保消防安全，必须严格按照规范要求设计和安装疏散楼梯和疏散门。在预留洞

口和门框安装时，应充分考虑实际使用需求和安全要求；在门窗安装前，门窗安装人员必须到现场进行精确测量，以确保安装的门窗尺寸符合设计要求。对于已经存在疏散宽度不足的问题，必须进行整改，以增加疏散宽度，满足人员疏散的需求。

问题 12：疏散门安装未按图施工，未向疏散方向开启，不利于人员快速逃生。

参考规范：《建筑防火通用规范》（GB 55037—2022）第 7.1.6 条

解析：甲、乙类生产、储存场所、平时使用的人民防空工程中的公共场所，疏散出口门应向疏散方向开启，其他建筑内使用人数大于 60 人的房间或每樘门的平均疏散人数大于 30 人的房间疏散出口门、疏散楼梯间及其前室的门、室内通向室外疏散楼梯的门，也应向疏散方向开启。疏散门的主要功能是确保在紧急情况下，人员能够迅速、安全地撤离，疏散门向疏散方向开启，人员能够轻松推开疏散门，快速逃离危险区域。如果疏散门未向疏散方向开启，在紧急情况下，人员可能因无法顺利推开疏散门而陷入困境，可能会因为疏散门开启方向不对而延误逃生时间。

问题 13：民用建筑或厂房的疏散门采用卷帘门、转门、吊门等不利于快速开启疏散的门。

参考规范：《建筑防火通用规范》（GB 55037—2022）第 7.1.6 条

解析：设置在丙、丁、戊类仓库首层靠墙外侧的推拉门或卷帘门可用于疏散门外，其他疏散出口门应为平开门或在火灾时具有平开功能的门。卷帘门在紧急情况下可能需要手动或电动操作才能开启，这可能会延误逃生时间；转门和吊门同样可能因为结构复杂或操作不便而影响疏散效率。平开门结构简单，易于开启，是符合疏散要求的疏散门。

问题 14：中小学校的教学用房、托儿所、幼儿园等供幼儿使用的门未向疏散方向开启，或开启的门扇妨碍走道疏散通行。

参考规范：《托儿所、幼儿园建筑设计规范（2019 年版）》（JGJ 39—2016）第 4.1.6 条、第 4.1.8 条，《中小学校设计规范》（GB 50099—2011）第 8.1.8 条、第 8.2.3 条

解析：幼儿和中小学生作为弱势群体，其疏散速度和安全性尤为重要，这些场所的门必须向疏散方向开启，以便在紧急情况下能够迅速打开，为人员疏散提供便利，减少疏散过程中的混乱和恐慌，提高整体疏散效率。中小学校的教学用房、托儿所、幼儿园等供幼儿使用的门应向疏散方向开启。

问题 15：人员密集的公共场所、观众厅的紧靠门口内、外各 1.40m 范围内设置了踏步。

参考规范：《建筑设计防火规范（2018 年版）》（GB 50016—2014）第 5.5.19 条

解析：人员密集的公共场所、观众厅的疏散门不应设置门槛，其净宽度不应小于 1.40m，正对门的内外 1.40m 范围不应设置踏步，门两侧 1.40m 范围内尽量不要设置台阶，对于剧场、电影院等的观众厅，尽量采用坡道。在火灾紧急情况下，人员需要迅速、有序地撤离。如果疏散门附近设置了踏步，可能会阻碍人员的快速移动，特别是在恐慌和混乱的情况下，人们可能会因为踏步而摔倒或绊倒，进而引发踩踏事故。

问题 16：人员密集的公共场所、观众厅的疏散门设置了门槛，紧急情况下人流往外

拥挤时很容易被绊倒，影响人员安全疏散。

参考规范：《建筑设计防火规范（2018 年版）》（GB 50016—2014）第 5.5.19 条

解析：在火灾等紧急情况下，时间就是生命，疏散门的设置必须考虑人员疏散的安全性和效率。门槛的存在可能会阻碍人员的快速撤离，特别是在恐慌和混乱的情况下，人们可能会因为门槛而摔倒或绊倒，进而引发踩踏事故，增加伤亡风险。人员密集的公共场所、观众厅的疏散门不应设置门槛。

问题 17：工业建筑防火分区分隔未按图施工，防火墙、防火卷帘位置变动后，个别区域到最近安全出口距离超过允许值，甚至个别防火分区只有一个安全出口，未及时增加安全出口数量。如丙类地上生产场所，原设计一个防火分区建筑面积不大于 250m² 且同一时间的使用人数不大于 20 人，仅设置一个安全出口是符合要求的；验收时该丙类地上生产场所面积扩大，防火分区建筑面积大于 250m²，设置一个安全出口不符合规范要求。

参考规范：《建筑防火通用规范》（GB 55037—2022）第 7.2.1 条、第 7.2.3 条

解析：防火分区的设置是为了在火灾发生时，通过防火墙等分隔设施将火势控制在一定范围内，防止火势蔓延。当防火分区发生变动时，如面积增大或布局调整，进而使得个别区域到最近安全出口的距离超过允许值，或者个别防火分区只有一个安全出口时，原有的安全出口数量可能无法满足新的疏散需求。特别是当丙类地上生产场所的面积扩大，防火分区建筑面积超过规范规定的限值（如 250m²），而安全出口数量未相应增加时，一旦发生火灾，人员疏散将变得极为困难，疏散时间将大大延长，将严重威胁人员的生命安全。

问题 18：儿童活动场所、老年人照料设施中的老年人活动场所、医疗建筑中的治疗室和病房、教学建筑中的教学用房位于走道尽端的房间，仅设置 1 个疏散门，此类情况多数是因为改变使用功能出现的。

参考规范：《建筑防火通用规范》（GB 55037—2022）第 7.4.2 条

解析：在紧急情况下，如火灾，儿童、老年人、病人和学生等群体，他们的行动能力相对较弱，对疏散条件的要求更高。儿童活动场所、老年人照料设施中的老年人活动场所、医疗建筑中的治疗室和病房、教学建筑中的教学用房位于走道尽端的房间，疏散门不应少于 2 个。如果仅设置 1 个疏散门，将可能导致疏散通道拥堵，延长疏散时间，增加人员伤亡的风险。

问题 19：民用建筑平面布置变动，多个房间合并房间面积增加，疏散门未按图施工，导致部分房间疏散门数量不满足要求。

参考规范：《建筑防火通用规范》（GB 55037—2022）第 7.4.2 条

解析：疏散门的设置是确保人员在紧急情况下能够迅速、安全撤离的关键。每个房间或区域的疏散门数量、位置和宽度都必须经过严格计算和设计，以满足人员在火灾等紧急情况下的疏散需求。当民用建筑平面布置发生变动，如多个房间合并导致面积增加时，原有的疏散门设置可能无法满足新的疏散需求。必须按照设计图纸和相关消防规范的要求，增加疏散门的数量或调整疏散门的位置，以确保每个房间或区域都有足够的疏散出口。

公共建筑内每个房间的疏散门不应少于 2 个；儿童活动场所、老年人照料设施中的老

年人活动场所、医疗建筑中的治疗室和病房、教学建筑中的教学用房,当位于走道尽端时,疏散门不应少于2个;对儿童活动场所、老年人照料设施中的老年人活动场所,房间位于2个安全出口之间或袋形走道两侧且建筑面积不大于50m²,对医疗建筑中的治疗室和病房、教学建筑中的教学用房,房间位于2个安全出口之间或袋形走道两侧且建筑面积不大于75m²,对歌舞娱乐放映游艺场所,房间的建筑面积不大于50m²且经常停留人数不大于15人,对于其他用途的场所,房间位于2个安全出口之间或袋形走道两侧且建筑面积不大于120m²,对于其他用途的场所,房间位于走道尽端且建筑面积不大于50m²,对其他用途的场所,房间位于走道尽端且建筑面积不大于200m²、房间内任一点至疏散门的直线距离不大于15m、疏散门的净宽度不小于1.40m,公共建筑内此类房间可仅设置1个疏散门。

问题20:建设单位随意变动平面布置,把袋形走道两侧的房间增加隔墙后,原设计符合疏散距离要求的房间被分隔成2个或3个房间,最远端的房间疏散门至最近安全出口的直线距离超出疏散距离要求。

参考规范:《建筑防火通用规范》(GB 55037—2022)第7.1.3条

解析:建筑中的最大疏散距离应满足人员安全疏散的要求,房间内任一点至房间疏散门的疏散距离,不应大于建筑中位于袋形走道两侧或尽端房间的疏散门至最近安全出口的最大允许疏散距离。

疏散距离是一个安全疏散至关重要的参数,它决定了人员在火灾等紧急情况下从房间疏散到安全出口所需的时间。如果疏散距离过长,人员可能因无法及时撤离而遭受伤害甚至丧生。建设单位随意变动平面布置,增加隔墙将原设计符合疏散距离要求的房间分隔成多个小房间,会导致最远端的房间疏散门至最近安全出口的直线距离超出疏散距离要求。这意味着,在紧急情况下,位于这些远端房间的人员将需要更长的时间才能疏散到安全出口,从而增加了疏散难度和伤亡风险。

袋形走道本身就是一个疏散难点。由于袋形走道只有一端通向安全出口,人员在疏散时容易形成拥堵,延长疏散时间。如果袋形走道两侧的房间疏散距离再超出要求,那么疏散难度将进一步加大。

问题21:现场安装的宿舍居室、旅馆客房的疏散门不具有自动关闭的功能;宿舍的居室、老年人照料设施的老年人居室、旅馆建筑的客房开向公共内走廊或封闭式外走廊的疏散门,关闭后不具有烟密闭的性能。消防设计图纸的门窗表中未提出烟密闭的性能或自动关闭性能。

参考规范:《建筑防火通用规范》(GB 55037—2022)第6.4.1条

解析:防火门、防火窗应具有自动关闭的功能,在关闭后应具有烟密闭的性能。宿舍的居室、老年人照料设施的老年人居室、旅馆建筑的客房开向公共内走廊或封闭式外走廊的疏散门,应在关闭后具有烟密闭的性能。如果疏散门不具备烟密闭性能,那么在火灾发生时,烟气将很容易通过门缝进入室内,对人员构成严重威胁。宿舍的居室、旅馆建筑的客房的疏散门,应具有自动关闭的功能,确保在紧急情况下,疏散门能够自动关闭,从而有效阻隔火势和烟气的蔓延,为人员疏散争取宝贵时间。

问题 22：验收现场防火门未安装闭门器，双扇防火门未安装顺序闭门器。

参考规范：《防火卷帘、防火门、防火窗施工及验收规范》（GB 50877—2014）第 5.3.2 条

解析：常闭防火门应安装闭门器等，双扇和多扇防火门应安装顺序器。防火门是建筑中的重要消防设施，其主要功能是在火灾发生时，通过自动或手动方式关闭，以阻隔火势和烟气的蔓延，为人员疏散和灭火救援争取宝贵时间。对于单扇防火门，如果未安装闭门器，火灾发生时，防火门可能无法自动关闭而失去其防火分隔作用，导致火势和烟气迅速蔓延。对于双扇防火门，如果未安装顺序闭门器，在关闭时可能会出现两扇门同时关闭或关闭顺序错误的情况，这同样会影响防火门的防火分隔效果。

问题 23：验收现场防火门缺少消防产品标识。

参考规范：《防火卷帘、防火门、防火窗施工及验收规范》（GB 50877—2014）第 4.3.1 条

解析：防火门应具有出厂合格证和符合市场准入制度规定的有效证明文件，其型号、规格及耐火性能应符合设计要求。消防产品标识是消防产品身份的证明，也是其符合国家标准和行业标准的重要体现。如果防火门缺少消防产品标识，意味着这些防火门可能未经过严格的检验和认证，其防火性能和安全性将无法得到确认，这将严重威胁人员的生命安全和建筑的消防安全。

问题 24：防火门门框与门扇、门扇与门扇的缝隙采用泡沫封堵，未采用不燃材料。

参考规范：《防火卷帘、防火门、防火窗施工及验收规范》（GB 50877—2014）第 5.3.6 条

解析：防火门的门框与门扇、门扇与门扇之间的缝隙如果处理不当，可能会成为火势和烟气蔓延的通道，从而降低防火门的防火分隔作用。泡沫材料属于易燃材料，在火灾发生时容易燃烧，因此不能用于封堵防火门的缝隙。应使用不燃材料，如防火岩棉、防火膨胀密封条等，对缝隙进行封堵。这些不燃材料具有良好的耐高温性能，能够在火灾中保持稳定性，有效阻止火势和烟气的蔓延。

问题 25：钢制防火门门框内未充填水泥砂浆，现场常见仅在侧面的门框灌浆，上部、下部门框未灌浆。

参考规范：《防火卷帘、防火门、防火窗施工及验收规范》（GB 50877—2014）第 5.3.8 条

解析：钢质防火门作为建筑物中重要的消防设备，其门框内充填水泥砂浆是确保防火门在火灾中保持稳定性和防火性能的关键措施之一。钢制防火门门框内应充填水泥砂浆。门框与墙体应用预埋钢件或膨胀螺栓等连接牢固，其固定点间距不宜大于 600mm。未填充水泥砂浆的门框在火灾中可能因失去支撑作用而变形，防火门无法正常关闭，从而失去其防火分隔作用。

问题 26：防火门门扇与门框的配合活动间隙太大，现场常见门扇与下框或地面的活动间隙超过 9mm。

参考规范：《防火卷帘、防火门、防火窗施工及验收规范》（GB 50877—2014）第5.3.10条

解析： 防火门门扇与上框的配合活动间隙不应大于3mm；双扇、多扇门的门扇之间缝隙不应大于3mm；门扇与下框或地面的活动间隙不应大于9mm；门扇与门框贴合面间隙、门扇与门框有合页一侧、有锁一侧及上框的贴合面间隙，均不应大于3mm。间隙过大可能是由于安装不当、门框或门扇变形、地面不平整等造成的。间隙过大不仅会降低防火门的防火性能，还可能影响门扇的正常开启和关闭，给人员疏散带来安全隐患。

问题27： 防火门铭牌信息与现场实物、设计要求不一致。

参考规范：《防火卷帘、防火门、防火窗施工及验收规范》（GB 50877—2014）第4.3.2条

解析： 每樘防火门均应在其明显部位设置永久性铭牌，并应标明产品名称、型号、规格、耐火性能及商标、生产单位（制造商）名称和厂址、出厂日期及产品生产批号、执行标准等。

防火门铭牌信息与现场实物、设计要求不一致，会误导消防检查和验收，如果检查人员依据铭牌信息进行判断，可能会因为信息不一致而误判防火门的性能，从而影响整个建筑的消防安全评估。防火门铭牌信息与现场实物、设计要求不一致，在火灾发生时，如果防火门无法按照设计要求发挥阻隔火势和烟气的作用，将严重影响人员疏散和灭火救援的效率，甚至可能导致人员伤亡和财产损失。

问题28： 设置在建筑变形缝附近的防火门，若开启时门扇跨越变形缝，在温度变化、沉降不均匀或地震等情况下，变形缝两侧会出现沉降不一的现象，进而影响防火门的关闭性能。

参考规范：《建筑设计防火规范（2018年版）》（GB 50016—2014）第6.5.1条

解析： 为了保证防火分区之间的相互独立，防止烟、火通过变形缝蔓延而造成严重后果，要求建筑变形缝处设置的防火门应设在楼层较多的一侧，并向楼层较多的一侧开启，且门扇开启后不应跨越变形缝。这一规定旨在确保在火灾发生时，防火门能够有效地阻隔火势和烟气的蔓延，为人员疏散和灭火救援提供宝贵时间。

问题29： 疏散通道、疏散走道、疏散出口的净高度不足2.1m。

参考规范：《建筑防火通用规范》（GB 55037—2022）第7.1.5条

解析： 疏散通道、疏散走道、疏散出口的净高度不足2.1m。这一规定是为了确保在火灾等紧急情况下，人员能够迅速、安全地通过疏散通道进行撤离。如果疏散通道的净高度不足2.1m，可能会给疏散行动带来困难。同时，也需要注意到，在某些特殊情况下，如门洞、楼梯间等位置，可能会因为存在天花装饰件、机电设备等而影响净高度的测量。对于这些情况，规范中也给出了相应的处理办法，但总体上仍需要保证疏散通道的净高度不低于2.1m。

条文说明中表示，疏散出口门为设置在建筑内各房间直接通向疏散走道的门或安全出口的门，包括疏散楼梯间、电梯间或防烟楼梯间的前室或合用前室的门等。

应注意的是，《民用建筑通用规范》（GB 55031—2022）和《民用建筑设计统一标准》

（GB 50352—2019）规定了多个不同部位的净高。例如，地下室、局部夹层、走道等有人员正常活动的最低处净高，以及避难层、有人员正常活动的架空层、楼梯平台上部及下部过道处的净高均不应小于 2.0m，梯段净高不应小于 2.2m。但是，建筑中疏散走道的净高度和疏散楼梯平台上部及下部过道处的净高度均要按照不小于 2.1m 确定，而不能按照 2.0m 确定。

问题 30：施工人员擅自改动防火门的形式，与设计不一致，常见的错误举例：设计为双扇平开防火门，现场安装子母式防火门，且防火门子扇计入疏散宽度未安装闭门器，若子扇打开火灾时无法关闭，若子扇关闭则疏散宽度不足。

参考规范：《建筑防火通用规范》（GB 55037—2022）第 6.4.1 条

解析：施工人员擅自改动防火门的形式，与设计不一致，是一个严重的消防安全隐患。常见的错误举例：设计为双扇平开防火门，但现场却安装了子母式防火门，并且防火门的子扇在计入疏散宽度时未安装闭门器。在这种情况下，如果子扇处于打开状态，火灾发生时将无法自动关闭，从而失去了防火门应有的阻隔火势和烟气蔓延的功能。而如果子扇处于关闭状态，虽然可能在一定程度上起到了防火分隔的作用，但由于子扇的计入导致了疏散宽度的不足，这将在紧急疏散时给人员带来极大的安全隐患。

问题 31：住宅建筑地下室或地下设备用房设计的第二个安全出口，现场漏装。

参考规范：《建筑设计防火规范（2018 年版）》（GB 50016—2014）第 5.5.5 条

解析：除人员密集场所外，建筑面积不大于 $500m^2$、使用人数不超过 30 人且埋深不大于 10m 的地下或半地下建筑（室），当需要设置二个安全出口时，其中一个安全出口可利用直通室外的金属竖向梯。如果现场漏装了设计的第二个安全出口，将直接导致疏散宽度不足，人员在火灾等紧急情况下无法快速、有效地撤离到安全区域。建筑设计和施工单位必须严格遵守消防法规和规范，确保所有安全出口和疏散设施按照设计要求正确安装和配置。

问题 32：建筑高度大于 100m 的建筑中防烟楼梯间及其前室的门、消防电梯前室的门、歌舞娱乐放映游艺场所中的房间疏散门、设置在耐火极限要求不低于 2.00h 的防火隔墙上的门未采用甲级防火门。

参考规范：《建筑防火通用规范》（GB 55037—2022）第 6.4.3 条

解析：对于建筑高度大于 100m 的建筑，由于其高度较高，一旦发生火灾，火势和烟气的蔓延速度会非常快，对人员的生命安全构成极大威胁。因此，这些关键区域的门需要具有较高的耐火性能和防火等级。建筑高度大于 100m 的建筑，防烟楼梯间及其前室的门、消防电梯前室的门、歌舞娱乐放映游艺场所中的房间疏散门、设置在耐火极限要求不低于 2.00h 的防火隔墙上的门应采用甲级防火门。

3.7 防火分隔设施

问题 1：建设单位随意变更，未考虑功能变动对防火分区划分的影响，导致"变动后的防火墙"未设置在建筑的基础或具有相应耐火性能的框架、梁等承重结构上。

参考规范：《建筑防火通用规范》（GB 55037—2022）第 6.1.1 条

解析：防火墙应直接设置在建筑的基础或具有相应耐火性能的框架、梁等承重结构上，并应从楼地面基层隔断至结构梁、楼板或屋面板的底面。防火墙是防火分区的重要组成部分，其位置和构造必须符合消防设计要求和规范要求，确保在火灾发生时能够有效阻止火势的蔓延。

问题 2：防火墙未分隔到顶，或者钢结构建筑防火墙上的钢柱与外墙之间的缝隙未分隔彻底。

参考规范：《建筑防火通用规范》（GB 55037—2022）第 6.1.1 条

解析：防火墙应直接设置在建筑物的基础或具有相应耐火性能的框架、梁等承重结构上，且必须从楼地面基层隔断至梁、楼板或屋面结构层的底面，以确保其防火分隔的有效性。如果防火墙未分隔到顶，将严重影响其防火性能，使得火灾时火势和烟雾可能通过未分隔的部分蔓延。

在钢结构建筑中，防火墙上的钢柱与外墙之间的缝隙也必须分隔彻底。因为钢结构在火灾中可能因高温而失去承载能力，如果防火墙与钢结构之间的缝隙未分隔彻底，火灾时火焰和高温可能通过这些缝隙影响防火墙的稳定性，甚至导致防火墙倒塌，从而失去其防火分隔的作用。

问题 3：甲类厂房防火分区之间、仓库内的防火分区或库房之间采用防火卷帘分隔，未采用防火墙，不符合规范要求。

参考规范：《建筑防火通用规范》（GB 55037—2022）第 4.2.6 条，《建筑设计防火规范（2018 年版）》（GB 50016—2014）第 3.3.1 条

解析：对于甲类厂房，由于其生产的火灾危险性极高，防火要求极为严格。甲类厂房的防火分区应采用防火墙进行分隔，以确保在火灾发生时能够有效阻止火势的蔓延。防火墙具有较高的耐火极限，能够在火灾中保持结构的稳定性和完整性，从而起到有效的防火分隔作用。

同样，仓库内的防火分区或库房之间的分隔也要求采用防火墙。仓库通常储存大量的可燃物资，一旦发生火灾，火势将迅速蔓延，并可能造成严重的经济损失和人员伤亡。因此，仓库的防火分区之间的水平分隔应采用防火墙分隔，不能采用其他分隔方式替代，以确保防火分隔的有效性和可靠性。

问题 4：防火分区之间使用普通卷帘，未使用防火卷帘分隔；或采用单帘面钢制防火卷帘，耐火极限不满足规范要求。

参考规范：《建筑防火通用规范》（GB 55037—2022）第 6.1.3 条

解析：防火墙的耐火极限不应低于 3.00h。甲、乙类厂房和甲、乙、丙类仓库内的防火墙，耐火极限不应低于 4.00h。

防火分区是建筑内部用于阻止火势蔓延的重要构造，其分隔设施必须具有较高的耐火性能。普通卷帘并不具备防火功能，无法在火灾中保持结构的完整性和稳定性，因此不能作为防火分区的分隔设施。对于需要采用防火分隔但设置防火墙确有困难的场所，如部分厂房和仓库，可以采用防火卷帘进行分隔。但需要注意的是，防火卷帘的耐火极限必须满

足规范要求。耐火极限是指建筑构件在标准耐火试验条件下，从受到火的作用时起到失去支持能力或完整性被破坏或失去隔火作用时止的这段时间。如果采用单帘面钢制防火卷帘，其耐火极限可能无法满足规范要求。因此，在选择防火卷帘时，应优先选择双帘面防火卷帘或其他具有更高耐火极限的防火分隔设施，以确保防火分隔的有效性和可靠性。

问题 5：除中庭区域设置的防火卷帘外，用于防火分隔的防火卷帘长度超过规范允许值。

参考规范：《建筑设计防火规范（2018 年版）》（GB 50016—2014）第 6.5.3 条

解析：防火分隔部位设置防火卷帘时，除中庭外，当防火分隔部位的宽度不大于 30m 时，防火卷帘的宽度不应大于 10m；当防火分隔部位的宽度大于 30m 时，防火卷帘的宽度不应大于该部位宽度的 1/3，且不应大于 20m。

防火卷帘作为建筑防火分隔的重要设施，其长度（或宽度，在此上下文中长度和宽度均指防火卷帘覆盖的水平距离）需严格遵循规范要求。当防火卷帘的长度超过规范允许值时，可能带来以下消防影响：①防火卷帘的耐火极限是其能够在火灾中保持结构完整性和隔热性能的时间。长度超标的防火卷帘可能因结构不稳定或材料分布不均，导致耐火极限降低，无法在火灾中有效阻挡火势和高温。②防火卷帘通常与火灾自动报警系统、自动喷水灭火系统（冷却）等联动控制。长度超标的防火卷帘可能因超出控制系统的设计能力，导致联动失效，无法在火灾发生时及时响应和关闭。③在火灾发生时，人员需要迅速疏散到安全区域。长度超标的防火卷帘可能因无法及时关闭或关闭不严，导致烟雾和有毒气体进入疏散通道，严重影响人员疏散速度和安全性。

问题 6：存在"隔而不断"的问题，防火卷帘顶部与建筑结构梁、楼板或屋面板的底面之间存在分隔不彻底的情况，防火卷帘上方存在孔洞或未封堵。

参考规范：《防火卷帘、防火门、防火窗施工及验收规范》（GB 50877—2014）第 5.2.9 条

解析：防火卷帘、防护罩等与楼板、梁和墙、柱之间的空隙，应采用防火封堵材料等封堵，封堵部位的耐火极限不应低于防火卷帘的耐火极限。为了确保防火卷帘的防火分隔效果，防火卷帘应从楼地面基层隔断至梁、楼板或屋面板的底面基层，且其两侧的墙体或构件也应具有相应耐火极限，以形成完整的防火分隔体系。同时，在防火卷帘的上方，不应存在任何可能影响其防火性能的孔洞或未封堵的部位。

问题 7：防火卷帘导轨未安装在建筑结构上，或防火卷帘帘板或帘面嵌入导轨的深度不满足规范要求。

参考规范：《防火卷帘、防火门、防火窗施工及验收规范》（GB 50877—2014）第 5.2.2 条

解析：防火卷帘导轨应牢固地安装在建筑结构的墙体或梁上，以确保在火灾发生时，防火卷帘能够稳定地下降并封闭防火分区；同时，防火卷帘帘板或帘面嵌入导轨的深度也必须符合规范要求。嵌入深度不足可能导致防火卷帘在火灾中脱落或变形，从而失去防火分隔的作用。

问题 8：大型商业综合体使用侧向或水平封闭式及折叠提升式防火卷帘进行防火分

隔，不符合消防安全管理要求。

参考规范：《关于加强超大城市综合体消防安全工作的指导意见》（公消〔2016〕113号）

解析：总建筑面积大于或等于10万m²以上的超大城市综合体严禁使用侧向或水平封闭式及折叠提升式防火卷帘，防火卷帘应当具备火灾时依靠自重下降自动封闭开口的功能。在大型商业综合体中，防火分隔是确保消防安全的重要措施之一。使用侧向、水平封闭式或折叠提升式等异形防火卷帘进行防火分隔，可能会影响防火卷帘在火灾时依靠自重自动关闭开口的功能。这一功能对于及时阻断火势蔓延至关重要。异形防火卷帘由于其特殊的设计和结构，可能在火灾时无法顺利下降并封闭开口，从而降低了防火分隔的有效性。

问题9：仅用于防火分隔非疏散通道上的防火卷帘，未设置成一步降至楼板或地面；汽车库出入口处疏散通道上的防火卷帘未设置成两步降至楼板或地面。

参考规范：《火灾自动报警系统设计规范》（GB 50116—2013）第4.6.3条至第4.6.5条

解析：防火卷帘降落的联动逻辑要充分考虑火灾蔓延、疏散的影响。对于仅用于防火分隔非疏散通道上的防火卷帘，其联动控制程序应确保在火灾发生时，防火卷帘能够迅速、直接下降至楼板或地面，以有效阻断火势的蔓延。对于汽车库出入口处疏散通道上的防火卷帘，由于其位于疏散通道上，需要考虑到火灾时的疏散需求。这类防火卷帘设计成两步降至楼板或地面，在火灾初期，防火卷帘首先下降至距楼板面1.8m高度，以便人员迅速疏散；感温探测器动作后，防火卷帘再下降至楼板面，完成防火分隔。

问题10：防火卷帘未按规范要求设置温控释放装置。

参考规范：《防火卷帘》（GB 14102—2005）第6.4.7条

解析：防火卷帘应装配温控释放装置，当释放装置的感温元件周围温度达到73℃±0.5℃时，释放装置动作，卷帘应依自重下降关闭。

温控释放装置是防火卷帘的重要组成部分，其工作原理是在火灾状态下，当安装卷帘门的场所温度达到一定程度时（通常为73℃±0.5℃），装置上的感温元件会熔断，从而触发卷帘依靠自重下降关闭。该功能在火灾自动报警系统发生故障或消防电源断电的情况下尤为重要，因为它能确保防火卷帘仍能正常工作，有效阻断火势的蔓延。如果防火卷帘未按规范要求设置温控释放装置，那么在火灾发生时，一旦其他降落措施失效，防火卷帘将无法及时下降关闭，从而失去其应有的防火分隔作用。

问题11：防火墙两侧的门、窗、洞口之间最近边缘的水平距离小于2.0m，未采取设置乙级防火窗等防止火灾水平蔓延的措施。常见问题是设计的乙级防火门窗安装成普通塑钢门窗或铝合金门窗或非隔热的耐火门窗。

参考规范：《建筑防火通用规范》（GB 55037—2022）第6.1.1条，《建筑设计防火规范（2018年版）》（GB 50016—2014）第6.1.3条、第6.1.4条

解析：为确保火灾发生时防火墙能够有效地阻断火势的蔓延，为人员疏散和灭火救援争取宝贵的时间，紧靠防火墙两侧的门、窗、洞口之间最近边缘的水平距离不得小于2.0m，内转角两侧防火墙上的门、窗、洞口之间最近边缘的水平距离不应小于4.0m，或

采取设置乙级防火窗等防止火灾水平蔓延的措施，并确保所有防火门、窗的耐火性能符合相关要求。如果这些防火门、窗被错误地替换成了普通塑钢门窗、铝合金门窗或非隔热的耐火门窗，它们的耐火性能将大打折扣，火势将很容易通过门、窗、洞口等开口迅速蔓延至防火墙的另一侧，从而扩大火灾范围，增加人员伤亡和财产损失的风险。

问题 12： 疏散走道在防火分区处设置常闭式防火门，未设置常开甲级防火门。

参考规范：《建筑防火通用规范》（GB 55037—2022）第 6.4.2 条，《建筑设计防火规范（2018 年版）》（GB 50016—2014）第 6.4.10 条

解析： 防火分区处疏散通道上设置的甲级防火门，需要采用常开的方式满足人员快速疏散、火灾时自动关闭起到阻火挡烟的作用。

常闭防火门在正常情况下处于关闭状态，会影响疏散走道的日常通行效率。特别是在大型商场、医院等人员密集的场所，常闭防火门可能会频繁地被开启和关闭，长时间运行损坏概率加大。如果常闭防火门管理不当或损坏，可能会导致其无法正常关闭，从而失去防火分隔的作用。在火灾发生时，火势和烟气可能会通过未关闭的防火门迅速蔓延至相邻的防火分区，增加火灾的危害性。在火灾发生时，如果常闭防火门被人员紧急疏散时打开未及时关闭，可能会导致火灾蔓延，而常开甲级防火门则可以在火灾时自动关闭。

问题 13： 通风管道井、送风管道井、排烟管道井、电气线路和各类管道穿越楼板、隔墙处，未采取防火分隔措施，或防火分隔组件的耐火性能不满足楼板、隔墙的耐火性能。

参考规范：《建筑防火通用规范》（GB 55037—2022）第 6.3.3 条至第 6.3.5 条

解析： 为保证在火灾发生时能够有效地阻断火势和烟气的传播路径，为人员疏散和灭火救援争取宝贵的时间。通风管道井、送风管道井、排烟管道井、电气线路和各类管道穿越楼板、隔墙处，必须采取防火分隔措施，且防火分隔组件的耐火性能需满足楼板、隔墙的耐火性能要求。防火分隔措施包括但不限于设置防火阀、采用专门的防火封堵材料对管道穿越处进行封堵、设置防火隔墙或防火门。

问题 14： 建筑物变形缝未进行防火封堵，导致整个建筑上下层贯通，或为保证美观仅用金属板进行封堵，无法起到阻止火灾蔓延的作用。

参考规范：《建筑设计防火规范（2018 年版）》（GB 50016—2014）第 6.3.4 条

解析： 变形缝是建筑内部的沉降缝、伸缩缝、抗震缝的总称，它们上下贯通整个建筑物。在火灾发生时，未封堵或封堵不当的变形缝会成为火势蔓延的通道，由于烟囱效应，烟气将以极快的速度向尚未着火的楼层迅速扩散，使整个建筑充满烟气，给人员逃生带来极大的困难，易造成重大的人员伤亡。仅用金属板进行封堵，虽然其具有一定的耐火性能，但在高温下可能会失去强度，无法有效阻止火灾的蔓延。

问题 15： 常闭式防火门、窗未设置闭门器；常开式防火门窗未设置联动控制模块，火灾时无法联动关闭。

参考规范：《建筑防火通用规范》（GB 55037—2022）第 6.4.1 条

解析：对于常闭式防火门、窗，闭门器是其关键组件之一。如果未设置闭门器，常闭式防火门、窗可能因风力、人员误操作等而开启，失去其防火分隔的作用。对于常开式防火门窗，联动控制模块则是实现其火灾时自动关闭的关键。在火灾发生时，联动控制模块能够接收火灾报警信号，并驱动防火门窗自动关闭，从而切断火势和烟气的传播途径。如果未设置联动控制模块，常开式防火门窗将无法在火灾时自动关闭，极大地增加火灾蔓延的风险。

问题 16：建筑高度大于 100m 的建筑中，防火门选用错误，未按照规范要求选用甲级防火门。

参考规范：《建筑防火通用规范》（GB 55037—2022）第 6.4.3 条

解析：对于建筑高度大于 100m 的建筑，由于其高度较高，一旦发生火灾，火势和烟气的蔓延速度会非常快，对人员的生命安全构成极大威胁。因此，这些关键区域的门需要具有较高的耐火性能和防火等级。建筑高度大于 100m 的建筑，防烟楼梯间及其前室的门、消防电梯前室的门、歌舞娱乐放映游艺场所中的房间疏散门、设置在耐火极限要求不低于 2.00h 的防火隔墙上的门应采用甲级防火门。

问题 17：消防验收现场，个别防火门型号与设计图纸不一致；防火门、窗缺少铭牌及符合市场准入制度规定的有效证明文件。

参考规范：《防火卷帘、防火门、防火窗施工及验收规范》（GB 50877—2014）第 4.3.1 条

解析：防火门应具有出厂合格证和符合市场准入制度规定的有效证明文件，其型号、规格及耐火性能应符合设计要求。

问题 18：双扇防火门未设置顺序器或者顺序器安装位置错误。

参考规范：《防火卷帘、防火门、防火窗施工及验收规范》（GB 50877—2014）第 5.3.2 条

解析：常闭防火门应安装闭门器等，双扇和多扇防火门应安装顺序器。如果双扇防火门未设置顺序器，或者顺序器安装位置错误，将影响防火门的关闭性能和防火性能，还可能在火灾发生时导致火势蔓延，增加人员伤亡和财产损失的风险。

问题 19：防火门、窗门框未灌注水泥砂浆，厂家出厂灌注的块状填充物，灌注不严，影响防火门的防火性能和稳定性。

参考规范：《防火卷帘、防火门、防火窗施工及验收规范》（GB 50877—2014）第 5.3.8 条

解析：钢质防火门门框内应充填水泥砂浆，以增加防火门的质量和密度，从而提高其防火性能。厂家出厂灌注的块状填充物可能无法提供足够的支撑和密封性，可能影响防火门的稳定性和耐久性，降低其使用寿命。

问题 20：消防验收时，部分防火门密封胶条缺失、破损、剥裂。

参考规范：《防火卷帘、防火门、防火窗施工及验收规范》（GB 50877—2014）第 5.3.6 条

解析： 防火门是建筑防火分隔的重要设施，能够在火灾发生时有效阻止火势和烟气的蔓延，为人员疏散和灭火救援赢得宝贵时间。而密封胶条作为防火门的组成部分，主要作用是增强防火门的密闭性，防止火焰、高温气体和烟气通过缝隙渗透，从而确保防火门在火灾中的有效性。

问题 21： 带防火玻璃的防火门、窗，防火玻璃的耐火极限低于该防火门的耐火极限。

参考规范：《防火门》（GB 12955—2008）第 4.4 节、第 5.3.8 条

解析： 防火门上防火玻璃的耐火极限应与其所在防火门的耐火等级相匹配。甲、乙、丙级防火门上防火玻璃需要同时满足耐火隔热性和耐火完整性的要求。

问题 22： 防火门的安装未按图施工，忽略开启方向，部分防火门未按图纸开向疏散方向。

参考规范：《防火卷帘、防火门、防火窗施工及验收规范》（GB 50877—2014）第 5.3.1 条

解析： 防火门开启方向的选择直接关系到疏散效率，除特殊情况外，防火门应向疏散方向开启，防火门在关闭后应从任何一侧手动开启。防火门朝疏散方向开启，可以确保人员在逃生过程中无须费力推动或绕行，从而加快疏散速度，减少人员伤亡风险。

问题 23： 防火隔墙分隔不到顶，仅分隔到吊顶位置，不同使用功能的区域通过吊顶内空间连通。

参考规范：《建筑防火通用规范》（GB 55037—2022）第 6.2.1 条

解析： 防火隔墙应从楼地面基层隔断至梁、楼板或屋面板的底面基层。防火隔墙的主要作用是防止火势蔓延和烟气扩散，确保消防通道畅通及消防设施的覆盖面积全面。当防火隔墙分隔不到顶时，吊顶内的空间可能成为火势和烟气蔓延的通道，导致防火分隔失效。此外，这种情况还可能影响消防设施的灭火效果，使得火灾发生时无法及时有效地控制火势。

问题 24： 防火隔墙结构构造未按图施工，疏散走道、楼梯间等处的防火隔墙采用金属夹芯板，难以满足相应建筑构件的耐火性能、结构承载力及其自身稳定性能的要求。

参考规范：《建筑设计防火规范（2018 年版）》（GB 50016—2014）第 3.2.17 条、条文说明第 5.1.7 条

解析： 防火墙、承重墙、楼梯间的墙、疏散走道隔墙等关键建筑构件，不能采用金属夹芯板材。这是因为金属夹芯板材的耐火性能往往无法达到这些关键构件所要求的耐火极限，在火灾中可能因高温而失去结构承载力，导致隔墙倒塌，进而加剧火势的蔓延和烟气的扩散。

问题 25： 设计的防火隔墙被随意变更，甚至取消防火隔墙，防火隔墙设置与经过审核的图纸不一致。

参考规范：《建设工程消防设计审查验收管理暂行规定》（住建部令〔2023〕第 58 号）第十一条、第十二条

解析： 防火隔墙的设计被随意变更或取消，将导致建筑物的防火性能大幅下降。施工

单位应当按照建设工程法律法规、国家工程建设消防技术标准，以及经消防设计审查合格或者满足工程需要的消防设计文件组织施工，不得擅自改变消防设计进行施工，降低消防施工质量。工程监理单位应当按照建设工程法律法规、国家工程建设消防技术标准，以及经消防设计审查合格或者满足工程需要的消防设计文件实施工程监理。

问题 26：防火隔墙上随意增加门窗或加大门窗面积（常见疏散走道两侧防火隔墙、洁净厂房的防火隔墙等），无法满足建筑构件的耐火性能、结构承载力及其自身稳定性能要求。

解析：防火隔墙上门窗面积的控制需综合考虑耐火性能、完整性、隔热性、材料选择、面积控制原则以及结构设计与安装等多个方面，以确保防火隔墙的整体防火性能得到有效保障。如果在防火隔墙上随意增加门窗或加大门窗面积，将会破坏防火隔墙的完整性和连续性，从而降低其耐火性能、结构承载力及其自身稳定性能。

关于无特殊要求的防火隔墙上设置门窗的面积，国家标准没有明确限制，各省（区、市）有不同规定，本文节选如下。

观点1：普通窗即可。比如：北京、江苏、福建。

观点2：普通窗即可，但希望控制比例。比如：山东、广州。

观点3：1.5m以上需要防火窗。比如：浙江、湖南、武汉。

《山东省建筑工程消防设计部分非强制性条文适用指引》第2.6.8条，一、二级耐火等级建筑的疏散走道两侧的隔墙应为耐火极限1.00h的隔墙，除规范另有规定外，墙上的门窗可为普通门窗，窗的面积比例规范没有限制，但一般情况下窗的面积不应超过窗所在房间墙身面积的50%。当窗的面积超过窗所在房间墙身面积的50%时，应采用乙级防火窗或设置耐火完整性和耐火隔热性均不低于1.00h的玻璃墙体。门可按普通门设计。

《广州市建设工程消防设计、审查难点问题解答》第3.10条，一、二级耐火等级建筑的疏散内走道两侧的墙应为耐火极限不低于1h的墙，除规范另有规定外，墙上的门可为普通门和普通窗，窗的面积比例规范没有限制，但一般情况下不应超过窗所处房间墙身面积的50%；当窗的面积超过所处房间墙身面积的50%时，应采用乙级防火窗或设置耐火隔热性和耐火完整性均不低于1.0h的玻璃墙体。

《浙江省消防技术规范难点问题操作技术指南（2020版）》第4.1.15条，一、二级耐火等级建筑的疏散内走道两侧的墙应为耐火极限不低于1.00h的墙，除规范另有规定外，墙上的门可为普通门。当墙上设置普通窗（洞）时（教学建筑窗台离地1.5m以上的高侧窗除外），或疏散走道两侧墙（部分或全部）的耐火极限低于1.00h时，从房间内任一点至安全出口的疏散直线距离不应大于30m，且行走距离不应大于45m；但医疗建筑的病房楼、托儿所、幼儿园、老年人照料设施的疏散直线距离应按照《建筑设计防火规范（2018年版）》（GB 50016—2014）表5.5.17的规定执行。

《湖南省施工图审查常见问题及处理意见》中问题51提到，疏散走道两侧墙体及窗户应能保证火灾发生时两侧房间储烟仓的有效性，以阻隔烟火窜入走道，房间层高3m以下时储烟仓为层高一半，故建议除外廊外的疏散走道两侧在距地面1.5m以上的窗户满足耐火极限不小于1h的要求，走道门不做要求。

问题 27：设置在防火隔墙上的钢结构构件的耐火极限低于设计耐火极限，防火涂料选型、涂刷厚度不符合要求。

参考规范：《建筑防火通用规范》（GB 55037—2022）第 5.1.4 条，《建筑钢结构防火技术规范》（GB 51249—2017）第 4.1.2 条

解析： 金属结构或构件应根据设计耐火极限和受力情况等进行耐火性能验算和防火保护设计。钢结构的防火保护可采用喷涂（抹涂）防火涂料、包覆防火板、包覆柔性毡状隔热材料、外包混凝土、金属网抹砂浆或砌筑砌体等措施之一或其中几种的复（组）合。

防火涂料的选型应根据钢结构构件的设计耐火极限来确定。对于设计耐火极限大于 1.50h 的构件，不宜选用膨胀型防火涂料，而应选用非膨胀型钢结构防火涂料或环氧类膨胀型钢结构防火涂料，以确保其耐火性能达到设计要求。防火涂料的涂刷厚度对其耐火极限有重要影响。不同类型的防火涂料有不同的涂刷厚度要求。非膨胀型防火涂料涂层的厚度不应小于 10mm。在实际应用中，应根据对应产品的认证证书确定涂层厚度，涂层厚度不应小于对应耐火极限的涂层厚度要求。施工过程中还应注意防火涂料的喷涂方法，确保每遍涂层在前一遍基本干燥或固化后进行，以避免因环境因素导致涂层脱落，从而影响其耐火性能。

问题 28： 暗装的消火栓箱贯穿防火隔墙，破坏墙体的耐火极限，未采取墙体耐火极限补偿措施。

参考规范：《消防给水及消火栓系统技术规范》（GB 50974—2014）第 12.3.10 条

解析： 防火隔墙作为建筑内防止火灾蔓延至相邻区域的重要构件，其耐火极限是确保火灾发生时能够有效阻隔火势蔓延的关键因素。当消火栓箱贯穿防火隔墙时，会破坏墙体的完整性和连续性，从而降低其耐火性能，这时必须采取墙体耐火极限补偿措施。这些措施可能包括但不限于在消火栓箱洞口周围增设防火板、加厚墙体或采用其他有效的防火构造方式。

问题 29： 消防电梯前室或合用前室设计采用防火门和耐火极限不低于 2.00h 的防火隔墙与其他部位分隔现场安装防火玻璃墙替代防火隔墙，违反规范强制性条文。

参考规范：《建筑防火通用规范》（GB 55037—2022）第 2.2.8 条

解析： 消防电梯的前室或合用前室应采用防火门和耐火极限不低于 2.00h 的防火隔墙与其他部位分隔。除兼作消防电梯的货梯前室无法设置防火门的开口可采用防火卷帘分隔外，不应采用防火卷帘或防火玻璃墙等方式替代防火隔墙。防火卷帘和防火玻璃墙虽然也具有一定的防火性能，但在实际应用中可能存在一些不足。防火卷帘在火灾发生时需要自动下降以形成防火分隔，但这一过程的可靠性及时性可能受到多种因素的影响，如电源供应、控制系统故障等。防火卷帘的耐火极限可能因长期使用和磨损而降低，从而影响其防火效果。在火灾发生时，防火玻璃墙可能会因高温而破裂或变形，从而失去防火分隔的作用。

问题 30： 防火玻璃与框架的匹配问题，有些设计人员在图纸上标注为防火玻璃，但实际上是防火玻璃隔墙，而非单纯的防火玻璃。施工方可能未按设计要求购买防火玻璃，而是按照普通玻璃隔墙的做法进行安装，忽略了防火玻璃隔墙是由防火玻璃、框架、密封材料、垫块等防火构件组成的完整系统。

参考规范：《防火玻璃非承重隔墙通用技术条件》（XF 97—1995）第 3.1 节、第 3.2 节

解析：防火玻璃隔墙不仅要求玻璃本身具有防火性能，还要求其框架、密封材料和垫块等构件同样具备防火功能，以确保整个系统的耐火极限达到设计要求。防火玻璃隔墙是由防火玻璃、镶嵌框架和防火密封材料组成，在一定时间内，满足耐火稳定性、完整性和隔热性要求的非承重隔墙。非承重隔墙应达到相应的耐火性要求。

问题 31：喷淋保护系统的安装问题，大型商业步行街等经常采用单片非隔热型防火玻璃加水喷淋系统保护，起到隔热作用。其存在的问题包括喷淋保护的布水效果不佳、喷头位置不当或被遮挡，个别项目防护冷却系统未独立设置，与自动喷水灭火系统共用报警阀组。

参考规范：《建筑设计防火规范（2018 年版）》（GB 50016—2014）第 5.3.6 条，《自动喷水灭火系统设计规范》（GB 50084—2017）第 5.0.15 条

解析：步行街两侧建筑的商铺，其面向步行街一侧的围护构件的耐火极限不应低于 1.00h，并宜采用实体墙，其门、窗应采用乙级防火门、窗；当采用防火玻璃墙（包括门、窗）时，其耐火隔热性和耐火完整性不应低于 1.00h；当采用耐火完整性不低于 1.00h 的非隔热性防火玻璃墙（包括门、窗）时，应设置闭式自动喷水灭火系统进行保护。当采用防护冷却系统保护防火卷帘、防火玻璃墙等防火分隔设施时，系统应独立设置，喷头设置高度为 4～8m 时，应采用快速响应洒水喷头。喷淋系统的布水不合理，火灾发生时喷淋水无法均匀覆盖防火玻璃表面，影响其隔热效果。喷头的位置和朝向不符合设计要求，或者被其他物体遮挡，导致喷淋水无法直接喷射到防火玻璃上，降低了喷淋保护的有效性。

问题 32：防火玻璃隔墙的采购和施工问题，施工单位对防火玻璃的检测报告存在误区，认为只要提供防火玻璃检测报告就可以，多数项目不能提供防火玻璃隔墙的检测报告。

解析：防火玻璃隔墙是由防火玻璃、框架、密封材料、垫块等多个防火构件组成的完整系统，防火玻璃的检测报告只是防火玻璃本身的性能评估，并不能代表整个防火玻璃隔墙的防火性能。防火玻璃隔墙应包括框架、密封材料、垫块等所有组成部分的防火性能。

问题 33：消防验收中的误区，有的验收人员错误地认为防火玻璃做的门就是防火门，防火玻璃做的隔墙就是防火玻璃隔墙，防火玻璃做的窗户就是防火窗，而忽略了对照其检验报告中的防火玻璃尺寸和现场做法是否相符。

参考规范：《防火门》（GB 12955—2008）第 5.3.8 条

解析：A 类防火门若镶嵌防火玻璃，其耐火性能应符合 A 类防火门的条件，防火玻璃应经国家认可授权检测机构检验合格，其性能应符合《建筑用安全玻璃 第 1 部分：防火玻璃》（GB 15763.1—2009）的规定。在消防验收过程中，防火门、防火玻璃隔墙和防火窗等消防产品的合格性至关重要。防火门不仅仅是安装了防火玻璃的门，它还需要满足特定的结构和性能要求，包括门框、门扇的耐火极限、防火密封条的有效性等。同样，防火玻璃隔墙和防火窗也需要包含其他防火构件，并经过专门的检测和评估，以确保其整体

的防火性能。因此，验收人员在验收过程中，不能仅凭防火玻璃的使用就做出判断，还需要仔细对照检验报告中的防火玻璃尺寸和现场做法是否相符。这包括检查防火玻璃的类型、尺寸、安装方式等是否与检验报告中的描述一致，以及防火玻璃与其他防火构件的组合是否满足相关的标准和要求。

问题 34：消防电梯常见问题见"3.3 消防救援设施"相关内容所述。

问题 35：普通电梯机房与消防电梯机房未采用耐火极限不低于 2.00h 且无开口的防火隔墙进行分隔，常见问题是隔墙上设置门、窗，互相连通。

参考规范：《建筑防火通用规范》（GB 55037—2022）第 2.2.9 条

解析：消防电梯井和机房应采用耐火极限不低于 2.00h 且无开口的防火隔墙与相邻井道、机房及其他房间分隔。在火灾发生时，这道防火隔墙能够在一定时间内有效阻止火势从普通电梯机房蔓延到消防电梯机房，为人员疏散和灭火救援争取宝贵时间。

问题 36：电梯层门的耐火完整性不能满足规范需求。

参考规范：《建筑防火通用规范》（GB 55037—2022）第 6.3.1 条

解析：电梯层门作为建筑物内部隔离系统的重要组成部分，其主要作用是在火灾发生时将火势隔离在原始火场内，以降低火势扩散的速度。电梯层门（特别是消防电梯层门）需要具备较高的耐火完整性，以确保在火灾发生后的一段时间内（至少 2h）能够有效阻止火势和烟气的穿透蔓延。这样不仅可以为建筑内的人员提供安全的疏散通道，防止他们被火势和烟气困住，同时可以为消防人员提供便捷的救援路径，使他们能够更快地到达火灾现场进行救援工作。

问题 37：个别项目，客梯、货梯在火灾时不能联动迫降于首层或电梯转换层。

参考规范：《火灾自动报警系统设计规范》（GB 50116—2013）第 4.7.1 条

解析：为了在火灾情况下，降低电梯内的人员被困风险，便于消防人员快速使用电梯进行垂直方向的救援。消防联动控制器应具有发出联动控制信号强制所有电梯停于首层或电梯转换层的功能。在实际项目中，可能存在一些特殊情况或技术限制，导致客梯、货梯无法联动迫降。例如，电梯控制系统与消防系统的联动可能存在问题，或者电梯本身的机械、电气部件存在故障，导致无法执行迫降操作。此外，一些老旧建筑或特殊设计的建筑也可能存在电梯联动迫降的困难。

问题 38：个别项目，发生火灾后被立即切断客梯电源、全楼的正常照明电源，不利于人员的疏散。

参考规范：《火灾自动报警系统设计规范》（GB 50116—2013）第 4.10.1 条

解析：消防联动控制器应具有切断火灾区域及相关区域的非消防电源的功能，当需要切断正常照明时，宜在自动喷淋系统、消火栓系统动作前切断。

只要能确认不是供电线路发生的火灾，可以先不切断电源，尤其是正常照明电源，如果发生火灾时正常照明正处于点亮状态，则应予以保持，因为正常照明的照度较高，有利于人员的疏散。

正常照明等非消防电源只要在水系统动作前切断，就不会引起触电事故及二次灾害；

其他在发生火灾时没必要继续工作的电源,或切断后也不会带来损失的非消防电源,可以在确认火灾后立即切断。客梯应在迫降到首层后,再切断电源。

问题 39:通风管道上防火阀、排烟管道上排烟防火阀,安装位置错误,防火阀、排烟防火阀未靠近防火墙、防火隔墙安装。

参考规范:《建筑防火通用规范》(GB 55037—2022)第 6.3.5 条,《建筑防烟排烟系统技术标准》(GB 51251—2017)第 6.4.1 条,《建筑设计防火规范(2018 年版)》(GB 50016—2014)第 6.3.5 条

解析:防火分区隔墙两侧的防火阀离墙越远,则对穿越墙的管道耐火性能要求越高,阀门功能作用越差,规范要求防火分区隔墙两侧的排烟防火阀距墙端面不应大于 200mm。穿越防火隔墙、楼板和防火墙处风管上的防火阀、排烟防火阀两侧各 2.0m 范围内的风管,未采用耐火风管,风管外壁未采取防火保护措施。

问题 40:施工人员未注意防火阀、排烟防火阀的方向,防火阀、排烟防火阀不能顺气流方向关闭。

参考规范:《建筑防烟排烟系统技术标准》(GB 51251—2017)第 6.4.1 条

解析:防火阀和排烟防火阀应顺气流方向关闭。如果施工人员未注意防火阀、排烟防火阀的方向,导致阀门不能顺气流方向关闭,会降低系统的防火、隔烟效果,增加火灾的危害。

问题 41:个别项目,安装人员防火阀选型错误,如油烟管道上安装了 70℃防火阀、排烟管道上安装了 70℃防火阀、通风管道上误装了 280℃排烟防火阀。

参考规范:《消防设施通用规范》(GB 55036—2022)第 11.3.5 条,《建筑设计防火规范(2018 年版)》(GB 50016—2014)第 9.3.11 条、第 9.3.12 条

解析:通风、空气调节系统风管上应设置公称动作温度为 70℃的防火阀,油烟管道上应设置 150℃防火阀;机械排烟系统管道上应设置 280℃排烟防火阀。

问题 42:个别项目,防火阀、排烟防火阀关闭不严,导致送风量、排烟量不满足设计要求。

参考规范:《建筑防烟排烟系统技术标准》(GB 51251—2017)第 6.4.1 条

解析:防火阀和排烟防火阀在通风和排烟系统中起着至关重要的作用。它们能够在火灾发生时及时关闭,阻断火势和烟气的蔓延,同时确保设计要求的送风量和排烟量,保护人员和财产的安全。防火阀和排烟防火阀关闭不严可能是阀门本身的质量问题、安装过程中的误差、长期使用后的磨损或缺乏必要的维护保养等原因。关闭不严时无法有效地阻断气流,导致送风量或排烟量不足。不仅会降低系统的通风和排烟效果,还可能增加火灾的危害性。

3.8 外墙保温材料

问题 1:保温材料燃烧性能不符合设计要求,部分项目设计人员仅提出外墙保温材料

燃烧性能要求，没有明确具体装修材料选型，施工人员订货错误，常见于人员密集的场所、高层建筑。

参考规范：《建筑防火通用规范》（GB 55037—2022）第 6.6.4 条、第 6.6.5 条

解析：独立建造的老年人照料设施的内、外保温系统和屋面保温系统均应采用燃烧性能为 A 级的保温材料或制品。人员密集场所、设置人员密集场所的建筑，外墙外保温材料的燃烧性能应为 A 级。其他建筑采用与基层墙体、装饰层之间无空腔的外墙外保温系统时，建筑高度大于 24m、不大于 50m 时，不应低于 B_1 级，建筑高度大于 50m 时，应为 A 级。

为解决此类问题，设计人员在设计阶段必须明确具体的保温材料、装修材料选型，并详细列出各种材料的燃烧性能要求。

问题 2：外墙保温材料未按结构要求施工，改变了结构做法，设计选用 B_1 级保温材料无空腔复合保温结构体，保温材料两侧不燃性结构的厚度不满足 50mm。

参考规范：《建筑防火通用规范》（GB 55037—2022）第 6.6.2 条

解析：在施工过程中，必须严格按照设计要求采购外墙保温材料，按设计的结构做法施工。建筑的外围护结构采用保温材料与两侧不燃性结构构成无空腔复合保温结构体时，该复合保温结构体的耐火极限不应低于所在外围护结构的耐火性能要求。当保温材料的燃烧性能为 B_1 级或 B_2 级时，保温材料两侧不燃性结构的厚度均不应小于 50mm。

问题 3：老年人照料设施的屋面保温系统采用了燃烧性能为 B_1 级的保温材料或制品，应采用燃烧性能为 A 级的保温材料或制品。

参考规范：《建筑防火通用规范》（GB 55037—2022）第 6.6.4 条

解析：老年人照料设施属于人员密集场所，且居住者多为行动不便的老年人，一旦发生火灾，火势的迅速蔓延将对老年人的生命安全构成极大威胁，规范要求独立建造的老年人照料设施，以及与其他功能的建筑组合建造且老年人照料设施部分的总建筑面积大于 $500m^2$ 的老年人照料设施，其内、外保温系统和屋面保温系统均应采用燃烧性能为 A 级的保温材料或制品。

问题 4：保温系统未采用不燃材料做防护层或防护层厚度不符合规范要求。

参考规范：《建筑防火通用规范》（GB 55037—2022）第 6.6.10 条，《建筑设计防火规范（2018 年版）》（GB 50016—2014）第 6.7.8 条、第 6.7.10 条。

解析：建筑的外墙外保温系统应采用不燃材料在其表面设置防护层，防护层应将保温材料完全包覆。建筑的屋面外保温系统，采用 B_1、B_2 级保温材料的外保温系统应采用不燃材料做防护层，防护层的厚度不应小于 10mm。当建筑的外墙外保温系统采用 B_1、B_2 级保温材料时，防护层厚度首层不应小于 15mm，其他层不应小于 5mm。建筑外墙内保温系统采用燃烧性能为 B_1 级的保温材料时，防护层的厚度不应小于 10mm。

问题 5：建筑高度大于 24m 的公共建筑、采用 B_1 级保温材料且建筑高度大于 27m 的住宅建筑，建筑外墙上门、窗采用普通门窗，耐火完整性低于 0.50h。

参考规范：《建筑设计防火规范（2018 年版）》（GB 50016—2014）第 6.7.7 条

解析：除采用 B_1 级保温材料且建筑高度不大于 24m 的公共建筑或采用 B_1 级保温材料且建筑高度不大于 27m 的住宅建筑外，当建筑的外墙外保温系统按本规范采用燃烧性能为 B_1、B_2 级的保温材料时，建筑外墙上门、窗的耐火完整性不应低于 0.50h。因此当高层建筑采用燃烧性能为 B_1、B_2 级的保温材料时，建设单位一定要关注建筑外墙上门、窗的耐火完整性，避免订错门窗。

问题 6：建筑外保温系统未按规范要求设置防火隔离带，或在设置防火隔离带时宽度不满足要求，隐蔽工程难以被发现。

参考规范：《建筑设计防火规范（2018 年版）》（GB 50016—2014）第 6.7.7 条、第 6.7.10 条

解析：当建筑的外墙外保温系统按本规范采用燃烧性能为 B_1、B_2 级的保温材料时，应在保温系统中每层设置水平防火隔离带。防火隔离带应采用燃烧性能为 A 级的材料，防火隔离带的高度不应小于 300mm。当建筑的屋面和外墙外保温系统均采用 B_1、B_2 级保温材料时，屋面与外墙之间应采用宽度不小于 500mm 的不燃材料设置防火隔离带进行分隔。如果建筑外保温系统未按规范要求设置防火隔离带，或者在设置防火隔离带时宽度不满足要求，将极大地增加火灾风险。特别是在高层建筑中，由于火势蔓延速度更快，对人员的生命安全构成更大威胁。此外，由于防火隔离带通常设置在隐蔽位置，如门窗洞口上部等，验收时难以检查，增加了隐患的隐蔽性。

问题 7：外墙外保温系统与基层墙体、装饰层之间的空腔，未能在每层楼板处采取防火分隔与封堵措施。

参考规范：《建筑防火通用规范》（GB 55037—2022）第 6.6.8 条

解析：为了防止火灾通过建筑外墙外保温空腔蔓延，规范要求在外墙外保温系统与基层墙体、装饰层之间的空腔，应在每层楼板处采取防火分隔与封堵措施，并确保在火灾发生时能够有效地阻止火势通过空腔内部迅速蔓延，尽可能为人员的疏散和救援争取宝贵时间。

问题 8：施工和设计变更管理不善，如建设单位在材料变更时未经过设计确认，也未履行相关变更手续；监理单位未对进场保温材料的燃烧性能进行检验；施工单位因施工工艺擅自更换保温材料，未履行相关变更手续；监理人员对隐蔽工程验收不到位，消防验收过程中对外墙保温材料的燃烧性能等关键指标检查不严格，未能及时发现和整改问题。

参考规范：《建设工程消防设计审查验收管理暂行规定》（住建部令〔2023〕第 58 号）第九条、第十一条、第二十六条

解析：建设、设计、施工单位不得擅自修改经审查合格的消防设计文件。确需修改的，建设单位应当依照本规定重新申请消防设计审查。建设单位不得明示或者暗示设计、施工、工程监理、技术服务等单位及其从业人员违反建设工程法律法规和国家工程建设消防技术标准，降低建设工程消防设计、施工质量。施工单位应当按照建设工程法律法规、国家工程建设消防技术标准，以及经消防设计审查合格或者满足工程需要的消防设计文件组织施工，不得擅自改变消防设计进行施工，降低消防施工质量。

3.9 建筑内部装修和二次装修

问题 1：特殊建设工程的建筑内部装修图纸未经审核，设计单位、设计人员无设计资质。

参考规范：《建设工程消防设计审查验收工作细则》第七条，《建筑内部装修防火施工及验收规范》（GB 50354—2005）第 2.0.1 条

解析：消防设计文件应当包含设计单位法定代表人、技术总负责人和项目总负责人的姓名及其签字或授权盖章，设计单位资质，设计人员的姓名及其专业技术能力信息。建筑内部装修工程防火施工（简称"装修施工"）应按照批准的施工图设计文件和本规范的有关规定进行。

问题 2：装修影响安全疏散，如由于装修装设栏杆造成楼梯疏散宽度不够；如由于装修、土建改动，疏散出口数量不够或疏散距离超标；由于精装包门套后，疏散门净宽度、净高度不满足设计要求。

参考规范：《建筑防火通用规范》（GB 55037—2022）第 6.5.1 条

解析：建筑内部装修不应擅自减少、改动、拆除、遮挡消防设施或器材及其标识、疏散指示标志、疏散出口、疏散走道或疏散横通道，不应擅自改变防火分区或防火分隔、防烟分区及其分隔，不应影响消防设施或器材的使用功能和正常操作。

为避免装修影响安全疏散的情况，需要在设计和施工过程中严格遵守相关规范，确保疏散宽度、疏散出口数量和疏散距离满足要求，并保持疏散门的净宽度和净高度符合设计标准。

首先，在装修设计阶段，应充分考虑安全疏散的需求。楼梯、疏散通道和疏散出口的设计应严格按照国家消防规范和建筑标准执行，确保疏散宽度足够，以满足紧急情况下人员的快速疏散。同时，应避免在楼梯等关键疏散路径上装设过多的栏杆或障碍物，以免影响疏散效率。

其次，在施工过程中，应严格按照设计图纸进行施工，不得随意改动土建结构和装修布局。如需进行改动，必须经过专业人员的评估和审批，并确保改动后的结构仍然满足安全疏散的要求。特别是疏散出口的数量和位置，以及疏散距离的计算，都应严格按照规范进行，不得有任何疏漏。此外，对于精装包门套等细节处理，也应注意保持疏散门的净宽度和净高度符合设计标准。在装修过程中，应加强监督和检查，确保疏散门尺寸和开启方向等满足疏散要求。

问题 3：建设单位盲目追求视觉效果，在疏散走道、疏散楼梯间及其前室的顶棚、墙面上大量使用影响人员安全疏散和消防救援的镜面反光材料，影响人员疏散。

参考规范：《建筑防火通用规范》（GB 55037—2022）第 6.5.2 条

解析：镜面反光材料在火灾等紧急情况下，会产生强烈的反光，干扰人员的视线，导致人员难以迅速识别疏散方向和安全出口。特别是在烟雾弥漫的环境中，反光材料可能加剧视线障碍，增加疏散难度，从而威胁人员的生命安全。规范要求，疏散出口的门，供消

防救援人员进出建筑的出入口的门、窗，消防专用通道、消防电梯前室或合用前室的顶棚、墙面和地面，不应使用影响人员安全疏散和消防救援的镜面反光材料。

问题 4：对建筑装修材料缺少质量把关，未按规定委托具备相应资质的检验单位进行见证取样检验。

参考规范：《建筑内部装修防火施工及验收规范》（GB 50354—2005）第 2.0.5 条

解析：装修材料进入施工现场后，应按本规范的有关规定，在监理单位或建设单位监督下，由施工单位有关人员现场取样，并应由具备相应资质的检验单位进行见证取样检验。

问题 5：地下汽车库地面使用的环氧地坪漆，缺少对施工过程和喷涂厚度的监管，湿涂覆比超过 1.5kg/m²、涂层干膜厚度大于 1.0mm，不能作为 B_1 级装修材料使用。

参考规范：《建筑内部装修设计防火规范》（GB 50222—2017）第 3.0.6 条、表 5.3.1

解析：地下汽车库、修车库地面装修材料的燃烧性能等级不应低于 B_1 级。施涂于 A 级基材上，湿涂覆比小于 1.5kg/m²，且涂层干膜厚度不大于 1.0mm 的有机装修涂料，可作为 B_1 级装修材料使用。环氧地坪漆的燃烧性能等级往往为 B_2 级，若湿涂覆比超过 1.5kg/m²、涂层干膜厚度大于 1.0mm，无法作为 B_1 级装修材料使用。

问题 6：中庭、自动扶梯等上下层相连通区域的墙面未采用 A 级装修材料，现场常见采用 B_1 级的装修材料。

参考规范：《建筑内部装修设计防火规范》（GB 50222—2017）第 4.0.6 条

解析：建筑物内设有上下层相连通的中庭、走马廊、开敞楼梯、自动扶梯时，其连通部位的顶棚、墙面应采用 A 级装修材料，其他部位应采用不低于 B_1 级的装修材料。

问题 7：厨房的顶棚、墙面未按照设计图纸要求采用 A 级装修材料，常见既有建筑改造时厨房吊顶、墙面采用 PVC。

参考规范：《建筑内部装修设计防火规范》（GB 50222—2017）第 4.0.11 条

解析：建筑物内的厨房，其顶棚、墙面、地面均应采用 A 级装修材料。

问题 8：民用建筑疏散楼梯间和前室的顶棚、墙面和地面及地下民用建筑的疏散走道的顶棚、墙面和地面，未按设计采用 A 级装修材料，常见宾馆、餐饮、综合楼等建筑的疏散走道、前室墙体贴壁纸、软包，地面铺地毯。

参考规范：《建筑防火通用规范》（GB 55037—2022）第 6.5.3 条，《建筑内部装修设计防火规范》（GB 50222—2017）第 4.0.4 条。

解析：疏散楼梯间和前室的顶棚、墙面和地面均应采用 A 级装修材料；地上建筑的水平疏散走道和安全出口的门厅，其顶棚应采用 A 级装修材料，其他部位应采用不低于 B_1 级的装修材料；地下民用建筑的疏散走道和安全出口的门厅，其顶棚、墙面和地面均应采用 A 级装修材料。避难走道、避难间或避难层、疏散楼梯间及其前室、消防电梯前室、疏散走道是在建筑发生火灾时供人员疏散和避难、消防救援人员进出火场和修整与避险的重要区域，应严格控制其中的火灾荷载。

问题 9：甲、乙类厂房、仓库的地面喷涂环氧地坪漆，不满足规范要求。

参考规范：《建筑防火通用规范》（GB 55037—2022）第 6.5.7 条

解析：甲、乙类生产场所，甲、乙类仓库，丙类高架仓库，丙类高层仓库等场所的顶棚、墙面、地面和隔断内部装修材料的燃烧性能均应为 A 级。环氧地坪漆的燃烧性能等级往往为 B_2 级，无论如何施工，都难以满足 A 级不燃材料的要求。

问题 10：歌舞娱乐场所、餐饮建筑、剧本杀、密室逃脱等场所内的无窗房间，大量采用软包材料装修，装修材料的燃烧性能等级未按要求提高一级。

参考规范：《建筑内部装修设计防火规范》（GB 50222—2017）第 4.0.8 条

解析：无窗房间发生火灾时有几个特点：火灾初起阶段不易被发觉，发现起火时，火势往往已经较大；室内的烟雾和毒气不能及时排出；消防人员进行火情侦察和施救比较困难。因此，无窗房间室内装修的要求强制性提高一级。歌舞娱乐场所、餐饮建筑、剧本杀、密室逃脱等场所通常人员密集，且由于无窗房间的空气流通性差，一旦发生火灾，烟雾和有毒气体将迅速积聚，对人员疏散和逃生构成极大威胁。软包材料由于其易燃性和燃烧时可能释放有毒气体的特性，会加剧火灾的蔓延和危害程度。

问题 11：未按图纸施工，设计安装在金属龙骨上燃烧性能达到 B_1 级的纸面石膏板、矿棉吸声板，现场采用木龙骨不能作为 A 级装修材料使用。

参考规范：《建筑内部装修设计防火规范》（GB 50222—2017）第 3.0.4 条

解析：安装在金属龙骨上燃烧性能达到 B_1 级的纸面石膏板、矿棉吸声板，可作为 A 级装修材料使用，应严格按图施工。

问题 12：消火栓箱门装修后影响消火栓箱门开启角度；或消火栓箱门被装饰物遮掩，消火栓箱门的颜色与墙面颜色无明显区别，未在消火栓箱门表面设置发光标志。

参考规范：《建筑内部装修设计防火规范》（GB 50222—2017）第 4.0.2 条

解析：建筑内部消火栓箱门不应被装饰物遮掩，消火栓箱门四周的装修材料颜色应与消火栓箱门的颜色有明显区别或在消火栓箱门表面设置发光标志。

问题 13：吊顶形式发生改变或通透率改变，常见原设计为封闭式吊顶，现场安装格栅吊顶，仅在格栅吊顶下部安装喷头；或喷头设置在吊顶上方，未考虑增加喷水强度，未考虑火灾报警系统、防排烟系统的影响。

参考规范：《自动喷水灭火系统设计规范》（GB 50084—2017）第 5.0.13 条、第 7.1.13 条，参照《自动喷水灭火系统设计》（19S910），《火灾自动报警系统设计规范》（GB 50116—2013）第 6.2.18 条

解析：装设网格、栅板类通透性吊顶的场所，系统的喷水强度应按规范规定值的 1.3 倍确定；当通透面积占吊顶总面积的比例大于 70% 时，喷头应设置在吊顶上方；当比例小于等于 70% 时，吊顶内和下方均布置喷头。感烟火灾探测器在格栅吊顶场所，镂空面积与总面积的比例不大于 15% 时，探测器应设置在吊顶下方；镂空面积与总面积的比例大于 30% 时，探测器应设置在吊顶上方。当吊顶形式发生改变或通透率改变，如由原设计的封闭式吊顶变为现场安装的格栅吊顶时，应考虑消防设施在火灾探测、自动喷水灭火

系统以及防排烟系统等方面的变化。

问题 14：中庭等高大净空空间吊顶形式发生改变影响净空高度，常见原设计为封闭式吊顶净空高度不超 8.0m，采用流量系数 $K=80$ 洒水喷头；验收现场安装格栅吊顶，8m＜净空高度 $h⩽12m$，未按规范要求采用流量系数 $K=115$ 的洒水喷头。

参考规范：《自动喷水灭火系统设计规范》（GB 50084—2017）表 6.1.1

解析：当吊顶形式由封闭式变为格栅吊顶时，不仅对建筑防火产生影响，同时应考虑对消防设施的影响，如防排烟、火灾报警系统、喷淋系统的影响。当净空高度超过原设计范围（8.0m 以内）达到 8m＜净空高度 $h⩽12m$ 时，必须按照消防规范要求采用流量系数 $K=115$ 的洒水喷头。

问题 15：建筑装修材料选用不当，特别是吊顶及墙面材料耐火极限不满足设计要求，多数厂家弄虚作假，提供虚假报告，缺少材料见证取样检验，难以保证装修材料的燃烧性能。

参考规范：《建筑内部装修防火施工及验收规范》（GB 50354—2005）第 2.0.4 条、第 2.0.5 条

解析：进入施工现场的装修材料应完好，并应核查其燃烧性或耐火极限、防火性能型式检验报告、合格证书等技术文件是否符合防火设计要求。装修材料进入施工现场后，应在监理单位或建设单位监督下，由施工单位有关人员现场取样，并应由具备相应资质的检验单位进行见证取样检验。

问题 16：通透吊顶形式未按图施工，原设计为格栅吊顶现场安装封闭吊顶后，排烟口被遮挡或被封闭在吊顶内，影响机械排烟系统的工作；格栅吊顶改为封闭吊顶后，房间净高度发生改变，储烟仓厚度、最小清晰高度均发生变化，现场自然排烟窗安装高度未进行调整。

参考规范：《建筑防烟排烟系统技术标准》（GB 51251—2017）第 4.6.2 条、第 4.2.2 条、第 4.6.9 条

解析：通透吊顶形式未按图施工，将原设计的格栅吊顶改为封闭吊顶后，会严重影响排烟系统的排烟效率和效果，还会影响挡烟垂壁的高度、最小清晰高度、影响排烟口、排烟窗的设置高度等。因此，在建筑施工和改造过程中，必须严格按照设计图纸进行施工。若确实需要更改吊顶形式，必须重新评估排烟系统的设计和布局，以确保在火灾发生时能够迅速有效地排出烟雾。

问题 17：装修施工过程中装修方案随意变更，防火设计变更未经原设计单位或具有相应资质的设计单位按变更程序进行设计、审查。

参考规范：《建设工程消防设计审查验收管理暂行规定》（住建部令〔2023〕第 58 号）第二十六条

解析：建设、设计、施工单位不得擅自修改经审查合格的消防设计文件。确需修改的文件，建设单位应当依照本规定重新申请消防设计审查。

问题 18：正压送风口、排烟口装修后出现风口与装修面层内漏风现象，或排烟口、

加压送风口被遮挡、操作机构被拆除或影响使用。

参考规范：《建筑防火通用规范》(GB 55037—2022) 第 6.5.1 条

解析： 建筑内部装修不应擅自减少、改动、拆除、遮挡消防设施或器材及其标识、疏散指示标志、疏散出口、疏散走道或疏散横通道，不应擅自改变防火分区或防火分隔、防烟分区及其分隔，不应影响消防设施或器材的使用功能和正常操作。

在装修过程中，若正压送风口、排烟口与装修面层之间的密封处理不当，容易出现漏风现象。会降低送风、排烟的效率。若排烟口、加压送风口被装修材料遮挡，或者其操作机构被拆除或影响使用，将导致在火灾发生时无法迅速有效启动排烟、送风系统，从而影响人员的疏散和消防救援。为避免这种情况发生，在装修设计和施工过程中，应充分考虑消防设施的正常使用和维护需求，确保消防设施能够方便、快捷地操作。

问题 19： 装修时未对消防设施进行保护，喷头被装修的材料污染，探测器被污染，影响消防设施的性能。

参考规范：《建筑防火通用规范》(GB 55037—2022) 第 6.5.1 条

解析： 在装修过程中，如果未对消防设施进行妥善保护，消防喷淋头可能会被装修材料中的涂料、灰尘等污染物覆盖，会堵塞喷头，导致在火灾发生时喷水不畅或无法喷水。

同样，火灾探测器作为火灾预警的重要设备，装修过程中产生的污染物，如尘埃、油漆颗粒等可能会附着在探测器的感应元件上，降低其灵敏度甚至使其失效。这将导致探测器无法及时探测火灾信号，延误火灾的报警和扑救时机。

问题 20： 装修改变了原有的防火分区、防烟分区，如拆除用作防火分隔的防火卷帘，防火墙位置随意变更，甲级防火门被换成豪华装修门等，导致防火分区过大，消防设施未依据防火分区的变动及时调整。

参考规范：《建筑防火通用规范》(GB 55037—2022) 第 6.5.1 条，《建设工程消防设计审查验收管理暂行规定》(住建部令〔2023〕第 58 号) 第二十六条

解析： 建设、设计、施工单位不得擅自修改经审查合格的消防设计文件。确需修改的文件，建设单位应当依照本规定重新申请消防设计审查。

4 灭 火 设 施

4.1 消防供水系统

问题 1：消防水池和高位消防水箱未设置就地水位显示装置，消防控制室未设置显示消防水池、水箱水位的装置。

参考规范：《消防设施通用规范》（GB 55036—2022）第 3.0.8 条，《消防给水及消火栓系统技术规范》（GB 50974—2014）第 5.2.6 条

解析：消防水池的水位应能就地和在消防控制室显示，消防水池应设置高、低水位报警装置，高位消防水箱的有效容积、出水、排水和水位等。

问题 2：消防水泵吸水管采用同心异径管或未采用管顶平接，影响水泵的正常运行。

参考规范：《消防给水及消火栓系统技术规范》（GB 50974—2014）第 12.3.2 条

解析：吸水管水平管段上不应有气囊和漏气现象。变径连接时，其应采用偏心异径管件并应采用管顶平接。若采用同心异径管，可能会在水平管段上形成气囊，影响水泵的正常运行和消防系统的整体效能。

问题 3：消防水泵房内的水管跨越水泵控制柜上方，未采取保护措施，存在控制柜进水的安全隐患。

参考规范：《消防给水及消火栓系统技术规范》（GB 50974—2014）第 5.5.5 条

解析：消防水泵房内的架空水管道，不应阻碍通道和跨越电气设备，当必须跨越时，其应采取保证通道畅通和保护电气设备的措施。

问题 4：水锤消除器未安装在出水总管上；当消防水泵供水高度超过 24m 时，未设置水锤消除器。

参考规范：《消防给水及消火栓系统技术规范》（GB 50974—2014）第 5.5.11 条、第 8.3.3 条

解析：当消防水泵供水高度超过 24m 时，消防水泵出水管上应采用水锤消除器。当消防水泵出水管上设有囊式气压水罐时，可不设水锤消除设施。停泵水锤消除装置应装设在消防水泵出水总管上，以及消防给水系统管网其他适当的位置。

问题 5：立式多级泵出水管中心线较高，下部的水无法满足自灌式吸水的要求。

参考规范：《消防设施通用规范》（GB 55036—2022）第 3.0.11 条

解析：消防水泵应采取自灌式吸水。从市政给水管网直接吸水的消防水泵，在其出水管上应设置有空气隔断的倒流防止器。对于卧式离心泵为了满足自灌式吸水的要求，消防

水池的水位应高于泵壳顶部放气孔；对于立式消防水泵，消防水池满足自灌式启泵的最低水位应高于水泵出水管中心线。如果水位过低，泵可能无法吸入足够的水，导致泵的运行不稳定或无法启动。

❓ 问题 6：消防水泵出水管上性能测试管路管径太细，无法满足测试 150％ 流量时压力的要求。

参考规范：《消防给水及消火栓系统技术规范》（GB 50974—2014）第 5.1.11 条、第 5.1.6 条，《消防专用水泵选用及安装（一）》（19S204-1）总说明表 10

解析：消防水泵出水管上应设置测试消防水泵性能的管道和流量计；当多台消防水泵共用测试管时，其管径宜按照最大 1 台消防水泵 150％ 额定流量进行配置。当消防水泵出流量为设计流量的 150％ 时，水泵出口压力不应低于设计工作压力的 65％。

❓ 问题 7：减压阀组组件不全，现场常见漏装安全阀、流量检测测试接口或流量计。

参考规范：《消防给水及消火栓系统技术规范》（GB 50974—2014）第 8.3.4 条、第 6.2.4 条

解析：减压阀后应设置安全阀，安全阀的开启压力应能满足系统安全，且不应影响系统的供水安全性。减压阀应设置流量检测测试接口或流量计，安全阀是减压阀组中至关重要的组件，能够在系统压力超过设定值时自动开启，释放多余的压力，从而保护管道和设备免受损坏。如果缺少安全阀，系统压力可能超过管道和设备的承受极限，引发严重的安全事故。缺少流量检测测试接口或流量计，无法对减压阀功能进行测试。

❓ 问题 8：分区供水时，减压阀组未设置备用减压阀组。

参考规范：《消防给水及消火栓系统技术规范》（GB 50974—2014）第 6.2.4 条

解析：采用减压阀减压分区供水时每一供水分区应设不少于 2 组减压阀组，每组减压阀组宜设置备用减压阀。

❓ 问题 9：个别项目减压阀接入点错误，在报警阀组后接入，导致报警阀打开前无法实现减压功能，其连接 2 个及以上报警阀组时，未设置备用减压阀。

参考规范：《消防给水及消火栓系统技术规范》（GB 50974—2014）第 8.3.4 条、第 6.2.4 条

解析：减压阀应设置在报警阀组入口前，当连接 2 个及以上报警阀组时，应设置备用减压阀。减压阀的正确接入点应在报警阀组前，以确保报警阀打开前系统压力已经得到适当调节。如果减压阀被错误地安装在报警阀组后，那么当系统压力升高到触发报警阀的程度时，减压阀将无法起到减压作用，对管道和设备造成损坏。在连接 2 个及以上报警阀组的情况下，应设置备用减压阀。备用减压阀可以在主减压阀出现故障或需要维护时，确保系统压力仍然能够得到有效控制。

❓ 问题 10：消防水泵出水管未按照设计要求设置超压泄压阀，或超压泄压阀未按设计数值调试。

参考规范：《消防给水及消火栓系统技术规范》（GB 50974—2014）第 5.1.16 条，《消防给水及消火栓系统技术规范》图示（15S909）

解析：临时高压消防给水系统应采取防止消防水泵低流量空转过热的技术措施。防止消防水泵低流量空转过热的技术措施可采用超压泄压阀、旁通管等技术措施。超压泄压阀的泄压值不应小于设计扬程的120%。当给水管网存在短时超压工况时，如果未设置超压泄压阀，或泄压阀未按设计数值调试，将可能导致系统管网超压，进而引发管道破裂、设备损坏等严重后果，影响消防系统的正常使用。

问题11：水泵接合器数量与设计不一致；水泵接合器型号与设计不一致，设计一般设计为地上式水泵接合器或地下式水泵接合器，现场常见多功能式水泵接合器。

参考规范：《消防给水及消火栓系统技术规范》（GB 50974—2014）第13.2.14条

解析：消防水泵接合器数量及进水管位置应符合设计要求，消防水泵接合器应采用消防车车载消防水泵进行充水试验，且供水最不利点的压力、流量应符合设计要求；当有分区供水时应确定消防车的最大供水高度和接力泵的设置位置的合理性。

问题12：设置位置不合理，距室外消火栓或消防水池的距离大于40m；或地下式水泵接合器设置在绿化带中被灌木遮挡后，影响火灾时使用。

参考规范：《消防给水及消火栓系统技术规范》（GB 50974—2014）第5.4.7条、第5.4.9条

解析：水泵接合器应设在室外便于消防车使用的地点，且距室外消火栓或消防水池的距离不宜小于15m，并不宜大于40m。水泵接合器处应设置永久性标志铭牌，并应标明供水系统、供水范围和额定压力。

问题13：集中设置，在消火栓系统或喷淋系统图中，一般会集中画出水泵接合器数量，施工人员未按照外管网图纸布置水泵接合器，而是按照系统图将多个水泵接合器集中放置在一处，不便于火灾时消防车使用。

参考规范：《消防给水及消火栓系统技术规范》（GB 50974—2014）第5.4.4条

解析：临时高压消防给水系统向多栋建筑供水时，消防水泵接合器应在每座建筑附近就近设置。水泵接合器应设在室外便于消防车使用的地点，且应考虑消防车接近和使用的便利性。因此，在设计和布置水泵接合器时，应避免将其集中放置在一处，而应分散布置在室外便于消防车接近和使用的多个地点。

问题14：原设计墙壁式水泵接合器，后期幕墙二次设计增加玻璃幕墙，现场验收时将墙壁式水泵接合器设置在玻璃幕墙下。

参考规范：《消防给水及消火栓系统技术规范》（GB 50974—2014）第5.4.8条

解析：墙壁消防水泵接合器的安装高度距地面宜为0.70m；与墙面上的门、窗、孔、洞的净距离不应小于2.0m，且不应安装在玻璃幕墙下方；玻璃幕墙在火灾等极端情况下有可能破碎，破碎的玻璃可能对接近水泵接合器的消防人员构成安全威胁。

问题15：喷淋系统的水泵接合器未接入报警阀前环状管网，接在报警阀后，报警阀关闭状态时水泵接合器无法给环状管网供水。

参考规范：《自动喷水灭火系统设计规范》（GB 50084—2017）第4.2.2条至第4.2.6条

解析：如果水泵接合器接在报警阀后，在报警阀关闭状态下，水泵接合器将无法给环状管网供水。

问题 16：竖向分区供水时，未按照分区供水分别设置水泵接合器。
参考规范：《消防给水及消火栓系统技术规范》（GB 50974—2014）第 5.4.6 条
解析：消防给水为竖向分区供水时，在消防车供水压力范围内的分区，应分别设置水泵接合器；如果未按照分区供水分别设置水泵接合器，消防车在面对不同高度的火灾时，可能无法直接、有效地向对应的分区供水。在紧急情况下，不能迅速、准确地向火灾区域供水可能会延误灭火时机，增加火灾造成的损失。

问题 17：地下式水泵接合器进水口与井盖底面的距离超过 0.4m，不便于操作。
参考规范：《消防给水及消火栓系统技术规范》（GB 50974—2014）第 5.4.8 条
解析：地下消防水泵接合器的安装，应使进水口与井盖底面的距离不大于 0.4m，且不应小于井盖的半径。

问题 18：水泵接合器组件不全，常见多功能式水泵接合器缺少止回阀。
参考规范：《消防给水及消火栓系统技术规范》（GB 50974—2014）第 12.3.6 条
解析：消防水泵接合器的安装，应按接口、本体、连接管、止回阀、安全阀、放空管、控制阀的顺序进行，止回阀的安装方向应使消防用水能从消防水泵接合器进入系统，整体式消防水泵接合器的安装，应按其使用安装说明书进行。

问题 19：水泵接合器处未设置永久性标志铭牌，或标注信息不全，未标明供水系统、供水范围和额定压力。
参考规范：《消防给水及消火栓系统技术规范》（GB 50974—2014）第 5.4.9 条
解析：水泵接合器处应设置永久性标志铭牌，并应标明供水系统、供水范围和额定压力。如果水泵接合器没有设置永久性标志铭牌，消防人员需要花时间来判定水泵接合器系统、压力，会延误灭火时机。

问题 20：地下消防水泵接合器井未设置防水和排水措施。
参考规范：《消防给水及消火栓系统技术规范》（GB 50974—2014）第 12.3.6 条
解析：地下消防水泵接合器井的砌筑应有防水和排水措施。

问题 21：消防水泵控制柜双电源未能全部送电，双电源自动切换测试不成功。
参考规范：《消防给水及消火栓系统技术规范》（GB 50974—2014）第 11.0.17 条、第 13.2.6 条
解析：消防水泵控制柜双路电源自动切换时间不应大于 2s；当一路电源与内燃机动力的切换时间不应大于 15s。关掉主电源，主、备电源应能正常切换。

问题 22：验收时，模拟主泵故障，备用泵不能自动投入。
参考规范：《消防给水及消火栓系统技术规范》（GB 50974—2014）第 13.2.6 条
解析：打开消防水泵出水管上试水阀，当采用主电源启动消防水泵时，消防水泵应启动正常；关掉主电源，主、备电源应能正常切换；备用泵启动和相互切换正常；消防水泵

就地和远程启停功能应正常。

问题 23：自动启泵后，启泵信号（消防水泵出水干管上设置的压力开关、高位消防水箱出水管上的流量开关、报警阀压力开关等开关信号）消失后，出现自动停泵，未设置电气自保持（自锁）功能。

参考规范：《消防给水及消火栓系统技术规范》（GB 50974—2014）第 11.0.2 条

解析：消防水泵不应设置自动停泵的控制功能，停泵应由具有管理权限的工作人员根据火灾扑救情况确定。

问题 24：消防主泵启动后，稳压泵未能停止运行。

参考规范：《消防给水及消火栓系统技术规范》（GB 50974—2014）第 13.1.5 条

解析：当消防主泵启动时，稳压泵应停止运行。稳压泵的主要作用是在非火灾状态下维持消防管网中的稳定压力，确保管网中的水压处于设定的范围内。当消防主泵启动时，意味着火灾已经发生，此时需要消防主泵提供大量的水源进行灭火。如果稳压泵继续运行，可能会与消防主泵产生水流冲突，干扰消防主泵的正常工作，甚至可能导致水压不稳定，影响灭火效果。

问题 25：机械应急启泵装置设置错误，验收时机械应急启泵测试，控制回路完好时机械应急启泵功能正常，模拟控制回路故障，机械应急无法启泵，不能保证在控制柜内的控制线路发生故障时由有管理权限的人员在紧急时启动消防水泵，背离设置的初衷。

参考规范：《消防给水及消火栓系统技术规范》（GB 50974—2014）第 11.0.12 条

解析：消防水泵控制柜应设置机械应急启泵功能，并应保证在控制柜内的控制线路发生故障时由有管理权限的人员在紧急时启动消防水泵。机械应急启动时，应确保消防水泵在报警后 5.0min 内正常工作。

问题 26：是否设置巡检柜，存在较大争议；个别项目设置巡检柜后，每台泵巡检时间不满足 2min；测试巡检柜功能，有启泵信号时，巡检柜未能立即退出巡检进入工作状态。

参考规范：《消防给水及消火栓系统技术规范》（GB 50974—2014）第 11.0.16 条

解析：消防水泵通常需要设置巡检柜。消防巡检柜，又称"消防智能数字巡检装置"，该装置可以按设定的周期对消防水泵进行巡查，主要起到防止消防水泵锈蚀、受潮、水泵动作不正常等故障的作用。《民用建筑电气设计标准》（GB 51348—2019）指出，民用建筑内的消防水泵不宜设置自动巡检装置，引导消防系统设计更加经济、合理和高效。对于未设置自动巡检装置的消防水泵系统，应严格按照规范要求进行人工巡检和维护保养工作，通过定期的检查和测试，确保消防水泵在紧急情况下能够迅速启动并有效运行。民用建筑根据需要设置巡检柜，工业建筑应设置巡检柜。消防水泵自动巡检时每台消防水泵低速转动的时间不应少于 2min。当有启泵信号时，应立即退出巡检，进入工作状态。

问题 27：消防水泵电机功率与设计不一致，个别厂家打着节能电机、优化设计的旗号，随意变更、降低电机功率，导致"小马拉大车"，现场实测无法满足消防水泵压力。

参考规范：《建设工程消防设计审查验收管理暂行规定》（住建部令〔2023〕第 58 号）

第二十六条,《消防给水及消火栓系统技术规范》(GB 50974—2014)第13.2.6条

解析:消防水泵的规格、型号、数量,应符合设计要求。建设、设计、施工单位不得擅自修改经审查合格的消防设计文件。确需修改的,建设单位应当依照本规定重新申请消防设计审查。

问题28:消防水泵出水管上压力表的量程不正确,最大量程低于设计工作压力的2倍。

参考规范:《消防给水及消火栓系统技术规范》(GB 50974—2014)第5.1.17条

解析:消防水泵吸水管和出水管上应设置压力表,消防水泵出水管压力表的最大量程不应低于其设计工作压力的2倍,且不应低于1.60MPa。

4.2 消火栓系统

问题1:室外消火栓距路边大于2.0m,被墙体或绿化遮挡,不便于取用。

参考规范:《建筑防火通用规范》(GB 55037—2022)第12.0.1条,《消防给水及消火栓系统技术规范》(GB 50974—2014)第7.2.6条

解析:为保证消防车能够迅速接近并连接消防栓,减少取水时间,提高灭火效率,室外消火栓距路边不宜小于0.5m,不应大于2m。市政消火栓、室外消火栓、消防水泵接合器等室外消防设施周围应设置防止机动车辆撞击的设施。消火栓、消防水泵接合器两侧沿道路方向各5m范围内禁止停放机动车,并应在明显位置设置警示标志。

问题2:室外消火栓型号与设计不一致,常见错误:设计地上式消火栓,建设单位考虑影响通行,改成地下式消火栓。

解析:建设单位应严格按照设计要求,确保消火栓的型号、位置和数量都符合设计要求。当设计地上式消火栓时,不应擅自改为地下式消火栓。因为这样改动可能会影响消火栓的使用效果和灭火效率。例如,地下式消火栓在打开井盖和连接水管的过程中可能会消耗更多的时间和人力,从而延误灭火时机。如果地下式消火栓的井盖被杂物覆盖或锁闭,还可能导致消防人员无法及时找到和使用消火栓,进一步加剧火势的蔓延。

问题3:地下式消火栓顶部进水口或顶部出水口与消防井盖底面的距离大于0.4m。地下式消火栓未设置明显的永久性标志。

参考规范:《消防给水及消火栓系统技术规范》(GB 50974—2014)第7.2.11条

解析:地下式市政消火栓应有明显的永久性标志。为确保消防员在紧急情况下能够迅速打开井盖并连接到消火栓,有效地进行灭火操作,地下式消火栓顶部进水口或顶部出水口应正对井口。顶部进水口或顶部出水口与消防井盖底面的距离不应大于0.4m,井内应有足够的操作空间,并应做好防水措施。

问题4:设计室外管网两路进水,验收时只有一路进水,未能形成真正的环状管网。

参考规范:《消防给水及消火栓系统技术规范》(GB 50974—2014)第8.1.2条

解析:室外消防给水采用两路消防供水时,应布置成环状管网,以确保在紧急情况下

能够提供稳定、可靠的消防水源。环状管网的设计可以使得在一条供水路径出现故障或维修时，另一条供水路径仍然能够正常供水，从而保障消火栓的正常使用，降低火灾风险。如果在验收时发现只有一路进水，未能形成真正的环状管网，那么这将严重影响消防系统的可靠性和安全性。因为一旦这条唯一的供水路径出现故障或维修，消火栓将无法正常使用，从而增加了火灾的扑救难度和风险。

问题 5：室外消防给水管道采用阀门分成若干独立段，阀门井设置数量与设计不一致，导致每段内室外消火栓的数量超过 5 个。

参考规范：《消防给水及消火栓系统技术规范》（GB 50974—2014）第 8.1.4 条

解析：室外消防给水管道应采用阀门分成若干独立段，每段内室外消火栓的数量不宜超过 5 个。如果阀门井的设置数量与设计不一致，可能导致每段内室外消火栓的数量超过规定的 5 个，会影响消防用水的可靠性和安全性。一旦某段管道出现故障或需要维修，关闭该段阀门可能会影响更多的消火栓。

问题 6：设计人员只明确了室内消火栓系统入口压力，设计采用减压稳压型消火栓的范围，但是未给出具体的减压稳压类别。如现场验收时入口压力超过 0.8MPa，采用 SNW65-Ⅰ型消火栓，入口压力超过该型号允许承受的压力范围；设计人员应明确具体型号。

参考规范：《消防给水及消火栓系统技术规范》（GB 50974—2014）第 7.4.12 条，《室内消火栓》（GB 3445—2018）表 4

解析：减压稳压型消火栓的减压类别对应的进口压力、出口压力不同，分为Ⅰ、Ⅱ、Ⅲ型。消火栓栓口的动压不应大于 0.50MPa，当大于 0.70MPa 时必须设置减压装置。一般采用减压阀、减压稳压消火栓、减压孔板等。在实际设计中，设计人员只明确了室内消火栓系统入口压力和采用减压稳压型消火栓的范围，却未给出具体的减压稳压型号，可能导致在现场验收时，出现入口压力超过所选消火栓型号允许承受的压力范围的情况，如采用 SNW65-Ⅰ型消火栓时，入口压力超过其允许范围，从而影响消火栓的正常使用。因此，设计人员在设计减压稳压型消火栓系统时，应明确具体的减压稳压型号。

问题 7：避难间设计的软管卷盘，验收时避难间漏设软管卷盘。

参考规范：《建筑防火通用规范》（GB 55037—2022）第 7.1.16 条

解析：为了确保避难间内的人员在火灾初期能够采取有效的自救措施，规范中明确要求避难间内应设置消防软管卷盘。消防软管卷盘具有操作简便、灭火效率高的特点，非专业人员也能迅速上手使用。在火灾初期，避难间内的人员可以利用消防软管卷盘进行自救，控制火势蔓延，为消防救援争取官员宝贵时间。

问题 8：老年人照料设施内，人员密集场所漏设软管卷盘。

参考规范：《建筑设计防火规范（2018 年版）》（GB 50016—2014）第 8.2.4 条

解析：在老年人照料设施内，由于居住者多为行动不便的老年人，一旦发生火灾，他们的逃生能力相对较弱。设置消防软管卷盘可以让他们或工作人员在火灾初期迅速利用软管卷盘进行扑救，控制火势蔓延，为消防救援争取宝贵时间。对于人员密集场所，如超市、商场、影院等，由于人员流动性大，火灾风险相对较高。在这些场所设置软管卷盘，可以让非专业人员（如顾客、员工等）在火灾初期迅速利用软管卷盘进行扑救，减少火势蔓延的时间，降低火灾造成的损失。

问题 9：选用的软管卷盘额定工作压力不能满足系统入口压力的需求，如本建筑室内消火栓系统入口压力 1.05MPa，采用减压稳压型消火栓和 JPS0.8-19/25 型软管卷盘，0.8 型软管卷盘的额定工作压力为 0.8MPa，不能承受系统入口压力的需求。

参考规范：《消防软管卷盘》（GB 15090—2005）表 1

解析：为确保消防安全，必须选择额定工作压力与系统入口压力相匹配的软管卷盘。如果系统入口压力较高，应选用能够承受相应压力的软管卷盘型号，以确保在紧急情况下能够正常使用，从而达到迅速、有效地进行初期火灾扑救的目的。

问题 10：消火栓栓口安装高度过高，距地超过 1.1m，取用不方便。

参考规范：《消防给水及消火栓系统技术规范》（GB 50974—2014）第 7.4.8 条

解析：建筑室内消火栓栓口的安装高度应便于消防水龙带的连接和使用，其距地面高度宜为 1.1m；其出水方向应便于消防水带的敷设，并宜与设置消火栓的墙面成 90°角或向下。如果消火栓栓口安装高度过高，人员在紧急情况下可能难以迅速取用，从而延误灭火时机。

问题 11：暗装的消火栓箱破坏隔墙的耐火性能，未采取补偿措施，个别项目暗装消火栓箱体厚度超过隔墙本身的厚度，直接贯穿隔墙，墙体应采取耐火极限补偿措施，如加厚墙体或者增设防火板等。

参考规范：《消防给水及消火栓系统技术规范》（GB 50974—2014）第 12.3.10 条

解析：暗装的消火栓箱不应破坏隔墙的耐火性能；当暗装消火栓箱体的厚度超过隔墙本身的厚度，甚至直接贯穿隔墙时，会严重影响墙体的耐火极限。为了解决这个问题，必须采取耐火极限补偿措施。一种方法是加厚墙体，通过增加墙体的厚度来提高其耐火性能；另一种方法是增设防火板等防火保护措施，在消火栓箱体后侧或周围包覆防火材料。

问题 12：建筑内部装修对室内消火栓的影响，一是消火栓箱门开启角度不足 120°；二是装修后消火栓箱门四周的装修材料颜色与消火栓箱门的颜色无明显区别，且未在消火栓箱门表面设置发光标志。

参考规范：《建筑内部装修设计防火规范》（GB 50222—2017）第 4.0.2 条

解析：建筑内部消火栓箱门不应被装饰物遮掩，消火栓箱门四周的装修材料颜色应与消火栓箱门的颜色有明显区别或在消火栓箱门表面设置发光标志。

问题 13：试验消火栓未设置压力表。

参考规范：《消防给水及消火栓系统技术规范》（GB 50974—2014）第 7.4.9 条

解析：设有室内消火栓的建筑应设置带有压力表的试验消火栓。

问题 14：设备夹层设计的室内消火栓，现场未施工。

参考规范：《消防设施通用规范》（GB 55036—2022）第 3.0.5 条

解析：在设置室内消火栓的场所内，包括设备层在内的各层均应设置消火栓；设备夹层是建筑物中用来放置维护、管理设备的区域。这些设备可能会因为机械故障、电器故障而产生火灾。因此，设备夹层本身需要进行火灾防护。一旦火灾发生，设备夹层内的消火栓可以迅速提供灭火所需的水源，控制火势蔓延，为消防人员扑救火灾提供便利，从而保障整个建筑物的消防安全。

问题 15：中小学校的消火栓箱，设计注明不应采用玻璃门，现场设置的消火栓箱采用玻璃门，玻璃发生破裂时，容易使学生受到伤害。

参考规范：《中小学校设计规范》（GB 50099—2011）第 10.2.7 条

解析：中小学校的室内消火栓箱不宜采用普通玻璃门，主要是因为玻璃门在发生破裂时容易使学生受到伤害。

问题 16：干式消火栓系统，消火栓按钮不能直接打开电磁阀、电动阀等快速启闭装置，部分项目 2 个消火栓按钮通过消防联动控制器打开电磁阀、电动阀，影响干式消火栓系统的安全性、可靠性。

参考规范：《消防给水及消火栓系统技术规范》（GB 50974—2014）第 7.1.6 条

解析：干式消火栓系统采用雨淋阀、电磁阀和电动阀时，在消火栓箱处应设置直接开启快速启闭装置的手动按钮。1 个消火栓按钮应直接快速打开电磁阀、电动阀等快速启闭装置。

问题 17：干式消火栓系统在系统管道的最高处未设置快速排气阀，现场安装的自动排气阀，排气速度慢，充水时间大于 5min。

参考规范：《消防给水及消火栓系统技术规范》（GB 50974—2014）第 7.1.6 条

解析：快速排气阀通常用于需要快速、大量排出管道内气体的场景，如干式消火栓系统的配水管道末端，以确保系统在启动时能迅速排出管道内的空气，使水流能够顺畅到达灭火点。自动排气阀则适用于需要持续、自动排出系统中气体的场景，如湿式自动喷水灭火系统管网最高处。

问题 18：干式消火栓系统电磁阀、电动阀等电气控制装置的电源，未接自消防电源，接入非消防电源，火灾时被切断，无法工作。

解析：干式消火栓系统电磁阀、电动阀等属于消防设备，其电气控制装置的电源应接至消防电源，保证供电的可靠性。

问题 19：市政消火栓、室外消火栓、消防水泵接合器等室外消防设施周围未设置防止机动车辆撞击的设施；消火栓、消防水泵接合器两侧沿道路方向各 5m 范围内未设置警示标志，禁止停放机动车。

参考规范：《建筑防火通用规范》（GB 55037—2022）第 12.0.1 条

解析：市政消火栓、室外消火栓、消防水泵接合器等室外消防设施周围应设置防止机动车辆撞击的设施。消火栓、消防水泵接合器两侧沿道路方向各 5m 范围内禁止停放机动车，并应在明显位置设置警示标志。

4.3 自动喷水灭火系统

问题 1：保护室内钢屋架等建筑构件的闭式系统，未设置独立的报警阀组。

参考规范：《自动喷水灭火系统设计规范》(GB 50084—2017) 第 6.2.1 条

解析：自动喷水灭火系统应设报警阀组。保护室内钢屋架等建筑构件的闭式系统，应设独立的报警阀组。水幕系统应设独立的报警阀组或感温雨淋报警阀。对于保护室内钢屋架等建筑构件的闭式系统，设置独立的报警阀组的原因：这类系统通常具有特定的保护对象和功能，与用于扑救地面火灾的闭式系统存在区别。为确保在火灾发生时能够迅速、准确地启动相应的灭火系统，因此需要为这类系统单独设置报警阀组。

问题 2：报警阀室及末端试水装置处未设置有组织的排水设施，或排水管管径不满足设计要求。

参考规范：《自动喷水灭火系统设计规范》(GB 50084—2017) 第 6.5.2 条，《消防给水及消火栓系统技术规范》(GB 50974—2014) 第 9.3.1 条

解析：自动喷水灭火系统报警阀处的排水立管宜为 DN100。末端试水装置应由试水阀、压力表及试水接头组成。试水接头出水口的流量系数，应等同于同楼层或防火分区内的最小流量系数洒水喷头。末端试水装置的出水，应采取孔口出流的方式排入排水管道，排水立管宜设伸顶通气管，且管径不应小于 75mm。

问题 3：水力警铃位置不当，如错误地安装在无人值班的消防泵房或报警阀室内。水力警铃应设置在有人值班的地点附近或公共通道的外墙上。

参考规范：《自动喷水灭火系统设计规范》(GB 50084—2017) 第 6.2.8 条

解析：水力警铃应设在有人值班的地点附近或公共通道的外墙上；与报警阀连接的管道，其管径应为 20mm，总长不宜大于 20m。

问题 4：报警阀及水力警铃、末端试水装置处未设置区域标识，不便于紧急情况下快速识别。

参考规范：《消防设施通用规范》(GB 55036—2022) 第 2.0.10 条

解析：消防设施上或附近应设置区别于环境的明显标识，说明文字应准确、清楚且易于识别，颜色、符号或标志应规范。手动操作按钮等装置处应采取防止误操作或被损坏的防护措施。

条文说明中表示，本条规定了在各类消防设施的管道、组件等外表或附近应设置明显的标志，以便平时维护保养和检查系统组件的设置状态，如控制阀门的启闭状态，并在火灾时能够及时、准确找到相应设施和组件并进行应急操作，确保及时启动消防设施。

问题 5：末端试水装置设置不当，末端试水装置未按设计图纸设置在最不利点处，个别项目末端试水装置直接接在信号阀后，不能反映末端喷头的工作压力。

参考规范：《自动喷水灭火系统设计规范》(GB 50084—2017) 第 6.5.1 条

解析：每个报警阀组控制的最不利点洒水喷头处应设末端试水装置，其他防火分区、

楼层均应设直径为 25mm 的试水阀。末端试水装置应设置在系统的最不利点处，即系统中水流阻力最大、压力最低的位置。这样设置可以确保在测试时，能够真实反映末端喷头的工作压力和流量情况，从而验证系统的可靠性和有效性。

问题 6：施工人员漏设减压孔板或减压孔板孔径与设计不符。

参考规范：《自动喷水灭火系统设计规范》（GB 50084—2017）第 8.0.7 条、第 9.3.1 条

解析：管道的直径应经水力计算确定。配水管道的布置，应使配水管入口的压力均衡。轻危险级、中危险级场所中各配水管入口的压力均不宜大于 0.40MPa。减压孔板应采用不锈钢板材制作，应设在直径不小于 50mm 的水平直管段上，前后管段的长度均不宜小于该管段直径的 5 倍；孔口直径不应小于设置管段直径的 30%，且不应小于 20mm。

有时施工人员可能会漏设减压孔板，或安装的减压孔板孔径与设计要求不符。会导致减压不当，进而影响消防救援效果。

问题 7：仓库内顶板下洒水喷头与货架内置洒水喷头未分别设置水流指示器。

参考规范：《自动喷水灭火系统设计规范》（GB 50084—2017）第 6.3.2 条

解析：为确保火灾发生时能够准确判断喷淋管线水流的位置，提高灭火效率，仓库内顶板下的洒水喷头和货架内置的洒水喷头应分别设置水流指示器。

问题 8：保护多个防火分区、多个楼层的报警阀组，个别防火分区漏设水流指示器，或水流指示器、信号阀未接线，不能实现信号反馈。

参考规范：《自动喷水灭火系统设计规范》（GB 50084—2017）第 6.3.1 条，《火灾自动报警系统设计规范》（GB 50116—2013）第 4.2.1 条

解析：当报警阀组负责保护多个防火分区、多个楼层时，每个防火分区、每个楼层均应设置水流指示器。水流指示器的作用是及时报告火灾发生的部位，帮助消防人员迅速定位火源，从而采取有效的灭火措施。水流指示器、信号阀、压力开关、喷淋消防泵的启动和停止的动作信号应反馈至消防联动控制器。

问题 9：水流指示器因安装空间受限，电器元件部位水平安装在水平管道一侧，不利于水流指示器动作；水流指示器应使电器元件部位竖直安装在水平管道上侧。

参考规范：《自动喷水灭火系统施工及验收规范》（GB 50261—2017）第 5.4.1 条

解析：水流指示器应使电器元件部位竖直安装在水平管道上侧，其动作方向应和水流方向一致；安装后的水流指示器桨片、膜片应动作灵活，不应与管壁发生碰擦。

问题 10：验收时系统未完成调试，验收时常见预作用系统、雨淋系统未调试完毕，报警阀组不能实现自动控制、消防控制室内的消防联动控制器的手动控制盘直接控制。

参考规范：《自动喷水灭火系统设计规范》（GB 50084—2017）第 11.0.7 条，《火灾自动报警系统设计规范》（GB 50116—2013）第 4.2.2 条

解析：预作用系统、雨淋系统和自动控制的水幕系统，应同时具备自动控制、消防控

制室（盘）远程控制、预作用装置或雨淋报警阀处现场手动应急操作三种控制方式。

问题 11：自动喷水灭火系统喷头选型错误，喷头选型不符合场所环境要求，如厨房场所选用了普通68℃喷头等情况；如未吊顶的区域设置了下垂型喷头；如中危险级Ⅱ级的场所设置了隐蔽式喷头或边墙型喷头等。

参考规范：《自动喷水灭火系统设计规范》（GB 50084—2017）第 6.1.2 条、第 6.1.3 条。

解析：闭式系统的洒水喷头，其公称动作温度宜高于环境最高温度30℃，所以厨房一般选择93℃喷头；不做吊顶的场所，当配水支管布置在梁下时，应采用直立型洒水喷头；隐蔽式洒水喷头仅适用于轻危险级和中危险级Ⅰ级场所。

问题 12：自动喷水灭火系统喷头安装位置不佳：喷头被遮挡、距障碍物距离过近等，影响喷水覆盖范围。喷头距顶板或梁等障碍物的距离不符合规范要求，如溅水盘与顶板的距离过大或过小。

参考规范：《自动喷水灭火系统设计规范》（GB 50084—2017）第 7 章，《自动喷水灭火系统施工及验收规范》（GB 50261—2017）第 3.1.4 条。

解析：自动喷水灭火系统工程的施工，应按照批准的工程设计文件和施工技术标准进行施工。

问题 13：民用建筑高大空间场所的最大净空高度为 12m<h≤18m 时，未采用非仓库型特殊应用喷头。

参考规范：《自动喷水灭火系统设计规范》（GB 50084—2017）第 5.0.2 条。

解析：民用建筑和厂房高大空间场所采用湿式系统，当民用建筑高大空间场所的最大净空高度为 12m<h≤18m 时，应采用非仓库型特殊应用喷头。

问题 14：民用建筑高大空间场所的最大净空高度为 8m<h≤12m 时，未采用非仓库型特殊应用喷头，也未采用快速响应喷头或未采用流量系数 K=115 喷头。

参考规范：《自动喷水灭火系统设计规范》（GB 50084—2017）表 6.1.1。

解析：民用建筑高大空间场所的最大净空高度为 8m<h≤12m 时，应采用 K=115 的喷头或非仓库型特殊应用喷头。

问题 15：预作用系统在排烟、通风管道下方增设的下垂型喷头未采用干式下垂型洒水喷头。

参考规范：《自动喷水灭火系统设计规范》（GB 50084—2017）第 6.1.4 条。

解析：干式系统、预作用系统应采用直立型洒水喷头或干式下垂型洒水喷头。

问题 16：室内无车道且无人员停留的机械式汽车库，自动喷水灭火系统未选用快速响应喷头。

参考规范：《汽车库、修车库、停车场设计防火规范》（GB 50067—2014）第 5.1.3 条。

解析：室内无车道且无人员停留的机械式汽车库内应设置火灾自动报警系统和自动喷水灭火系统，自动喷水灭火系统应选用快速响应喷头。

问题17：预作用系统采用氯化聚氯乙烯（PVC-C）管材及管件，不符合规范要求，氯化聚氯乙烯管材及管件应为湿式系统。

参考规范：《自动喷水灭火系统设计规范》（GB 50084—2017）第8.0.3条

解析：自动喷水灭火系统采用氯化聚氯乙烯管材及管件时，设置场所的火灾危险等级应为轻危险级或中危险级Ⅰ级，系统应为湿式系统，并采用快速响应洒水喷头。

问题18：预作用系统采用消防洒水软管，不符合规范要求，消防洒水软管应为湿式系统。

参考规范：《自动喷水灭火系统设计规范》（GB 50084—2017）第8.0.4条

解析：消防洒水软管仅适用于轻危险级或中危险级Ⅰ级场所，且系统应为湿式系统；消防洒水软管应设置在吊顶内；消防洒水软管的长度不应超过1.8m。

问题19：中危险级Ⅱ级的湿式自动喷水灭火系统采用消防洒水软管。

参考规范：《自动喷水灭火系统设计规范》（GB 50084—2017）第8.0.4条

解析：消防洒水软管仅适用于轻危险级或中危险级Ⅰ级场所，且系统应为湿式系统。

问题20：喷头安装不规范，如坡屋顶或地下车库坡道处，喷头未垂直于斜面安装。

参考规范：《自动喷水灭火系统设计规范》（GB 50084—2017）第7.1.14条

解析：顶板或吊顶为斜面时喷头应垂直于斜面。

问题21：吊顶形式与设计图纸相比发生了变化，如原设计为封闭吊顶，现场改成通透格栅吊顶，喷头未及时进行调整，导致喷头与吊顶形式不匹配。

参考规范：《自动喷水灭火系统施工及验收规范》（GB 50261—2017）第3.1.4条

解析：自动喷水灭火系统工程的施工，应按照批准的工程设计文件和施工技术标准进行施工。

问题22：吊顶形式及通透率与设计图纸相比发生变化，如原设计为封闭吊顶，现场改成通透率大于70%的格栅吊顶，未及时核实喷水强度的变化，喷淋泵流量不满足现场需求。

参考规范：《自动喷水灭火系统设计规范》（GB 50084—2017）第5.0.13条、第7.1.13条，《自动喷水灭火系统施工及验收规范》（GB 50261—2017）第3.1.4条，《自动喷水灭火系统设计》图示（19S910）中自动喷水灭火系统设计说明第3.1.11条

解析：装设网格、栅板类通透性吊顶的场所，系统的喷水强度应按规范规定值的1.3倍确定，装设网格、栅板类通透性吊顶的场所，当通透面积占吊顶总面积的比例大于70%时，喷头应设置在吊顶上方；当比例小于等于70%时，吊顶内和下方均布置喷头。

问题23：净空高度较高的场所，自行增加的净空高度大于800mm的闷顶内未设置洒水喷头。

参考规范：《自动喷水灭火系统设计规范》（GB 50084—2017）第7.1.11条

解析：净空高度大于 800mm 的闷顶和技术夹层内应设置洒水喷头。当同时满足下列情况时，可不设置洒水喷头：①闷顶内敷设的配电线路采用不燃材料套管或封闭式金属线槽保护；②风管保温材料等采用不燃、难燃材料制作；③无其他可燃物。

当闷顶和技术夹层的净空高度超过 800mm 时，这些空间内可能积聚可燃物，如未受保护的配电线路、风管保温材料等。在火灾发生时，这些可燃物可能迅速燃烧，导致火势蔓延。设置洒水喷头可以在火灾初期迅速响应，喷水覆盖整个闷顶和技术夹层区域，有效控制火势，防止火灾进一步扩散。

问题 24：梁、通风管道、成排布置的管道、桥架等障碍物的宽度大于 1.2m，其下方未增设喷头。

参考规范：《自动喷水灭火系统设计规范》（GB 50084—2017）第 7.2.3 条

解析：在自动喷水灭火系统的设计中，当梁、通风管道、成排布置的管道、桥架等障碍物的宽度大于一定尺寸时，这些障碍物下方往往会形成喷水的盲区，从而影响灭火效果。为了确保灭火系统的有效性和覆盖范围，规范中明确要求，当梁、通风管道、成排布置的管道、桥架等障碍物的宽度大于 1.2m 时，其下方应增设喷头；采用早期抑制快速响应喷头和特殊应用喷头的场所，当障碍物宽度大于 0.6m 时，其下方应增设喷头。

问题 25：挡水板使用不规范，具体表现为：①应设置挡水板的货架内置喷头处未设置；②设置的挡水板面积太小；③不应设置挡水板的情况下使用挡水板，如净空高度较高的厂房、仓库未按照图纸安装直立型喷头，而是将喷头安装在"半空"，加挡水板，无法保证喷头即时动作。

参考规范：《自动喷水灭火系统设计规范》（GB 50084—2017）第 7.1.10 条

解析：挡水板应为正方形或圆形金属板，其平面面积不宜小于 $0.12m^2$，周围弯边的下沿宜与洒水喷头的溅水盘平齐。除下列情况和相关规范另有规定外，其他场所或部位不应采用挡水板：①设置货架内置洒水喷头的仓库，当货架内置洒水喷头上方有孔洞、缝隙时，可在洒水喷头的上方设置挡水板。②宽度大于规范规定的障碍物，增设的洒水喷头上方有孔洞、缝隙时，可在洒水喷头的上方设置挡水板。③对于机械式汽车库，应按停车的载车板分层布置洒水喷头，且应在喷头的上方设置集热板。

在货架内置洒水喷头上方有孔洞、缝隙时，应在洒水喷头的上方设置挡水板，以防止上部的喷头动作后淋湿下方的喷头而影响喷头动作。

规范要求挡水板应为正方形或圆形金属板，其平面面积不宜小于 $0.12m^2$。如果挡水板面积过小，将无法有效地阻挡上方喷头喷出的水流，从而可能导致下方的喷头被淋湿而无法正常动作。在净空高度较高的厂房、仓库中，如果未按照图纸安装直立型喷头，而是将喷头安装在"半空"，并加设挡水板，这将无法保证喷头能够即时动作。因为喷头动作所需的热量主要来自热对流，需要热的烟气流经喷头才能实现。如果喷头被挡水板遮挡，将无法及时接收足够的热量来触发动作，从而可能导致灭火系统的失效。

问题 26：边墙型洒水喷头应用场所超过最大保护跨度。

参考规范：《自动喷水灭火系统设计规范》（GB 50084—2017）第 7.1.3 条、第 7.1.5 条解析：边墙型洒水喷头主要用于顶板为水平面的轻危险级、中危险级Ⅰ级住宅建筑、宿舍、旅馆建筑客房、医疗建筑病房和办公室等场所。如果应用场所超过了边墙型洒水喷头的最大保护跨度，那么喷头可能无法有效地覆盖整个需要保护的区域，从而导致灭火效果不佳或失效，应考虑增加喷头的数量或采用其他类型的喷头来满足灭火需求。

问题 27：装修施工时喷头感温元件、溅水盘被涂料（油漆）涂覆，影响喷头的感温动作性能和喷洒性能。

参考规范：《自动喷水灭火系统施工及验收规范》（GB 50261—2017）第 5.2.2 条、第 5.2.3 条

解析：感温元件被覆盖会导致喷头无法及时响应温度变化，延迟动作时间，增加火灾风险。溅水盘被涂覆会影响水流分布，降低灭火效果。处理措施：需要强调施工过程中的保护措施，比如使用防护罩，以及施工后的检查流程。如果已经涂覆，其必须由专业人员清理或更换喷头，不能自行处理。

问题 28：管道支架、吊架与喷头之间的距离小于 300mm，或与末端喷头之间的距离大于 750mm，影响喷头的喷水效果。

参考规范：《自动喷水灭火系统施工及验收规范》（GB 50261—2017）第 5.1.15 条

解析：管道支架、吊架的安装位置不应妨碍喷头的喷水效果；管道支架、吊架与喷头之间的距离不宜小于 300mm；与末端喷头之间的距离不宜大于 750mm。

当支架离喷头太近时，喷头动作时的水流可能被支架阻挡，或者支架在热膨胀时挤压喷头。末端喷头距离支架太远的话，管道可能因为质量下垂，导致喷头位置偏移，影响其覆盖区域，尤其是在高温下管道变形会更严重。

问题 29：个别仓库未采暖，采用预作用系统，现场安装了早期抑制快速响应喷头。

参考规范：《自动喷水灭火系统设计规范》（GB 50084—2017）第 4.2.7 条

解析：当采用早期抑制快速响应喷头时，系统应为湿式系统；预作用系统不应采用早期抑制快速响应喷头。

问题 30：预作用系统、干式系统设计的充气设备、充气管路未安装。

解析：预作用系统通常是充气的（单连锁预作用也可以不充气），而干式系统则是完全充气的，防止管道冻结。充气设备是它们的关键部分，如果没安装，系统就无法正常监测管道状态，可能导致漏水或启动失败。

问题 31：预作用系统、干式系统配水管道设计的快速排气阀，现场安装自动排气阀，有压充气管道快速排气阀入口前设计的电动阀，现场安装手动阀，或安装电动阀但未接线。

参考规范：《自动喷水灭火系统设计规范》（GB 50084—2017）第 4.3.2 条

解析：干式系统和预作用系统的配水管道应设快速排气阀。有压充气管道的快速排气阀入口前应设电动阀。预作用和干式系统需要快速排气阀来确保在火灾时迅速排气，加速系统响应。而自动排气阀可能无法满足快速排气的要求，导致排气延迟。此外，电动阀未接线或换成手动阀会影响系统的自动控制功能，无法及时动作，同样会导致响应延迟或失败。

问题 32：未采用专用线路直连：预作用阀组和快速排气阀入口前的电动阀未通过专用线路直接接入消防控制室手动控制盘。线路经模块控制：手动控制盘的控制信号通过消防联动模块间接传输，增加失效风险。

参考规范：《火灾自动报警系统设计规范》（GB 50116—2013）第 4.2.2 条，《自动喷水灭火系统设计规范》（GB 50084—2017）第 11.0.7 条

解析：预作用系统应同时具备自动控制、消防控制室（盘）远程控制、预作用装置或雨淋报警阀处现场手动应急操作三种开启报警阀组的控制方式。

预作用系统的手动控制方式，应将喷淋消防泵控制箱（柜）的启动和停止按钮、预作用阀组和快速排气阀入口前的电动阀的启动和停止按钮，用专用线路直接连接至设置在消防控制室内的消防联动控制器的手动控制盘，直接手动控制喷淋消防泵的启动、停止及预作用阀组和电动阀的开启。

消防水泵、预作用阀组、快速排气阀等关键设备多线盘控制未采用专用线路直连，紧急情况下手动控制信号可能因线路干扰或共用线路故障导致失效。经模块控制，模块故障或程序错误可能导致手动操作无法执行，延误灭火时机。

设计/施工注意事项。①预作用系统电动阀、快速排气阀的控制优先级：手动控制盘直控＞自动联动控制。②所有消防联动设备的手动直接控制线路应独立于自动控制回路，且不得设置可编程逻辑干扰。

问题 33：不充气单联锁预作用系统，消防联动控制器处于自动状态下，当火灾报警系统接收到"同一报警区域内两只及以上独立的感烟火灾探测器或一只感烟火灾探测器与一只手动火灾报警按钮"报警信号时，未能联动启动消防水泵。

参考规范：《自动喷水灭火系统设计规范》（GB 50084—2017）第 11.0.2 条，《自动喷水灭火系统设计》图示（19S910）

解析：预作用系统应由火灾自动报警系统、消防水泵出水干管上设置的压力开关、高位消防水箱出水管上的流量开关和报警阀组压力开关直接自动启动消防水泵。

不充气单联锁预作用系统，消防联动控制器处于自动状态下，当火灾报警系统接收到"同一报警区域内两只及以上独立的感烟火灾探测器或一只感烟火灾探测器与一只手动火灾报警按钮"报警信号时，作为触发信号，消防联动控制器自动启动预作用装置的电磁阀，控制预作用装置的开启；同时自动启动消防泵。联动启泵与连锁启泵方式互为冗余，增加系统供水的可靠性。充气双联锁预作用系统，消防联动控制器处于自动状态下，当火灾报警系统接收到"火灾探测器或手动火灾报警按钮报警信号"与"充气管道上压力开关报警信号"时（"与"逻辑），作为触发信号，消防联动控制器自动联动启动消防水泵。消防联动控制器处于手动状态下，该方式无法正常工作。

问题 34：火灾自动报警系统控制的电动雨淋阀，消防联动控制器处于自动状态下，当火灾报警系统接收到"同一报警区域内两只及以上独立的感温火灾探测器或一只感温火灾探测器与一只手动火灾报警按钮"时，作为触发信号，自动启动雨淋阀的电磁阀，控制雨淋阀开启；但未能联动启动消防水泵。

参考规范：《自动喷水灭火系统设计规范》（GB 50084—2017）第 11.0.3 条，《自动

喷水灭火系统设计》图示（19S910）

解析：当采用火灾自动报警系统控制雨淋报警阀时，消防水泵应由火灾自动报警系统、消防水泵出水干管上设置的压力开关、高位消防水箱出水管上的流量开关和报警阀组压力开关直接自动启动。

火灾自动报警系统控制的电动雨淋阀，消防联动控制器处于自动状态下，当火灾报警系统接收到"同一报警区域内两只及以上独立的感温火灾探测器或一只感温火灾探测器与一只手动火灾报警按钮"时，作为触发信号，自动启动雨淋阀的电磁阀，控制雨淋阀开启；同时自动启动消防泵。

问题35：设置雨淋系统的场所，设计的感温探测器，现场错误地安装了感烟探测器。

参考规范：《火灾自动报警系统设计规范》（GB 50116—2013）第4.2.3条

解析：雨淋系统的联动控制方式，应由同一报警区域内两只及以上独立的感温火灾探测器或一只感温火灾探测器与一只手动火灾报警按钮的报警信号，作为雨淋阀组开启的联动触发信号。应由消防联动控制器控制雨淋阀组的开启。

雨淋系统通常用于需要大水量迅速灭火的场所，如化工厂、油库等。在这些场所中，火灾往往伴随着高温和易燃物质的燃烧，因此感温探测器能够更直接、更准确地响应火灾信号，确保雨淋系统的及时启动。

问题36：现场测试用于保护防火卷帘自动控制的水幕系统，联动触发信号未包含防火卷帘下落到楼板面的动作信号，测试结果显示：该报警区域内两只独立的感温火灾探测器的火灾报警信号作为联动触发信号，消防联动控制器联动控制水幕系统电磁阀的启动，不符合规范要求。

参考规范：《火灾自动报警系统设计规范》（GB 50116—2013）第4.2.4条

解析：当自动控制的水幕系统用于防火卷帘的保护时，应由防火卷帘下落到楼板面的动作信号与本报警区域内任一火灾探测器或手动火灾报警按钮的报警信号作为水幕阀组启动的联动触发信号，并应由消防联动控制器联动控制水幕系统相关控制阀组的启动。这一规定确保在水幕系统需要发挥作用时，即防火卷帘下降到楼板面形成防火分隔的瞬间，防护冷却水幕系统能够同步启动，为防火卷帘提供冷却保护，增强防火分隔的效果。

问题37：并联设置雨淋报警阀组的雨淋系统，雨淋报警阀控制腔的入口未设止回阀。

参考规范：《自动喷水灭火系统施工及验收规范》（GB 50261—2017）第6.2.5条

解析：雨淋报警阀组的电磁阀，其入口应设过滤器。并联设置雨淋报警阀组的雨淋系统，其雨淋报警阀控制腔的入口应设止回阀。

在雨淋系统中，雨淋报警阀是控制水流的关键组件。当系统并联设置多个雨淋报警阀时，如果每个雨淋报警阀的控制腔入口没有设置止回阀，就可能会出现在某个雨淋阀开启喷水时，其高压腔的水流通过管道倒灌到其他未开启的雨淋阀控制腔中的情况。倒灌现象会干扰其他雨淋阀的正常工作状态，可能导致它们误开启。

问题38：雨淋系统的电磁阀未用专用线路直接连接至消防控制室内的消防联动控制器的手动控制盘，或者消防联动控制器的手动控制盘直接通过控制线路经过模块控制，不符合规范要求。

参考规范：《火灾自动报警系统设计规范》(GB 50116—2013)第4.2.3条

解析：雨淋系统的联动控制方式，应由同一报警区域内两只及以上独立的感温火灾探测器或一只感温火灾探测器与一只手动火灾报警按钮的报警信号，作为雨淋阀组开启的联动触发信号。应由消防联动控制器控制雨淋阀组的开启。雨淋阀组等设备多线盘控制未采用专用线路直连，紧急情况下，手动控制信号可能因线路干扰或共用线路故障而失效。经模块控制，模块故障或程序错误可能导致手动操作无法执行，延误灭火时机。

问题39：爆炸危险性环境的雨淋系统未采用传动管控制的雨淋系统，现场采用感温探测器联动控制电动雨淋系统，不符合规范要求。

参考规范：《自动喷水灭火系统设计规范》(GB 50084—2017)第2.1.8条

解析：雨淋系统：由开式洒水喷头、雨淋报警阀组等组成，发生火灾时由火灾自动报警系统或传动管控制，自动开启雨淋报警阀组和启动消防水泵，用于灭火的开式系统。

传动管雨淋系统特别适用于防爆场所和不适合安装普通火灾探测系统场所。传动管雨淋系统的工作原理是通过传动管内的充液介质（水或气体）来启动雨淋系统。在正常状态下，传动管内的充液保持一定的压力。当发生火灾时传动管内的温度升高，导致闭式喷头的感温元件破裂，传动管内的有压水或气体通过破裂的喷头泄放压力，从而使控制腔室压力降低。当控制腔室压力降低到一定程度时，雨淋阀自动开启，系统开始供水灭火。这种控制方式避免了对电磁阀等电气元件的依赖，提高了系统的安全性和可靠性，因此特别适用于防爆场所，可以避免因电火花等电气故障引起的火灾危险。此外，对于一些不适合安装普通火灾探测系统的场所，传动管雨淋系统也提供了一种有效的灭火解决方案。

问题40：防护冷却系统喷头设置高度为4～8m时，未采用快速响应洒水喷头。

参考规范：《自动喷水灭火系统设计规范》(GB 50084—2017)第5.0.15条

解析：当采用防护冷却系统保护防火卷帘、防火玻璃墙等防火分隔设施时，系统应独立设置，喷头设置高度不应超过8m；当设置高度为4～8m时，应采用快速响应洒水喷头。

快速响应洒水喷头具有更快的响应速度和更高的喷水强度，能够在火灾初期迅速启动并喷洒大量水流，从而有效控制火势的蔓延。在防护冷却系统中，喷头的设置高度对于系统的灭火效果具有重要影响。当喷头设置高度较高时，由于火势上升和烟雾扩散等因素，普通喷头的响应速度和灭火效果可能会受到影响。而快速响应洒水喷头则能够在更短的时间内启动并喷洒水流，从而更有效地保护防火分隔设施，防止火势蔓延至其他区域。

问题41：防护冷却水幕持续喷水时间不符合系统设置部位的耐火极限要求；或防护冷却水幕喷头未直接将水喷向被保护对象；或喷头设置高度超过规定，导致喷水强度不足；或喷头布置不当，如喷头间距过大或溅水盘与防火分隔设施的水平距离过大。

参考规范：《自动喷水灭火系统设计规范》(GB 50084—2017)第5.0.14条

解析：①防护冷却水幕系统的持续喷水时间应大于或等于系统设置部位的耐火极限要求。若喷水时间不足，将无法有效冷却被保护对象，导致其在火灾中受损或失效，进而可能引发火势的进一步蔓延。②喷头的布置应确保水能够直接喷洒到被保护对象上，以实现有效的冷却效果。若喷头未正确对准被保护对象，将导致冷却效果不佳。③喷头的高度设置对于喷水强度具有重要影响。若喷头设置过高，将导致喷水强度不足，从而降低系统的冷却防护效果。特别是在高度较高的场所，如仓库等，若喷头设置不当，将严重影响其冷却防火性能。

问题 42：防火分隔水幕的喷头布置不符合要求，如水幕宽度不足或喷头排数少于规定；防护冷却水幕的喷头布置不合理，未能确保喷洒到被保护对象后布水均匀。

参考规范：《自动喷水灭火系统设计规范》（GB 50084—2017）第 6.1.5 条、第 7.1.16 条

解析：对于防火分隔水幕喷头布置要求。应保证水幕宽度≥6m，且采用开式洒水喷头时喷头排数应≥2 排，或采用水幕喷头时喷头排数应≥3 排。若水幕宽度不足或喷头排数少于规定，将导致水幕无法形成有效的阻挡，使得火灾烟雾和热量容易穿透水幕，从而降低了其挡烟阻火的效果。防护冷却水幕应采用水幕喷头，并宜布置成单排，以确保喷洒到被保护对象后布水均匀。若喷头布置不合理，将导致被保护对象受热不均匀，部分区域可能因冷却不足而受损，进而引发火势的进一步蔓延。此外，布水不均匀还可能影响水幕的冷却效率，降低其整体防护效果。

4.4 自动跟踪定位射流灭火系统

问题 1：自动跟踪定位射流灭火系统场所适用性错误，在非 A 类可燃物场所采用自动跟踪定位射流灭火系统进行消防保护，或在建筑内净空高度大于 8m 且不大于 12m 的高大空间场所，设置消防炮灭火系统代替自动喷淋灭火系统进行保护，场所内设置了密集的货架，喷水受到比较严重的遮挡。

参考规范：《自动跟踪定位射流灭火系统技术标准》（GB 51427—2021）第 3.1.1 条、第 3.1.2 条

解析：自动跟踪定位射流灭火系统主要用于扑救民用建筑和丙类生产车间、丙类库房中，火灾类别为 A 类的场所，如净空高度大于 12m 的高大空间场所、净空高度大于 8m 且不大于 12m，难以设置自动喷水灭火系统的高大空间场所。在建筑内净空高度大于 8m 且不大于 12m 的高大空间场所内设置了密集的货架等遮挡物，若设置自动跟踪定位射流灭火系统，喷水将受到严重影响，无法有效覆盖火灾区域，从而降低了灭火效果。

问题 2：消防炮灭火装置安装位置不合理，配水管道、支吊架、结构梁等障碍物对灭火装置部分射流角度形成遮挡，导致灭火装置射流无法完全覆盖其保护范围。

参考规范：《自动跟踪定位射流灭火系统技术标准》（GB 51427—2021）第 3.1.2 条

解析：在安装消防炮灭火装置时，应确保装置的位置合理，避免受到配水管道、支吊架、结构梁等障碍物的遮挡。这些障碍物可能会阻挡灭火装置的射流，使得射流无法到达预定的保护区域，从而降低灭火效率。

问题 3：消防炮灭火装置的线束长度预留余量不足，且未合理绑扎固定，导致消防炮转动时出现线缆拉拽现象，可能引发转动受阻、接口松动/接触不良、漏电风险、设备寿

命缩短等问题。

参考规范：《自动跟踪定位射流灭火系统技术标准》（GB 51427—2021）第 5.3.6 条、第 6.0.5 条

解析：施工中，线缆敷设应预留足够余量，确保设备最大转动角度下无拉拽、紧绷现象。线缆绑扎应牢固，避免与机械运动部件接触摩擦。电缆接头需采用防水、防松脱设计，并进行绝缘防护处理。其安装后需模拟最大转动范围测试线缆受力状态，确保无异常。

问题 4：自动跟踪定位射流灭火装置的数量、参数设置不合理，如丙类厂房、仓库内设置单台流量 20L/s 的自动消防炮灭火系统；民用建筑高大净空空间仅设置 1 台喷射型自动射流灭火装置，不满足规范基本要求。

参考规范：《消防设施通用规范》（GB 55036—2022）第 7.0.11 条

解析：自动消防炮灭火系统中单台炮的流量，对于民用建筑，不应小于 20L/s；对于工业建筑，不应小于 30L/s。自动消防炮灭火系统和喷射型自动射流灭火系统在自动控制状态下，当探测到火源后，应至少有 2 台灭火装置对火源扫描定位和至少 1 台且最多 2 台灭火装置自动开启射流，且射流应能到达火源。

若丙类厂房、仓库内设置单台流量 20L/s 的自动消防炮，可能无法满足大面积或高火灾风险区域的灭火需求，导致灭火效率低下。民用建筑高大净空空间至少设置 2 台装置，并确保其保护范围重叠覆盖。高大净空场所（8~25m）优先采用自动消防炮（单台流量≥20L/s）。普通高度场所（6~8m）可采用喷射型自动射流装置。

问题 5：未在消防控制室设置手动控制，系统仅通过现场控制盘实现手动/自动控制，消防控制室无法远程操作。消防水炮控制主机未采购，设计要求的控制主机未安装，导致消防控制室无法直接控制灭火装置。

参考规范：《消防设施通用规范》（GB 55036—2022）第 7.0.11 条

解析：自动跟踪定位射流灭火系统应具有自动控制、消防控制室手动控制和现场手动控制的启动方式。消防控制室手动控制和现场手动控制相对于自动控制应具有优先权。

问题 6：自动消防炮灭火系统未设置独立的消防水泵和供水管网，与其他建筑或本建筑内的喷淋系统合用消防水泵。

参考规范：《自动跟踪定位射流灭火系统技术标准》（GB 51427—2021）第 4.5.2 条、第 5.1.1 条，《消防给水及消火栓系统技术规范》（GB 50974—2014）第 6.1.11 条

解析：自动跟踪定位射流灭火系统的供水设施应独立设置，供水管网应独立设置。不同消防给水系统合用消防水泵时，应校核供水压力、流量叠加后的可靠性。若自动消防炮灭火系统未设置独立的消防水泵和供水管网，喷淋系统与消防炮同时启动时，水泵可能无法满足两者叠加需求，导致灭火失效。

问题 7：自动跟踪定位射流灭火系统未设置模拟末端试水装置或设置不当，常见缺少探测部件、自动控制阀。

参考规范：《自动跟踪定位射流灭火系统技术标准》（GB 51427—2021）第 4.3.11

条、第4.3.12条

解析：每个保护区的管网最不利点处应设模拟末端试水装置，并应便于排水。模拟末端试水装置应由探测部件、压力表、自动控制阀、手动试水阀、试水接头及排水管组成。

若系统未配置模拟末端试水装置，无法测试火灾探测、定位、联动控制等关键功能。若试水装置缺少探测部件、自动控制阀等，导致试水装置无法模拟真实火警动作逻辑。

问题8：自动跟踪定位射流灭火系统保护区内未设置声、光警报器；验收时在保护区域联动测试，确认火灾后，火灾自动报警系统设置的声、光警报器未动作。

参考规范：《自动跟踪定位射流灭火系统技术标准》（GB 51427—2021）第4.3.9条、第5.5.12条

解析：自动跟踪定位射流灭火系统保护区内应均匀设置声、光警报器，可与火灾自动报警系统合用。自动跟踪定位射流灭火系统保护区内未设置声、光警报器，火灾时无警报提示，导致人员疏散延迟。

问题9：未能做到每台喷射型自动射流灭火装置设置水流指示器，现场按照每组喷射型自动射流灭火装置共用1只水流指示器，发生火灾后无法准确报告位置。

参考规范：《自动跟踪定位射流灭火系统技术标准》（GB 51427—2021）第4.3.10条

解析：设置水流指示器的目的是增加一套辅助的报警措施，以对发生火灾的位置进行报告。每台自动消防炮及喷射型自动射流灭火装置、每组喷洒型自动射流灭火装置的供水支管上应设置水流指示器，且应安装在手动控制阀的出口之后。

问题10：供水支管上自动控制阀数量与设计图纸不符，部分喷射型自动射流灭火装置未设置独立控制阀。已安装的控制阀不具备信号反馈功能，无法与消防控制室联动。

参考规范：《自动跟踪定位射流灭火系统技术标准》（GB 51427—2021）第4.4.3条

解析：每台自动消防炮或喷射型自动射流灭火装置、每组喷洒型自动射流灭火装置的供水支管上应设置自动控制阀和具有信号反馈的手动控制阀，自动控制阀应设置在靠近灭火装置进口的部位。喷射型自动射流灭火装置未设置独立控制阀，无法精准控制单台装置启停，影响火场覆盖范围。

问题11：与自动喷水灭火系统共用水泵的喷射型自动射流灭火装置、喷洒型自动射流灭火装置，设计图纸中供水主管道连接到环状管网，现场验收时供水主管道连接在其他区域湿式报警阀后。

参考规范：《自动跟踪定位射流灭火系统技术标准》（GB 51427—2021）第4.4.1条

解析：自动消防炮灭火系统和喷射型自动射流灭火系统每台灭火装置、喷洒型自动射流灭火系统每组灭火装置之前的供水管路应布置成环状管网。环状管网设计通常是为了提高供水的可靠性和压力均衡，而连接湿式报警阀后会影响系统的独立运作、压力不足或流量分配不均。

问题12：灭火装置支管上未设置固定支架，导致在开阀喷水时出现晃动。

参考规范：《自动跟踪定位射流灭火系统技术标准》（GB 51427—2021）第4.3.3条

解析：若灭火装置支管上未设置固定支架，管道晃动可能导致接头松脱、漏水，甚至

破裂；且振动会影响装置自动跟踪精度，无法精准灭火。为了避免灭火装置工作时对管道和建筑物产生破坏，需要采取可靠的固定措施，自动跟踪定位射流灭火装置固定支架或安装平台应能满足灭火装置的喷射、喷洒反作用力要求，结构设计应能满足灭火装置正常使用的要求。

4.5 厨房专用灭火装置

问题1：多数设计图纸中标注"烹饪操作间的排油烟罩及烹饪部位应设置自动灭火装置，详细设计由厂家提供"，建设单位未委托二次设计，验收时厨房未安装厨房专用自动灭火装置。

参考规范：《建设工程消防设计审查验收工作细则》（建科规〔2024〕3号）第七条，《建筑设计防火规范（2018年版）》（GB 50016—2014）第8.3.11条

解析：餐厅建筑面积大于1000m^2的餐馆或食堂，其烹饪操作间的排油烟罩及烹饪部位应设置自动灭火装置，并应在燃气或燃油管道上设置与自动灭火装置联动的自动切断装置。消防设计文件应当包括灭火系统的系统图及平面布置图等，设计单位标注"详细设计由厂家提供或厂家二次设计"，设计深度不够，不能指导施工。

问题2：部分项目厨房专用自动灭火装置无法实现与燃气或燃油管道上自动切断装置之间的联锁。

参考规范：《建筑设计防火规范（2018年版）》（GB 50016—2014）第8.3.11条

解析：厨房应在燃气或燃油管道上设置与自动灭火装置联动的自动切断装置。如果厨房自动灭火装置启动后，未能同步关闭燃气/燃油管道上的自动切断装置，燃料持续供应可能导致复燃、爆炸或火势扩大。出现该问题的原因是厨房专用自动灭火装置多数由厂家施工安装，燃气/燃油管道及其自动切断装置由燃气公司施工，两者之间需要建设单位协调处理，建设单位不清楚需要联动切断阀门的要求。

问题3：厨房专用自动灭火装置由厂家施工，电源未取自消防电源，用插头接到普通插座上，火灾时被联动切断非消防电源或用户拔掉插头做他用，无法实现灭火。

参考规范：《建筑防火通用规范》（GB 55037—2022）第10.1.2条，《火灾自动报警系统施工及验收标准》（GB 50166—2019）第3.3.3条

解析：本规范中的"消防用电负荷"包括消防控制室和消防水泵房的应急照明、消防水泵、消防电梯、防烟排烟设施、火灾探测与报警系统、需使用电源的自动灭火系统或装置、疏散照明和疏散指示标志及电动的防火门窗、卷帘、阀门等设施、设备。为了防止用户经常拔掉插头做他用，控制与显示类设备应与消防电源、备用电源直接连接，不应使用电源插头。主电源应设置明显的永久性标识。

问题4：厨房专用自动灭火装置未经调试，安装完毕后缺少调试记录等技术资料，验收现场甲方以未通燃气等各种理由不配合测试，无法保证自动灭火装置及其附属联动功能正常。

参考规范：《建设工程消防设计审查验收管理暂行规定》（住建部令〔2023〕第58号）

第三十条、第三十一条

解析：特殊建设工程现场评定包括对消防设施的功能进行抽样测试、联调联试消防设施的系统功能等内容。厨房专用自动灭火装置无法联动，现场评定结论为不合格。

4.6 气体灭火系统

问题 1：管网式气体灭火系统未设计储瓶间，储存容器放在防护区内，火灾时无法完成机械应急操作。

参考规范：《消防设施通用规范》（GB 55036—2022）第 8.0.10 条，《气体灭火系统设计规范》（GB 50370—2005）第 4.1.1 条、第 5.0.5 条

解析：管网式气体灭火系统应具有自动控制、手动控制和机械应急操作的启动方式。预制式气体灭火系统应具有自动控制和手动控制的启动方式。规范虽未明确管网灭火系统的储存装置必须设在专用储瓶间内，但要求机械应急操作装置应设在储瓶间内或防护区疏散出口门外便于操作的地方。储存容器放在防护区内，火灾时无法完成机械应急操作。

问题 2：灭火系统选型不当，配电室等属于经常有人停留场所，设置全淹没二氧化碳灭火系统。

参考规范：《消防设施通用规范》（GB 55036—2022）第 8.0.1 条，《气体消防设施选型配置设计规程》（CECS 292—2011）第 2.0.12 条

解析：经常有人停留场所指配置气体消防设施且有人停留或工作时间超过 5min 的建筑场所。配电室等属于经常有人停留的场所，全淹没二氧化碳灭火系统不应用于经常有人停留的场所。

问题 3：气体灭火系统二次设计图纸未经审核。

参考规范：《建设工程消防设计审查验收管理暂行规定》（住建部令〔2023〕第 58 号）第十五条，《建设工程消防设计审查验收工作细则》（建科规〔2024〕3 号）第七条

解析：对特殊建设工程实行消防设计审查制度。消防设计说明书应当包含灭火设施相关说明，图纸应当包括灭火系统的系统图及平面布置图等。

问题 4：水施设计说明中给出的气体灭火系统与现场安装的气体灭火系统类型不一致，未按图纸采购、施工，随意变更。如设计七氟丙烷灭火系统，现场安装超细干粉灭火系统；如设计管网式七氟丙烷灭火系统，现场安装柜式七氟丙烷灭火装置；如设计柜式气体灭火系统，设 4 套 2×150L 气瓶，现场安装 4 套 2×120L 气瓶，灭火剂充装量不满足设计要求。

参考规范：《气体灭火系统施工及验收规范》（GB 50263—2007）第 4.3.3 条

解析：灭火剂储存容器的充装量、充装压力应符合设计要求，充装系数或装量系数应符合设计规范规定。不同温度下灭火剂的储存压力应按相应标准确定。

问题 5：多套预制式灭火装置需要同时启动，气体灭火系统控制器自带的电源输出喷洒电流 2~3A（不同品牌有差异），不能满足多个电磁阀同时启动所需电流，未增加电源

盘。柜式灭火装置每个电磁阀的启动电流 1.5～1.6A，悬挂式灭火装置每个电磁阀的启动电流 0.5～1.0A，应根据现场电磁阀的数量核算气体灭火控制器的电源能否满足需求。

参考规范：《消防设施通用规范》(GB 55036—2022) 第 8.0.6 条

解析：用于保护同一防护区的多套气体灭火系统应能在灭火时同时启动，其相互间的动作响应时差应小于或等于 2s。气体灭火系统控制器自带电源无法满足多个电磁阀同时启动的电流需求，可以通过增加电源容量或外加电源盘来解决。

问题 6：验收时，气体灭火系统的电磁阀、压力讯号器未接线，无法完成相应功能。

参考规范：《建设工程消防设计审查验收管理暂行规定》（住建部令〔2023〕第 58 号）第三十条、第三十一条

解析：特殊建设工程现场评定包括对消防设施的功能进行抽样测试、联调联试消防设施的系统功能等内容。气体灭火系统的电磁阀、压力讯号器未接线，无法完成相应功能，现场评定结论为不合格。

问题 7：验收时，气体灭火系统的电磁阀下侧的保险销未拔出，无法完成相应功能。

解析：电磁阀下侧的保险销作用通常是在运输、安装或维护过程中防止误操作，比如意外触发电磁阀。如果在验收时保险销未拔出，保险销会物理阻止电磁阀的动作，系统无法启动。

问题 8：气体单向阀安装方向错误，导致打开的气瓶数量与设计不一致，影响灭火浓度和管网压力。

参考规范：《气体灭火系统施工及验收规范》(GB 50263—2007) 第 5.2.8 条

解析：连接储存容器与集流管间的单向阀的流向指示箭头应指向介质流动方向。一旦气体单向阀方向装反，则会引起灭火剂流动异常、打开的气瓶数量与设计不一致，影响灭火浓度和管网压力。

问题 9：联动逻辑不正确，如气体灭火控制器在接收到满足联动逻辑关系的首个联动触发信号后，未启动设置在该防护区内的火灾声光警报器；或接收第二个联动触发信号后，现场未能停止通风和空气调节系统及关闭设置在该防护区域的电动防火阀。

参考规范：《火灾自动报警系统设计规范》(GB 50116—2013) 第 4.4.2 条

解析：灭火剂喷放对人体有害，需在喷放前提醒人员安全疏散，气体灭火控制器在接收到满足联动逻辑关系的首个联动触发信号后，应启动设置在该防护区内的火灾声光警报器；在接收到第二个联动触发信号后，应发出联动控制信号，包括关闭防护区域的送（排）风机及送（排）风阀门、停止通风和空气调节系统及关闭设置在该防护区域的电动防火阀、联动控制防护区域开口封闭装置的启动，包括关闭防护区域的门、窗，启动气体灭火装置。启动气体灭火装置、泡沫灭火装置的同时，应启动设置在防护区入口处表示气体喷洒的火灾声光警报器。

关闭防火阀、停止通风空调系统，主要目的是确保防护区封闭，使灭火剂在淹没空间中快速扩散并维持足够浸渍时间。防止通风系统导致灭火剂被稀释或排出，无法达到设计浓度。同时防止火灾产生的烟雾或灭火剂分解产物通过通风系统污染其他区域。

问题 10：地下防护区和无窗或设固定窗扇的地上防护区，未设置机械排风装置。或设置的机械排风系统未能直通室外，排向走廊或汽车库或封闭的集气室（被施工人员错误封闭）。

参考规范：《气体灭火系统设计规范》（GB 50370—2005）第 6.0.4 条

解析：灭火后的防护区应通风换气，地下防护区和无窗或设固定窗扇的地上防护区，应设置机械排风装置，排风口宜设在防护区的下部并应直通室外。通信机房、电子计算机房等场所的通风换气次数应不少于每小时 5 次。

地下防护区或无窗地上防护区未设置机械排风装置或设置的机械排风系统未能直通室外，灭火后残留气体无法排出，造成人员中毒或窒息。

问题 11：通风和空气调节系统管道上的电动防火阀未接线，火灾时不能联动关闭。

参考规范：《气体灭火系统设计规范》（GB 50370—2005）第 6.0.4 条

解析：关闭防火阀、停止通风空调系统，主要目的是确保防护区封闭，使灭火剂在淹没空间中快速扩散并维持足够浸渍时间。防止通风系统导致灭火剂被稀释或排出，无法达到设计浓度。同时防止火灾产生的烟雾或灭火剂分解产物通过通风系统污染其他区域。

问题 12：防护区的门未向疏散方向开启，或防护区的门未设置闭门器，火灾时不能自行关闭。

参考规范：《消防设施通用规范》（GB 55036—2022）第 8.0.2 条

解析：全淹没气体灭火系统防护区的门应向疏散方向开启，并应具有自行关闭的功能。防护区门的开启方向必须朝向疏散方向，以确保人员安全撤离。闭门器的设置是为了在火灾时自动关闭门，防止灭火剂泄漏，保持防护区的密闭性，确保灭火剂的有效浓度。

问题 13：变电、配电场所的灭火系统的管网及金属箱体等，未设防静电接地。

参考规范：《气体灭火系统设计规范》（GB 50370—2005）第 6.0.6 条

解析：经过有爆炸危险和变电、配电场所的管网，以及布设在以上场所的金属箱体等，应设防静电接地。未接地的金属管网/箱体易积聚静电，在可燃气体或粉尘环境中触发电火花，导致二次爆炸（如 SF_6 开关设备室）；金属部件带电直接威胁运维人员安全，存在人员触电风险。

问题 14：气体灭火设备等消防设施上或附近，未设置区别于环境的明显标识。

参考规范：《消防设施通用规范》（GB 55036—2022）第 2.0.10 条

解析：消防设施上或附近应设置区别于环境的明显标识，说明文字应准确、清楚且易于识别，颜色、符号或标志应规范。手动操作按钮等装置处应采取防止误操作或被损坏的防护措施。应确保人员在紧急情况下能快速识别消防设施的位置。如果标识不明确或与周围环境混同，可能导致延误灭火或疏散。例如，灭火剂储存瓶、手动启动按钮、释放指示灯等关键设备若未明显标识，可能影响应急操作。

问题 15：防护区面积、容积与设计不一致，常见 2 个配电室之间的墙体未施工，导致防护区面积、容积超过规范允许值。

参考规范：《气体灭火系统设计规范》(GB 50370—2005) 第 3.2.4 条

解析：采用管网灭火系统时，一个防护区的面积不宜大于 800m²，且容积不宜大于 3600m³；采用预制灭火系统时，一个防护区的面积不宜大于 500m³，且容积不宜大于 1600m³。

防护区面积和容积超标会导致灭火剂浓度不足，无法有效灭火。例如，七氟丙烷的设计浓度通常为 8%~10%，如果容积过大，实际浓度可能低于灭火浓度，导致灭火失败。此外，未完成的墙体可能导致灭火剂泄漏到相邻区域，降低灭火效果，甚至引发其他安全问题。整改措施：首先考虑恢复原有墙体，分隔防护区、调整灭火剂设计用量，确保浓度达标。同时，要验证灭火剂喷放后的浸渍时间。

问题 16：七氟丙烷灭火系统的泄压口高度未设置在防护区净高的 2/3 以上，个别项目泄压口装反，无法泄压。

参考规范：《气体灭火系统设计规范》(GB 50370—2005) 第 3.2.7 条

解析：防护区应设置泄压口，七氟丙烷灭火系统的泄压口应位于防护区净高的 2/3 以上。如果泄压口设置过低，可能在灭火剂还未充分扩散到整个防护区之前，泄压口就过早开启，导致灭火剂流失，降低有效浓度。另外，防护区内的热烟气通常会上浮，聚集在顶部。火灾时，高温烟气上升，如果泄压口在顶部附近，可以及时排出热气体，维持结构安全。

问题 17：气体灭火系统各防护区灭火控制系统的有关信息，未传送给消防控制室。

参考规范：《气体灭火系统设计规范》(GB 50370—2005) 第 5.0.7 条

解析：设有消防控制室的场所，消防控制室需实时掌握各防护区灭火设备的喷放状态等信息，根据火情做出全盘决策响应，因此各防护区灭火控制系统的有关信息，应传送给消防控制室。

问题 18：气体灭火系统各防护区，未选用灵敏度级别高的火灾探测器。

参考规范：《气体灭火系统设计规范》(GB 50370—2005) 第 5.0.1 条

解析：采用气体灭火系统的防护区，应设置火灾自动报警系统，并应选用灵敏度级别高的火灾探测器。高灵敏度探测器能更早发现火情，确保灭火剂在火势初期释放，提高灭火成功率。

问题 19：系统其他组件设置不全，如气体灭火系统防护区内未设火灾声报警器，未设置安全出口标识，防护区门口未设置相应气体灭火系统的永久性标牌。

参考规范：《气体灭火系统设计规范》(GB 50370—2005) 第 6.0.2 条

解析：防护区内的疏散通道及出口，应设应急照明与疏散指示标志。防护区内应设火灾声报警器，必要时，可增设闪光报警器。防护区的入口处应设火灾声、光报警器和灭火剂喷放指示灯，以及防护区采用的相应气体灭火系统的永久性标牌。灭火剂喷放指示灯信号，应保持到防护区通风换气后，以手动方式解除。

火灾声报警器的作用是在火灾发生时及时发出警报，提醒人员撤离。安全出口标识是为了在紧急情况下引导人员快速找到出口。防护区因为灭火剂释放导致能见度降低，清晰的标识能帮助人员识别逃生路线，避免被困。门口的永久性标志牌主要是为了警示和提供信息。标志牌需要标明该区域使用气体灭火系统，防止无关人员误入，尤其是在系统启动时。

问题 20：气体灭火系统防护区事故通风系统未在室外便于操作的地点设置手动控制装置。

参考规范：《民用建筑供暖通风与空气调节设计规范》（GB 50736—2012）第 6.3.9 条，《工业建筑供暖通风与空气调节设计规范》（GB 50019—2015）第 6.4.7 条

解析：事故通风的手动控制装置应在室内外便于操作的地点分别设置。紧急情况下确保人员安全，比如室内发生事故时，人员可能无法安全接近室内控制器，所以需要在外部设置。冗余控制确保系统可靠性，防止单点故障。

问题 21：储瓶间内未设应急照明；地下储瓶间未设机械排风装置，或排风管无法排出室外。

参考规范：《气体灭火系统设计规范》（GB 50370—2005）第 6.0.5 条

解析：储瓶间的门应向外开启，储瓶间内应设应急照明；储瓶间应有良好的通风条件，地下储瓶间应设机械排风装置，排风口应设在下部，可通过排风管排出室外。

储瓶间存放的是气体灭火系统的储瓶，如七氟丙烷或二氧化碳，这些物质在泄漏或系统故障时对人员造成危险。应急照明在火灾情况下确保人员安全撤离至关重要。地下空间自然通风条件差，一旦灭火剂泄漏或系统误喷放，有害气体积聚可能导致窒息或中毒。机械排风必须能有效将气体排出室外，避免回流。

问题 22：防护区内存在除泄压口外的不能自行关闭的开口、施工孔洞、地上防护区外墙上的可开启外窗、自动生产线上的工艺开口。

参考规范：《气体灭火系统设计规范》（GB 50370—2005）第 3.2.9 条

解析：喷洒灭火剂前，防护区内除泄压口外的开口应能自行关闭。施工孔洞可能导致灭火剂泄漏和外部空气进入，稀释灭火剂浓度；可开启的外窗可能在火灾时因高温自动破裂，影响灭火剂保持；工艺开口可能因生产需要无法关闭，导致持续泄漏。

问题 23：用于扑救可燃、助燃气体火灾的气体灭火系统，启动前不能联动切断可燃、助燃气体的气源，因各专业之间缺乏沟通协调，导致缺少联动逻辑。

参考规范：《消防设施通用规范》（GB 55036—2022）第 8.0.8 条

解析：用于扑救可燃、助燃气体火灾的气体灭火系统，在其启动前应能联动和手动切断可燃、助燃气体的气源。未切断气源时释放灭火剂，与可燃气体混合形成爆炸性环境，可能引发爆炸，或者使灭火效果大打折扣。如果未切断气源，持续气源供应会提高复燃概率。

问题 24：集流管上未安装安全泄压装置，部分项目集流管上的安全泄压装置压力选择与系统不一致；个别项目在集流管上错误地安装压力讯号器替代安全泄压装置。

参考规范：《消防设施通用规范》（GB 55036—2022）第 8.0.9 条，《气体灭火系统设计规范》（GB 50370—2005）第 4.1.4 条、第 4.1.5 条

解析： 在储存容器或容器阀上，应设安全泄压装置和压力表。组合分配系统的集流管，应设安全泄压装置。安全泄压装置的动作压力，应符合相应气体灭火系统的设计规定。在通向每个防护区的灭火系统主管道上，应设压力讯号器或流量信号器。

集流管安全泄压装置缺失或不正确，存在超压风险，可能会影响整个气体灭火系统的压力释放，导致集流管破裂或灭火剂误喷放。泄压压力与系统不匹配，可能引发低压早泄或高压迟泄。压力信号器用于信号反馈，安全泄压装置用于物理泄压，功能不同不能替代。

问题 25： 建设单位申请消防验收时，提报了工程竣工验收报告，但验收时无法提供气体灭火系统进厂检验记录、模拟喷气试验记录等相关资料。

参考规范：《建设工程消防设计审查验收管理暂行规定》（住建部令〔2023〕第 58 号）第二十八条、第二十九条，《气体灭火系统施工及验收规范》（GB 50263—2007）第 7.4.1 条、第 7.4.2 条

解析： 建设单位组织竣工验收时，应对建设工程消防设施性能、系统功能联调联试等内容是否检测合格进行查验。未进行查验或查验不合格不得编制工程竣工验收报告。不得申请消防验收。

4.7 干粉灭火系统

干粉灭火系统多数问题与气体灭火系统重复，参照气体灭火系统，不再赘述，本节只列出针对干粉灭火系统消防设计审验常见问题。

问题 1： 管网式超细干粉灭火系统未设计储瓶间，全淹没超细干粉灭火系统将灭火剂瓶放置在防护区内，火灾情况下无法完成机械应急操作，缺少机械应急操作控制方式。

参考规范：《消防设施通用规范》（GB 55036—2022）第 9.0.8 条，《干粉灭火系统设计规范》（GB 50347—2004）第 5.1.4 条

解析： 储存装置宜设在专用的储存装置间内。用于经常有人停留场所的局部应用干粉灭火系统应具有手动控制和机械应急操作的启动方式，其他情况的全淹没和局部应用干粉灭火系统均应具有自动控制、手动控制和机械应急操作的启动方式。

机械应急操作控制方式的缺失是一个关键问题。自动系统可能因电力或控制故障失效，此时机械应急操作是最后的保障。机械应急启动装置必须设置在安全区域，并且易于操作。如果这些装置位于防护区内，火灾时人员无法接近，系统将无法手动启动，导致灭火失败。

问题 2： 全淹没干粉灭火系统防护区不能自动关闭的防护区开口总面积大于该防护区总内表面积的 15%。

参考规范：《消防设施通用规范》（GB 55036—2022）第 9.0.1 条

解析： 全淹没干粉灭火系统的防护区在系统动作时，不能关闭的开口应位于防护区内高于楼地板面的位置，其总面积应小于或等于防护区总内表面积的 15%；如果开口面积超过 15%，可能会导致灭火剂流失，无法有效灭火。防护区的门应向疏散方向开启，并

应具有自行关闭的功能。

问题 3：一个防护区内的预制灭火装置设置超过 4 套，尤其采用温控元件启动的悬挂式灭火装置，多的防护区多达 20 多具。

参考规范：《干粉灭火系统设计规范》（GB 50347—2004）第 3.4.3 条

解析：一个防护区或保护对象所用预制灭火装置不得超过 4 套，并应同时启动，其动作响应时间差不得大于 2s。防护区内预制装置不超过 4 套，以确保同步启动和有效覆盖，过多的装置可能导致灭火剂浓度过高或浪费，甚至引发安全隐患；系统可靠性方面，每增加 1 套装置，联动失效概率增加 12%。

各个省（区、市）有一些特殊规定，如《山东省建设工程消防设计审查验收技术指南》（鲁建消字〔2024〕5 号）（消防给水与灭火设施）第 15.2.5 条，同一防护区或防护对象采用多套悬挂式灭火装置时，灭火装置数量和灭火剂总量宜按以下标准执行：采用温控元件启动时，干粉灭火装置总数不应超过 6 具，且应在 1s 内全部启动；采用电引发器启动时，灭火剂总用量不宜超过 50kg，且应设自动联动启动系统，采用顺次启动时，各灭火装置启动的时间间隔不应小于 0.2s，且不应大于 0.6s。总用时不超过 3s。

问题 4：干粉灭火系统的选择阀未采用快开型阀门。

参考规范：《干粉灭火系统设计规范》（GB 50347—2004）第 5.2.2 条、第 5.2.3 条

解析：选择阀应采用快开型阀门，其公称直径应与连接管道的公称直径相等。选择阀可采用电动、气动或液动驱动方式，并应有机械应急操作方式。

快开阀在启动时能迅速达到全开状态，减少压力损失，确保灭火剂以最大流量释放。快开型阀门结构简单，故障率低，在紧急情况下更可靠。同时，快开阀的快速动作可以避免阀门延迟开启导致的压力积聚，降低管道或储瓶过压的风险。

问题 5：在通向防护区的灭火系统主管道上未设置压力信号器或流量信号器。

参考规范：《干粉灭火系统设计规范》（GB 50347—2004）第 5.3.4 条

解析：在通向防护区或保护对象的灭火系统主管道上，应设置压力信号器或流量信号器。

干粉灭火系统需要确保在火灾发生时，灭火剂能够快速有效地释放到防护区。压力或流量信号器的作用应该是监控系统的工作状态，确认灭火剂是否正常释放。

问题 6：干粉灭火系统的延时时间小于干粉储存容器的增压时间，增压时间大于 30s。

参考规范：《干粉灭火系统设计规范》（GB 50347—2004）第 5.1.1 条、第 6.0.2 条

解析：干粉储存容器设计压力可取 1.6MPa 或 2.5MPa 压力级；其干粉灭火剂的装量系数不应大于 0.85；其增压时间不应大于 30s。设有火灾自动报警系统时，灭火系统的自动控制应在收到 2 个独立火灾探测信号后才能启动，并应延迟喷放，延迟时间不应大于 30s，且不得小于干粉储存容器的增压时间。延时时间是指系统接收到火警信号后，到实际启动灭火装置的时间间隔，这个时间通常用于确保人员疏散和关闭防护区开口。增压时间则是储存容器内压力达到工作压力所需的时间。如果延时时间小于增压时间，意味着在

增压完成前系统就启动了，可能人员未疏散完毕，也有可能压力不足影响灭火效果。

4.8 水喷雾灭火系统

水喷雾灭火系统雨淋报警阀组问题与雨淋系统的雨淋报警阀组重复，不再赘述，本节只列出针对水喷雾灭火系统消防设计审验常见问题。

问题1：水雾喷头与保护对象之间的距离大于水雾喷头的有效射程。

参考规范：《消防设施通用规范》（GB 55036—2022）第6.0.5条

解析：水喷雾灭火系统的水雾喷头应能使水雾直接喷射和覆盖保护对象；与保护对象的距离应小于或等于水雾喷头的有效射程。

水雾喷头与保护对象间距超出有效射程，可能导致：①灭火或冷却效率衰减；②水雾锥重叠率减少，可能形成防护盲区；③超出有效射程后喷雾性能明显下降，可能出现漂移现象。

问题2：喷头选型错误，常见电气火灾场所采用了撞击型水雾喷头，应为离心雾化型水雾喷头。

参考规范：《消防设施通用规范》（GB 55036—2022）第6.0.5条

解析：水喷雾灭火系统用于电气火灾场所时，喷头应为离心雾化型水雾喷头。水喷雾系统的灭火原理包括冷却、窒息、稀释等。电气火灾涉及带电设备，所以需要考虑水的导电性和雾化效果。离心雾化喷头通过旋转产生更细的水雾，水滴直径更小，可能更容易蒸发，减少水流对电气设备的损害，同时细水雾的导电性较低，安全性更高。而撞击式喷头可能产生体积较大的水滴，导电性更强，增加电击风险。

问题3：系统工作压力较低，用于灭火时水雾喷头的工作压力低于0.35MPa，现场测试不能形成喷雾状态。

参考规范：《消防设施通用规范》（GB 55036—2022）第6.0.5条

解析：水雾喷头在一定工作压力下才能使出水形成喷雾状态，并具备相应的雾动量、雾滴粒径等雾化特性。水雾喷头的工作压力，用于灭火时，应大于或等于0.35MPa；用于防护冷却时，应大于或等于0.15MPa。系统工作压力低于0.35MPa，导致喷头无法喷雾，其原因可能是泵组的问题、管道是否有泄漏或堵塞、喷头类型是否正确，或者设计参数是否合理。

问题4：变压器绝缘子升高座孔口、集油坑未设水雾喷头保护，变压器起火后，最易从绝缘套管部位开裂，进出线绝缘套管升高座孔口设置单独的喷头保护有利于灭火。

参考规范：《水喷雾灭火系统技术规范》（GB 50219—2014）第3.2.5条

解析：当保护对象为油浸式电力变压器时，变压器绝缘子升高座孔口、油枕、散热器、集油坑应设水雾喷头保护。绝缘子升高座孔口如果没有水雾保护，可能导致火灾发生时火势蔓延，这些区域通常是变压器油泄漏或电弧可能发生的地方。水雾的作用是快速冷却和隔绝氧气，抑制火势。如果没有喷头，这些关键部位无法得到及时冷却，可能引发更严重的火灾。集油坑如果没有水雾喷头，在变压器油泄漏起火时，无法有效控制油火。油火燃烧温度高，容易扩散，水雾可以乳化油层，减少燃烧可能性。缺少喷头可能导致火势难以控制，甚至增加爆炸风险。

问题 5：保护球罐时水雾喷头的喷口未朝向球心，现场常见喷头水平安装，不利于水雾在罐壁均匀分布形成完整连续的水膜。

参考规范：《水喷雾灭火系统技术规范》（GB 50219—2014）第 3.2.7 条

解析：当保护对象为球罐时，水雾喷头的喷口应朝向球心；水雾锥沿纬线方向应相交，沿经线方向应相接，无防护层的球罐钢支柱和罐体液位计、阀门等处应设水雾喷头保护。水雾喷头的设计是为了在球罐表面形成均匀的水膜，隔离火焰和冷却罐体。如果喷口不朝向球心，水雾的覆盖面积和方向会改变，导致分布不均，某些区域可能无法形成连续水膜，导致冷却效率降低，局部温度升高，可能引发结构变形或破裂。同时，灭火效果大打折扣，延长了灭火时间，增加了爆炸风险。

问题 6：无防护层的球罐，钢支柱和罐体液位计、阀门等处未设水雾喷头保护。

参考规范：《水喷雾灭火系统技术规范》（GB 50219—2014）第 3.2.7 条

解析：钢支柱如果没有水雾冷却，在火灾中可能结构失效，导致球罐倒塌。液位计和阀门是关键部位，缺乏保护可能影响应急操作。

解决方案：建议加装水雾喷头或者采取替代措施如防火涂料。同时，核算设计参数如喷水强度、持续时间是否符合要求。

问题 7：保护输送机输送带时，水雾喷头只布置在上行输送带上表面，未覆盖着火输送机的机头、机尾。

参考规范：《水喷雾灭火系统技术规范》（GB 50219—2014）第 3.2.10 条

解析：当保护对象为输送机输送带时，水雾喷头的布置应使水雾完全包络着火输送机的机头、机尾和上行输送带上表面。机头和机尾通常是容易积聚物料或发生摩擦的地方，容易引发火灾，如果没有喷头保护，一旦起火可能无法及时扑灭，导致火势扩大。

问题 8：离心雾化型水雾喷头未带柱状过滤网。

参考规范：《水喷雾灭火系统技术规范》（GB 50219—2014）第 4.0.2 条

解析：离心雾化型水雾喷头应带柱状过滤网。离心雾化应该是通过旋转将水分散成细小雾滴的，这对喷头的内部结构要求很高，尤其是防止堵塞。过滤网在喷头中的作用主要是拦截杂质，保证水流畅通，防止喷嘴堵塞。离心雾化型喷头因为结构复杂，其雾化效果依赖精确的流道设计，一旦有颗粒物进入，可能影响雾化效果，甚至完全堵塞喷头，导致灭火系统失效。柱状过滤网相比普通过滤网，提供更大的过滤面积，减少压降，同时便于维护。

问题 9：雨淋报警阀组的电磁阀前未设置可冲洗的过滤器。

参考规范：《水喷雾灭火系统技术规范》（GB 50219—2014）第 4.0.3 条

解析：响应时间不大于 120s 的水喷雾灭火系统，应设置雨淋报警阀组，雨淋报警阀组的电磁阀前应设置可冲洗的过滤器。若电磁阀前未设可冲洗过滤器，会导致杂质堵塞，影响电磁阀动作。

问题10：雨淋报警阀、电动控制阀、气动控制阀等控制阀门的设置位置不便于人员安全操作。

参考规范：《水喷雾灭火系统技术规范》（GB 50219—2014）第5.3.2条

解析：雨淋报警阀、电动控制阀、气动控制阀宜布置在靠近保护对象并便于人员安全操作的位置。若设置位置不便于安全操作，人员无法接近而不能及时顺利开启雨淋报警阀，造成不必要的财产损失和人员伤亡。

问题11：传动管雨淋选型、应用错误，如电气火灾场所设计空气传动管，现场安装液动传动管，在严寒地区采用压缩空气传动管时，未采取防止冷凝水积存的措施。

参考规范：《水喷雾灭火系统技术规范》（GB 50219—2014）第6.0.3条

解析：空气传动管使用压缩空气作为动力传输介质，而液动传动管使用液体（通常是水或油）。在电气火灾环境中，可能存在漏电、短路等风险，液体作为导电介质可能会增加触电风险，而空气是绝缘体，更安全。液体在高温下可能蒸发或分解，另外，液体传动系统可能存在泄漏问题，因此电气火灾不应采用液动传动管。

液动传动管在寒冷环境下，水会结冰或油会变得更黏稠，导致流动性和响应速度下降，影响系统的启动和运行效率。因此在严寒与寒冷地区，不应采用液动传动管。

当压缩空气被冷却到露点以下时，水分会凝结。传动管内如果有水分积存，可能会影响系统性能，比如在寒冷地区结冰，导致管道堵塞或破裂。或者在电气环境中，水分可能导致短路或腐蚀。因此当采用压缩空气传动管时，应采取防止冷凝水积存的措施。

问题12：保护甲$_B$、乙、丙类液体储罐、液化烃储罐的水喷雾冷却系统，联动逻辑错误，仅启动着火罐雨淋报警阀（或电动控制阀、气动控制阀），应能同时启动需要冷却的相邻储罐的雨淋报警阀。

参考规范：《水喷雾灭火系统技术规范》（GB 50219—2014）第6.0.4条、第6.0.5条

解析：用于保护液化烃储罐的系统，在启动着火罐雨淋报警阀的同时，应能启动需要冷却的相邻储罐的雨淋报警阀。用于保护甲$_B$、乙、丙类液体储罐的系统，在启动着火罐雨淋报警阀（或电动控制阀、气动控制阀）的同时，应能启动需要冷却的相邻储罐的雨淋报警阀（或电动控制阀、气动控制阀）。

雨淋报警阀属于自动灭火系统，当火灾探测器触发时，雨淋阀迅速开启，大量水通过喷头覆盖保护区域。对于着火罐，启动雨淋阀是为了直接灭火和冷却罐体，防止温度升高导致压力上升，从而避免物理爆炸。着火罐燃烧产生的巨大热量会辐射到相邻储罐，导致其温度上升，可能引发罐体材料强度下降或内部压力升高，增加爆炸风险。启动相邻罐的雨淋系统可以及时冷却，维持结构完整性。防止火灾蔓延。罐区火灾扩散速度快，相邻储罐如果未及时冷却，可能被引燃。尤其是当储罐间距较近时，火焰和热气流可能直接冲击邻近罐体，提前冷却可以延缓或阻止火势扩展。同时，压力控制也是一个因素。相邻储罐如果受到热辐射，内部压力可能急剧上升，超过设计压力，导致安全阀频繁开启或罐体破裂。喷水冷却能有效降低温度，减缓压力上升速度，为应急处置争取时间。因此启动着火罐冷却的同时，应能启动需要冷却的相邻储罐冷却。

问题13：保护输送机输送带的系统，验收时联动测试，仅启动起火区段的雨淋报警

阀，未能同时启动起火区段下游相邻区段的雨淋报警阀，不能同时切断带式输送机的电源。

参考规范：《水喷雾灭火系统技术规范》(GB 50219—2014) 第 6.0.6 条

解析：分段保护输送机输送带的系统，在启动起火区段的雨淋报警阀的同时，应能启动起火区段下游相邻区段的雨淋报警阀，并应能同时切断带式输送机的电源。

输送机输送带系统发生火灾时的联动控制需实现"火势隔离、能量阻断、动态防控"三重目标，在启动起火区段的雨淋报警阀的同时，要与下游相邻区段联动，主要考虑防范火势蔓延风险、输送带移动带来的火势扩散及冷却需求。切断电源是为了防止输送带继续运转，导致火势扩大或影响灭火效果。

问题 14：保护油浸电力变压器的水喷雾灭火系统未采用火灾探测器的报警信号和变压器的断路器信号进行联锁控制。

参考规范：《水喷雾灭火系统技术规范》(GB 50219—2014) 第 6.0.7 条

解析：当自动水喷雾灭火系统误动作会对保护对象造成不利影响时，应采用 2 个独立火灾探测器的报警信号进行联锁控制；当保护油浸电力变压器的水喷雾灭火系统采用两路相同的火灾探测器时，系统宜采用火灾探测器的报警信号和变压器的断路器信号进行联锁控制。一般情况下，油浸变压器水喷雾灭火系统同时接收以下信号启动：①变压器本体火灾探测器组（含温感、烟感、火焰）；②变压器断路器跳闸信号。

问题 15：部分项目消防验收时不能进行水喷雾灭火系统的联调联试，无法测试消防设施的系统功能，施工单位、建设单位的水喷雾灭火系统验收记录表中缺少模拟灭火功能试验、冷喷试验相关记录，例如在变压器已经送电、医疗设备已经进场的情况下。

参考规范：《建设工程消防设计审查验收管理暂行规定》（住建部令〔2023〕第 58 号）第二十八条，《水喷雾灭火系统技术规范》(GB 50219—2014) 第 9.0.14 条、第 9.0.15 条

解析：建设单位组织竣工验收时，建设工程的消防设施性能、系统功能联调联试等内容检测合格后才能编制工程竣工验收报告，经查验不符合前款规定的建设工程，建设单位不得编制工程竣工验收报告。建设单位申请消防验收时应提供竣工验收报告，未进行调试或无调试记录属于建设单位未落实主体责任。未经消防验收或者消防验收不合格的，禁止投入使用。

4.9 细水雾灭火系统

问题 1：泵组系统的储水箱未设置液位显示、高低液位报警装置。

参考规范：《细水雾灭火系统技术规范》(GB 50898—2013) 第 3.5.4 条

解析：泵组系统的供水装置的储水箱应具有保证自动补水的装置，并应设置液位显示、高低液位报警装置和溢流、透气及放空装置，确保能够实时监视储水箱的水位状况并在水位异常时及时报警。

问题 2：泵组式细水雾灭火系统水泵控制柜（盘）的防护等级不满足设计要求，应不低于 IP54。

参考规范：《细水雾灭火系统技术规范》（GB 50898—2013）第 3.5.4 条

解析：防护等级应不低于 IP54，保证水泵控制柜（盘）在潮湿、多尘等恶劣环境下仍能正常工作，不会因为灰尘积聚或水分侵入而故障，确保细水雾灭火系统在关键时刻能够迅速、有效地启动并发挥作用。

问题 3：细水雾灭火系统水源的水质不满足要求，如泵组系统的水质达不到生活饮用水卫生标准，容易造成细水雾喷头的喷孔堵塞或系统管道腐蚀。

参考规范：《消防设施通用规范》（GB 55036—2022）第 6.0.2 条，《细水雾灭火系统技术规范》（GB 50898—2013）第 3.5.1 条

解析：水喷雾灭火系统和细水雾灭火系统水源的水量与水质，应满足系统灭火、控火、防护冷却或防火分隔及可靠运行和持续喷雾的要求。泵组系统的水质不应低于国家标准《生活饮用水卫生标准》（GB 5749—2022）的有关规定，瓶组系统的水质不应低于国家标准《食品安全国家标准 包装饮用水》（GB 19298—2014）的有关规定；细水雾灭火系统是通过将水雾化成微米级的细水滴，这些细小的水滴在高温下迅速蒸发，吸收大量热量，降低火源周围的温度，从而达到灭火的目的。如果水质不达标，可能会含有杂质或污染物，造成细水雾喷头的喷孔堵塞或系统管道腐蚀。

问题 4：多数设计图纸中标明"细水雾灭火系统由厂家深化设计"，厂家深化设计图纸缺少喷头设计流量、系统的设计流量、储水箱所需有效容积的计算，且深化设计图纸未经消防设计审查，现场储水箱由厂家配套，但有效容积不能满足规范要求。

参考规范：《消防设施通用规范》（GB 55036—2022）第 6.0.2 条，《细水雾灭火系统技术规范》（GB 50898—2013）第 3.4.16 条至第 3.4.21 条

解析：水喷雾灭火系统和细水雾灭火系统水源的水量与水质，应满足系统灭火、控火、防护冷却或防火分隔及可靠运行和持续喷雾的要求。深化设计图纸的具体要求应包括系统选型、设计参数、喷头与管网设计、系统组件要求等方面的详细内容。消防设计图纸应经过消防设计审查。

问题 5：过滤器设置不全，或过滤器材质不符合要求，影响水质和灭火效果；或储水箱出水口未设置过滤器。

参考规范：《消防设施通用规范》（GB 55036—2022）第 6.0.8 条，《细水雾灭火系统技术规范》（GB 50898—2013）第 3.5.9 条

解析：细水雾灭火系统中，储水箱进水口处应设置过滤器，出水口或控制阀前应设置过滤器，过滤器的设置位置应便于维护、更换和清洗等。过滤器的材质应为不锈钢、铜合金，或其他耐腐蚀性能不低于不锈钢、铜合金的金属材料。过滤器的网孔孔径与喷头最小喷孔孔径的比值应小于或等于 0.8。

问题 6：细水雾灭火系统在消防控制室内未设置系统手动启动装置，规范要求在消防控制室和防护区入口处设置该手动操作装置，便于发生火灾时快速启动系统。

参考规范：《细水雾灭火系统技术规范》（GB 50898—2013）第 3.6.3 条

解析：在消防控制室内和防护区入口处，应设置系统手动启动装置。在消防控制室内

设置系统手动启动装置，确保消防人员在紧急情况下能够迅速、直接地启动灭火系统，从而有效控制火势的蔓延。若消防控制室内没有手动启动装置，消防人员可能需要通过其他途径或方式启动系统，这将增加启动时间，延误灭火时机；手动启动装置提供了除自动控制外的另一种启动方式，提高了系统操作的灵活性，自动控制失效时，手动启动装置将发挥重要作用。

问题7：细水雾灭火系统手动启动装置和机械应急操作装置上未设置与所保护场所对应的明确标识，不便于辨认。特别是多个防护区的应急手动操作装置集中布置在一起时，更要标识明确，以保证能快捷、准确操作启动系统。

参考规范：《细水雾灭火系统技术规范》（GB 50898—2013）第3.6.4条

解析：手动启动装置和机械应急操作装置应能在一处完成系统启动的全部操作，并应采取防止误操作的措施。手动启动装置和机械应急操作装置上应设置与所保护场所对应的明确标识。手动启动装置和机械应急操作装置是确保系统在紧急情况下能够迅速启动的关键设备。这些装置的设置要求功能完备、操作简便、易于辨认，以确保在火灾等紧急情况下，消防人员能够迅速、准确地启动系统，从而有效控制火势的蔓延。如果这些装置上未设置与所保护场所对应的明确标识，将给操作带来极大的不便。特别是在多个防护区的应急手动操作装置集中布置在一起时，如果没有明确的标识进行区分，消防人员很难在短时间内找到对应防护区的操作装置，从而延误灭火时机。

问题8：有爆炸危险环境中的细水雾灭火系统，管网和组件未采取静电导除措施。

参考规范：《消防设施通用规范》（GB 55036—2022）第2.0.4条

解析：消防给水与灭火设施中位于爆炸危险性环境的供水管道及其他灭火介质输送管道和组件，应采取静电防护措施。静电是一种潜在的点火源，特别是在有爆炸危险的环境中，静电的积累和放电可能引发爆炸事故。细水雾灭火系统的管网和组件，在运行时可能会因为摩擦、接触等产生静电。如果这些静电未能及时导除，一旦达到一定的能量水平，就有可能引发爆炸，从而对人员和财产造成严重威胁。

问题9：系统选型错误，常见配电室安装闭式系统，一旦喷头误动作，对电气设备运行存在安全隐患。

参考规范：《细水雾灭火系统技术规范》（GB 50898—2013）第3.1.3条

解析：规范规定，液压站，配电室、电缆隧道、电缆夹层，电子信息系统机房，文物库，以及密集柜存储的图书库、资料库和档案库，宜选择全淹没应用方式的开式细水雾灭火系统；油浸变压器室、涡轮机房、柴油发电机房、润滑油站和燃油锅炉房、厨房内烹饪设备及其排烟罩和排烟管道部位，宜采用局部应用方式的开式系统；采用非密集柜储存的图书库、资料库和档案库，可选择闭式系统。

问题10：建设单位未按图施工，将2个以上的防护区合并为一个防护区，导致泵组系统防护区容积超过 3000m³，常见高压配电室与相邻的低压配电室合并。

参考规范：《细水雾灭火系统技术规范》（GB 50898—2013）第3.4.5条

解析：采用全淹没应用方式的开式系统，其防护区数量不应大于3个。单个防护区的容积，对于泵组系统不宜超过 3000m³，对于瓶组系统不宜超过 260m³。当超过单个防护区最大容积时，宜将该防护区分成多个分区进行保护。细水雾灭火系统的设计和安装都是基于特定的防护区容积和火灾风险进行的。当防护区容积超过设计标准时，系统的灭火效果可能会大打折扣，无法在短时间内有效控制火势，甚至可能导致火灾蔓延。

问题 11：系统压力不满足设计要求，消防验收测试喷雾效果不佳，导致存在漏保护区域。

解析：压力不足可能导致水雾颗粒变大，分布不均，无法有效覆盖整个防护区，从而降低灭火效率。在消防验收测试中，如果喷雾效果不佳，就意味着系统在实际火灾中可能无法迅速、有效地扑灭火焰，进而造成火势的蔓延和扩大。

问题 12：全淹没应用方式的开式系统，防护区内的开口不能在系统启动时自动关闭，开口部位的上方未增设喷头。

参考规范：《细水雾灭火系统技术规范》（GB 50898—2013）第 3.1.5 条

解析：开式系统采用全淹没应用方式时，防护区内影响灭火有效性的开口宜在系统动作时联动关闭。当防护区内的开口不能在系统启动时自动关闭时，宜在该开口部位的上方增设喷头。全淹没应用方式的开式系统，若防护区内的开口不能在系统启动时自动关闭，灭火剂将通过这些开口迅速流失，无法形成足够的灭火浓度，导致灭火效果大打折扣。若开口部位的上方未增设喷头，火灾可能会在未受保护的开口部位继续蔓延，进而威胁相邻区域的安全。

问题 13：设置在室外的局部应用方式的开式系统，如保护室外高压变压器的开式细水雾灭火系统，周围的气流速度大于 3m/s 未采取挡风措施，未考虑环境对流气流的影响较大。

参考规范：《细水雾灭火系统技术规范》（GB 50898—2013）第 3.1.6 条

解析：开式系统采用局部应用方式时，保护对象周围的气流速度不宜大于 3m/s。必要时，应采取挡风措施。局部应用方式的开式细水雾灭火系统通常是向保护对象直接喷放细水雾，当周围的气流速度大于 3m/s，未采取挡风措施会导致细水雾被迅速吹散，无法有效覆盖和包络保护对象，影响灭火效果。

问题 14：细水雾灭火系统设施上或附近未设置区别于环境的明显标识，手动操作按钮等装置处未采取防止误操作或被损坏的防护措施。

参考规范：《消防设施通用规范》（GB 55036—2022）第 2.0.10 条

解析：消防设施及其周边区域设置明显区别于环境的标识，可以确保在火灾等紧急情况下，人员能够迅速识别并找到消防设施的位置。对于手动操作按钮等关键装置，应采取必要的防护措施，防止因误操作或被损坏而导致消防设施无法正常使用。例如，在手动报警按钮上设置防护外罩或铅封，可以防止非紧急情况下被误触发；在报警阀组报警管路等关键部件上设置锁具，可以防止被随意操作或损坏，从而确保消防设施在关键时刻能够发挥应有的作用。

问题 15：管材选择不符合规范要求，系统最大工作压力不小于 3.50MPa 的细水雾灭火系统，未采用牌号为022Cr17Ni12Mo2的奥氏体不锈钢无缝钢管。符合要求的管道材质是确保系统正常工作的必要保证，细水雾喷头喷孔较小，为防止喷头堵塞，影响灭火效果，需要采用能防止管道锈蚀、不利于微生物滋生的管材。

参考规范：《细水雾灭火系统技术规范》（GB 50898—2013）第3.3.10条

解析：细水雾灭火系统对管道的材质和性能有严格要求。由于细水雾灭火系统需要在高压条件下工作，管道必须具备良好的耐腐蚀性和耐压性能。冷拔法制造的奥氏体不锈钢钢管因其优良的耐腐蚀性和耐压性能，能够满足这一要求。同时，这种管道材质也能够保证在高压条件下稳定输送细水雾，从而实现快速高效的灭火效果。当系统最大工作压力不小于3.50MPa时，对管道的耐压性能要求更高，应采用牌号为022Cr17Ni12Mo2的奥氏体不锈钢无缝钢管，或其他耐腐蚀和耐压性能不低于牌号022Cr17Ni12Mo2的金属管道，其具有良好的耐腐蚀性和更高的耐压性能，能够确保系统在高压条件下稳定运行，提高系统的可靠性和安全性。

4.10　泡沫灭火系统

问题1：储罐区固定式低倍数泡沫灭火系统，自泡沫消防水泵启动至泡沫混合液或泡沫输送到保护对象的时间超过5min，未设置泡沫站。

参考规范：《消防设施通用规范》（GB 55036—2022）第5.0.6条，《泡沫灭火系统技术标准》（GB 50151—2021）第7.1.7条

解析：储罐或储罐区固定式低倍数泡沫灭火系统，自泡沫消防水泵启动至泡沫混合液或泡沫输送到保护对象的时间应小于或等于5min，否则储罐或储罐区设置泡沫站。5min内不能将泡沫混合液或泡沫输送到最远的保护对象，延误灭火。

问题2：泡沫站内独立设置的平衡式比例混合装置、机械泵入式比例混合装置和囊式压力式比例混合装置等，管道上阀门仅安装手动控制阀，未设置远程控制功能。

参考规范：《消防设施通用规范》（GB 55036—2022）第5.0.6条

解析：泡沫站通常是无人值守的，为了在发生火灾时及时启动泡沫系统灭火，规定应具备远程控制功能，以确保在紧急情况下，人员能够在安全的位置迅速、准确地控制泡沫液的供应和混合比例，从而提高灭火效率。

问题3：石油化工园区、大中型石化企业与煤化工企业、石油储备库，固定式泡沫灭火系统，未采用柴油机拖动的泡沫消防水泵做备用泵。

参考规范：《泡沫灭火系统技术标准》（GB 50151—2021）第7.1.3条

解析：在石油化工等高风险行业中，消防系统的可靠性至关重要。由于这些场所通常存储有大量的易燃、易爆物质，一旦发生火灾，后果将不堪设想。柴油机拖动的泡沫消防水泵作为备用泵具有显著的优势：①柴油机不依赖外部电力供应，即使主电网发生故障，也能通过自身的燃油系统继续运行。②柴油机具有较高的可靠性和耐用性，能够在恶劣的环境下长时间工作。③柴油机拖动的泡沫消防水泵通常设计有自动启动功能，在主用泵出现故障或电力中断时，能够迅速启动并接管灭火任务。因此规范要求石油化工园区、大中

型石化企业与煤化工企业、石油储备库的固定式泡沫灭火系统采用柴油机拖动的泡沫消防水泵做备用泵。

问题 4：囊式压力比例混合装置的泡沫液储罐，单罐容积超过 $5m^3$。

参考规范：《泡沫灭火系统技术标准》（GB 50151—2021）第 3.4.5 条

解析：若泡沫液储罐的单罐容积过大，会有以下情况：①大容积的储罐在操作过程中可能面临更大的压力变化，增加了泄漏或爆炸的风险；②大容积储罐在混合过程中可能导致泡沫液与水混合不均匀，影响泡沫的质量和灭火性能。因此，为了确保系统的安全性和稳定性，规范要求当采用囊式压力比例混合装置时，泡沫液储罐的单罐容积不应大于 $5m^3$；内囊应由适宜所储存泡沫液的橡胶制成，且应标明使用寿命。工程中，当泡沫灭火系统泡沫液用量较大时，可设置多个泡沫罐并联接入系统，确保每单罐容积不超过 $5m^3$，且应标明内囊使用寿命。

问题 5：安装在室外的泡沫比例混合装置未采取防晒、防冻和防腐等措施，影响使用寿命。

参考规范：《泡沫灭火系统技术标准》（GB 50151—2021）第 3.2.7 条、第 3.7.6 条、第 9.3.13 条

解析：泡沫液宜储存在干燥通风的房间或敞棚内；储存的环境温度应满足泡沫液使用温度的要求。在寒冷季节有冰冻的地区，泡沫灭火系统的湿式管道应采取防冻措施。泡沫液储罐应根据环境条件采取防晒、防冻和防腐等措施。

防晒措施可以防止太阳直射导致设备温度过高，从而影响泡沫液的稳定性和发泡效果。高温环境下，泡沫液的性能可能会下降，析液时间短，灭火性能降低。防冻措施则是为了应对低温环境，防止泡沫液结冰或凝固，从而妨碍其流动和使用。防腐措施则是针对安装在有腐蚀性环境（如海边等）中的设备，防止其受到腐蚀而损坏。腐蚀会导致设备性能下降，甚至引发泄漏等安全隐患。

问题 6：固定式泡沫灭火系统，未在泡沫混合液管道上设置试验检测口。

参考规范：《泡沫灭火系统技术标准》（GB 50151—2021）第 4.1.7 条

解析：在泡沫混合液管道上设置试验检测口，为了便于对泡沫混合液的性能和流量进行检测。通过这一接口，可以接入检测仪器，对泡沫混合液的浓度、流量等关键参数进行实时监测。在防火堤外侧最不利和最有利水力条件处的管道上宜设置供检测泡沫产生器工作压力的压力表接口，则是为了检测泡沫产生器的工作压力。泡沫产生器的工作压力是影响其发泡效果的关键因素之一。通过设置压力表接口，可以实时监测泡沫产生器的工作压力，确保其始终保持在设计范围内。

问题 7：囊式压力比例混合装置的储罐上未标明泡沫液剩余量。

参考规范：《泡沫灭火系统技术标准》（GB 50151—2021）第 3.5.3 条

解析：囊式压力比例混合装置的储罐上应标明泡沫液剩余量，泡沫液剩余量是指泡沫液储罐中无法使用的部分。在泡沫灭火系统中，囊式压力比例混合装置是关键设备之一，泡沫液的储量直接影响系统的灭火能力和持续时间。如果泡沫液储量不足，在紧急情况下

可能无法提供足够的泡沫混合液，从而影响灭火效果。因此，为了直观显示泡沫液的剩余量，规范要求囊式压力比例混合装置的储罐上应标明泡沫液储罐中无法使用的部分。这样，操作人员可以通过观察储罐上的标识，及时计算、了解泡沫液的剩余量，并在必要时进行补充，确保系统的灭火能力始终保持在最佳状态。

问题 8：水溶性液体的固定顶储罐，液上喷射泡沫产生器未设置泡沫缓释罩。

参考规范：《泡沫灭火系统技术标准》（GB 50151—2021）第 4.2.3 条

解析：泡沫缓释罩安装在固定顶或内浮顶储罐的泡沫产生器出口，主要作用是引导泡沫沿罐壁向下缓慢释放到水溶性液体表面。由于泡沫产生器释放的泡沫具有较大的出口压力，如果直接冲击可燃液体表面，会使泡沫迅速破裂，从而降低泡沫的灭火效果。泡沫缓释罩的使用可以有效地避免这种情况，使泡沫能够沿着罐壁缓慢流下，覆盖在可燃液体表面，形成一层稳定的隔离层，阻止空气与火焰的接触，实现灭火的目的。此外，泡沫缓释罩的采用还能确保泡沫能够均匀分布在液体表面，进一步提高灭火效率。

问题 9：防火堤内地上泡沫混合液水平管道、埋地泡沫混合液管道与罐壁上的泡沫混合液立管之间未采用金属软管连接。

参考规范：《泡沫灭火系统技术标准》（GB 50151—2021）第 4.2.7 条

解析：防火堤内地上泡沫混合液或泡沫水平管道应敷设在管墩或管架上，与罐壁上的泡沫混合液立管之间应用金属软管连接。在泡沫灭火系统中，储罐基础可能会因为地基沉降、土壤固结等而发生沉降，管道可能因温度变化而产生热胀冷缩。如果采用刚性连接，这些变化会导致管道应力增大，甚至造成管道损坏或连接处泄漏。而金属软管具有较好的柔性和弹性，能够适应这些变化，从而保护管道和连接处的完整性。此外，金属软管还具有耐腐蚀、耐高温、耐高压等优点，能够保证连接的可靠性和耐久性。

问题 10：全淹没泡沫灭火系统，消防自动控制设备未与防护区内门窗的关闭装置、排气口的开启装置及生产、照明电源的切断装置联动。

参考规范：《泡沫灭火系统技术标准》（GB 50151—2021）第 5.1.2 条

解析：一方面，为防止泡沫流失，使中倍数或高倍数泡沫灭火系统在规定的喷放时间内达到要求的泡沫淹没深度，泡沫淹没深度以下的门、窗要在系统启动的同时自动关闭。另一方面，为使泡沫顺利释放到被保护的封闭空间，其封闭空间的排气口也应在系统启动的同时自动开启。此外，泡沫具有导电性，当泡沫进入未封闭的带电电气设备时，会造成电气短路，甚至引发明火，所以相关设备等的电源也应在系统启动的同时自动切断。因此规范规定全淹没系统或固定式局部应用系统，消防自动控制设备宜与防护区内门窗的关闭装置、排气口的开启装置及生产、照明电源的切断装置等联动。

问题 11：内浮顶储罐、外浮顶储罐设置的固定式或半固定式泡沫灭火系统，参数选取不合理，常见错误是泡沫混合液连续供给时间不满足设计要求，导致泡沫液用量计算不足、储存量不足。

参考规范：《消防设施通用规范》（GB 55036—2022）第 5.0.1 条，《泡沫灭火系统技术标准》（GB 50151—2021）第 4.3.2 条、第 4.4.2 条

解析：泡沫灭火系统的工作压力、泡沫混合液的供给强度和连续供给时间，应满足有效灭火或控火的要求。钢制单盘式、双盘式内浮顶储罐泡沫混合液连续供给时间不应小于60min；外浮顶储罐非水溶性液体的泡沫混合液供给强度不应小于12.5L/(min·m^2)，连续供给时间不应小于60min，单个泡沫产生器的最大保护周长不应大于24m。

4.11 灭 火 器

问题1：在选择灭火器时，选择了与场所火灾类型不匹配的灭火器类型，常见消防控制室长期有人值班，选择二氧化碳灭火器；偶见A类火灾场所配置MF碳酸氢钠灭火器，金属D类火灾场所未选择适用于特定金属的专用灭火器。

参考规范：《消防设施通用规范》（GB 55036—2022）第10.0.1条

解析：在有人值班的消防控制室，二氧化碳在高浓度下会导致窒息，使用二氧化碳灭火器可能会对人体造成伤害。MF碳酸氢钠灭火器不适合A类火灾场所，无法迅速有效地扑灭火源，可能延误灭火时机，造成火势的扩大和蔓延。活泼金属在二氧化碳中可能继续燃烧，而遇水则容易爆炸，因此不能使用二氧化碳灭火器和泡沫灭火器。只有特定金属的专用灭火器才能针对金属火灾的特性进行扑救，确保灭火效果和人员安全。因此，在金属D类火灾场所，必须选择适用于特定金属的专用灭火器。

问题2：综合医院的核磁共振机房设计图纸中标注配置无磁性清洁剂灭火器，该类型灭火器不常用，施工时未按材料表采购，验收时配置了普通磷酸铵盐干粉灭火器。

参考规范：《医疗机构消防安全管理》（WS 308—2019）第5.9.9条

解析：核磁共振机房宜配置无磁性清洁剂灭火器。核磁共振设备是一种精密的医学检查仪器，其工作原理依赖强大的磁场。以避免任何可能干扰磁场或损害设备的因素。无磁性清洁剂灭火器成为首选。无磁性灭火器整体无磁性，意味着在使用时不会被核磁共振设备的强磁力吸引，避免灭火器被吸入设备内部而造成的潜在事故。无磁性清洁剂灭火器的灭火剂必须洁净，以免使用后对核磁共振设备造成二次污染。

问题3：灭火器配置灭火级别与设计不符，常见于幼儿园、老年人照料、学校宿舍、宾馆等建筑，图纸设计严重危险级3A级别的手提式灭火器，现场配置MF/ABC4中危险级别灭火器。

参考规范：《消防设施通用规范》（GB 55036—2022）第10.0.1条

解析：客房数在50间以上的旅馆，老人住宿床位在50张及以上的养老院，幼儿住宿床位在50张及以上的托儿所、幼儿园，学生住宿床位在100张及以上的学校集体宿舍，应配置严重危险级3A级别的手提式灭火器。若配置灭火器灭火级别不足，将严重影响火灾初期的扑救效果，可能导致火势蔓延，增加人员伤亡和财产损失的风险。

问题4：灭火器放置在消火栓箱内，消火栓箱按照间距不超30m布置在公共走廊，严重危险级的场所未考虑两侧房间进深，导致灭火器设置点到最不利点（房间内或厅室内）的直线行走距离超过规范允许值。

参考规范：《消防设施通用规范》（GB 55036—2022）第10.0.2条，《建筑灭火器配

置设计规范》（GB 50140—2005）第5.2.1条、第2.1.3条

解析：灭火器设置点的位置和数量应根据被保护对象的情况和灭火器的最大保护距离确定，并应保证最不利点至少在1具灭火器的保护范围内。灭火器的最大保护距离和最低配置基准应与配置场所的火灾危险等级相适应。

保护距离是灭火器配置场所内，灭火器设置点到最不利点的直线行走距离。A类火灾严重危险级的场所灭火器的保护距离要求≤15m，若按照消火栓箱间距30m配置灭火器，则个别疏散走道两侧的房间内会超出灭火器的最大保护距离，可能导致火灾无法被及时扑灭，从而扩大火势，增加人员伤亡和财产损失的风险。

问题5：设计阶段考虑不周，在配置灭火器时未充分考虑实际使用环境和条件，导致灭火器配置不合理：设计图纸中灭火器配置点未考虑放置设备、桌椅等物品后人员取用的行走路径，按图配置灭火器后，个别区域超出灭火器的保护距离，常见于工业建筑及民用建筑中的观众厅、营业厅、超市等场所。

参考规范：《建筑灭火器配置设计规范》（GB 50140—2005）第2.1.3条

解析：灭火器配置场所内，灭火器设置点到最不利点的直线行走距离。如果设计图纸中未充分考虑放置设备、桌椅等物品后人员取用的行走路径，仅按照图纸进行配置，很可能导致在实际环境中，个别区域的灭火器超出其最大保护距离。一旦这些区域发生火灾，人员因灭火器距离过远无法及时取用灭火器进行扑救，从而延误了最佳的灭火时机。这不仅会增加火势蔓延的风险，还可能造成更大的人员伤亡和财产损失。因此，在设计图纸中配置灭火器时，必须充分考虑实际环境中的行走路径和障碍物，确保灭火器的设置点便于人员取用，且在其最大保护距离内。

问题6：灭火器摆放位置不合理，被柱子或设备、家具遮挡，未在醒目的地方设置指示灭火器位置的发光标志，不便于火灾时取用。

参考规范：《消防设施通用规范》（GB 55036—2022）第10.0.4条

解析：灭火器应设置在位置明显和便于取用的地点，且不应影响人员安全疏散。当确需设置在有视线障碍的设置点时，应设置指示灭火器位置的醒目标志。当灭火器被柱子、设备或家具遮挡时，人员在火灾发生时可能无法迅速找到灭火器，从而延误了最佳的灭火时机。若未在醒目的地方设置指示灭火器位置的发光标志，将进一步增加人员寻找灭火器的难度，降低灭火效率。

问题7：设置在室外的灭火器未采取防湿、防寒、防晒等相应保护措施，无法保障灭火器正常性能的防护要求。

参考规范：《消防设施通用规范》（GB 55036—2022）第10.0.5条，《建筑灭火器配置验收及检查规范》（GB 50444—2008）第3.4.3条、第4.2.11条

解析：灭火器不应设置在可能超出其使用温度范围的场所，并应采取与设置场所环境条件相适应的防护措施。设置在室外的灭火器应采取防湿、防寒、防晒等相应保护措施。灭火器的摆放应稳固。灭火器的设置点应通风、干燥、洁净，其环境温度不得超出灭火器的使用温度范围。设置在室外和特殊场所的灭火器应采取相应的保护措施。

灭火器只有在符合其使用温度范围的场所才能实现相应的灭火效能。对于二氧化碳等

储压式灭火器，环境温度超出使用温度范围时还可能会导致灭火器的内压升高而引发意外事故。

问题 8：灭火器配置场所的火灾种类、危险等级和建（构）筑物平面布置等发生变化，未校核或重新配置灭火器，常见办公建筑或综合楼内增加了厨房，仅建筑专业出具了设计变更，其他专业未变动，灭火器配置不满足厨房需求。常见地下配电室、柴油发电机房平面布置位置发生变化，未重新配置灭火器。

参考规范：《消防设施通用规范》（GB 55036—2022）第 10.0.6 条

解析：当灭火器配置场所的火灾种类、危险等级和建（构）筑物总平面布局或平面布置等发生变化时，应校核或重新配置灭火器。常见办公建筑或综合楼内增加了厨房，厨房的火灾存在油类，火灾类型、危险级别都发生改变，需要重新配置灭火器；地下配电室、柴油发电机房存在大量的电气设备、易燃液体，一旦发生火灾，火势蔓延速度快，扑救难度大，应配置适合电气火灾、液体火灾的灭火器，灭火级别也应比普通场所有所提高。

5

防排烟及通风设施

5.1 防烟设施

问题1：敞开楼梯、自动扶梯穿越楼板的开口部位未设置挡烟垂壁等设施。

参考规范：《建筑防烟排烟系统技术标准》（GB 51251—2017）第4.2.3条

解析：设置排烟设施的建筑内，敞开楼梯和自动扶梯穿越楼板的开口部应设置挡烟垂壁等设施，是为了防止火灾时烟气和火势通过这些开口部位蔓延扩散，确保疏散通道和救援通道的安全。如果敞开楼梯、自动扶梯等开口部位未设置挡烟垂壁等设施，烟气和火势就会迅速通过这些开口部位蔓延到其他楼层或区域，给人员疏散和救援带来极大的困难。

问题2：老年人照料设施内的非消防电梯未采取防烟措施。

参考规范：《建筑设计防火规范（2018年版）》（GB 50016—2014）第5.5.14条

解析：老年人照料设施内的非消防电梯应采取防烟措施，当火灾情况下需用于辅助人员疏散时，该电梯及其设置应符合本规范有关消防电梯及其设置要求。

在火灾情况下，烟气和火势往往会通过电梯井道等竖向通道迅速蔓延，给人员疏散和救援带来极大的困难。而老年人照料设施内的居住者多为行动不便的老年人，他们的疏散速度相对较慢，对安全环境的要求更高。为了确保老年人的生命安全，应采取有效措施防止烟气和火势通过电梯井道蔓延。防烟措施可以在电梯厅入口处设置挡烟垂壁，设置电梯厅，并采用耐火极限不低于2.00h的防火隔墙和乙级防火门与其他部位分隔；或者设置防烟前室并配备自然通风设施或加压送风系统等。

问题3：设置机械加压送风系统并靠外墙或可直通屋面的封闭楼梯间、防烟楼梯间，未在楼梯间的顶部或最上一层外墙上应设置常闭式应急排烟窗。

参考规范：《建筑防火通用规范》（GB 55037—2022）第2.2.4条

解析：设置机械加压送风系统并靠外墙或可直通屋面的封闭楼梯间、防烟楼梯间，在楼梯间的顶部或最上一层外墙上应设置常闭式应急排烟窗，且该应急排烟窗应具有手动和联动开启功能。尽管设置机械加压送风系统的封闭楼梯间和防烟楼梯间在建筑发生火灾时可以阻止烟气进入楼梯间内，但仍难以防止火场的烟气在人员疏散，特别是在灭火救援过程中进入楼梯间内。对于设置机械加压送风系统并靠外墙或可以直接通向屋面的封闭楼梯间、防烟楼梯间，在楼梯间的顶部或最上一层外墙上设置应急排烟窗，可以在必要时打开应急排烟窗，尽快排出进入其中的烟气，避免烟气在楼梯间内积聚，这是保障消防救援人员安全的重要建筑技术措施之一。

问题4：设置机械加压送风系统并靠外墙或可直通屋面的封闭楼梯间、防烟楼梯间，在楼梯间的顶部或最上一层外墙上设置的常闭式应急排烟窗，联动开启逻辑错误，火灾时联动启动机械加压送风系统的同时打开了应急排烟窗，因为外窗的开启而使空气大量外泄，保证不了送风部位的正压值或门洞风速，从而造成防烟系统失效。

参考规范：《建筑防烟排烟系统技术标准》（GB 51251—2017）第 3.3.10 条，《〈建筑防火通用规范〉GB 55037—2022 实施指南》第 2.2.4 条【实施要点】

解析：采用机械加压送风的场所不应设置百叶窗，且不宜设置可开启外窗。

条文说明中表示，在机械加压送风的部位设置外窗时，往往因为外窗的开启而使空气大量外泄，保证不了送风部位的正压值或门洞风速，从而造成防烟系统失效。

应急排烟窗主要供消防救援人员在火灾发展的中后期使用，在建筑着火后楼梯间内的机械加压送风系统正常运行期间，应急排烟窗应保持关闭状态，以维持楼梯间防烟所需正压或门洞口的风速；在平时，应急排烟窗既可以开启，也可以关闭，一般应保持经常关闭的状态，以防止在楼梯间需要加压送风防烟时不能及时关闭。应急排烟窗应具有可靠开启、关闭的性能和便于消防救援人员在楼梯间内现场和在消防控制室远程开启的功能。为便于消防救援人员根据楼梯间内的烟气聚集情况紧急开启应急排烟窗，设置应急排烟窗的建筑应在相应的楼梯间内设置可以供消防救援人员在现场手动开启应急排烟窗的就地开启装置。在消防控制室是否需要设置开启此排烟窗的消防联动控制装置，并能够利用联动控制装置上的按钮手动控制远程开启应急排烟窗，可以视建筑中火灾自动报警系统的设置情况和建筑规模或需要开启的应急排烟窗的数量等具体情况确定。

问题 5：自然通风方式防烟的防烟楼梯间前室、消防电梯前室、共用前室和合用前室可开启外窗或开口面积不足，不符合设计及规范要求。

参考规范：《消防设施通用规范》（GB 55036—2022）第 11.2.3 条

解析：采用自然通风方式防烟的防烟楼梯间前室、消防电梯前室应具有面积大于或等于 $2.0m^2$ 的可开启外窗或开口，共用前室和合用前室应具有面积大于或等于 $3.0m^2$ 的可开启外窗或开口。防烟系统的主要功能是通过自然通风或机械加压送风方式，防止火灾烟气在楼梯间、前室等空间内积聚。当采用自然通风方式时，这些空间需要具有足够面积的可开启外窗或开口，以确保在火灾发生时，烟气能够及时排出，保持空间的相对清洁和安全。可开启外窗或开口面积不足，会影响火灾时楼梯间、前室或合用前室防止烟气的效果，增加烟气进入疏散区域的风险，从而威胁人员疏散和救援的安全。

问题 6：避难层、避难间、防烟楼梯间、前室、消防电梯前室、共用前室和合用前室，设置在高处不便于直接开启的可开启外窗未在距地面高度为 1.3~1.5m 的位置设置手动开启装置。

参考规范：《建筑防烟排烟系统技术标准》（GB 51251—2017）第 3.2.4 条

解析：采用自然通风方式的封闭楼梯间、防烟楼梯间及前室等区域，需要设置可开启外窗，以实现有效的排烟。然而，有些外窗由于位置较高，人员可能无法直接触及并开启，这就需要在便于操作的位置设置手动开启装置。将手动开启装置设置在距地面高度为 1.3~5m 的位置，既考虑人员的操作便利性，又避免装置过低可能导致的绊倒等安全隐患。在紧急情况下，人员可以迅速找到并操作手动开启装置，打开外窗进行排烟，从而保障楼梯间和前室等区域的空气流通，减少烟气的积聚，为人员疏散和救援提供有利条件。

5 防排烟及通风设施

问题 7：设置机械加压送风系统的避难层，未在外墙设置有效面积不应小于该避难层（间）地面面积1%的可开启外窗。

参考规范：《建筑防火通用规范》(GB 55037—2022)第7.1.15条，《建筑防烟排烟系统技术标准》(GB 51251—2017)第3.3.12条

解析：虽然避难层（间）已经配备了机械加压送风系统，用于在火灾时保持正压，防止烟气侵入，但机械系统可能存在故障或失效的风险。设置可开启外窗作为自然排烟的备用手段，可以提供额外的安全保障，增加系统的冗余度。并规定其有效面积不应小于避难层（间）地面面积的1%。

问题 8：设置加压送风系统的避难层、避难间未设置独立的机械加压送风系统。

参考规范：《〈建筑防火通用规范〉GB 55037—2022实施指南》第7.1.15条【实施要点】

解析：对于封闭式避难层，避难区既可以设置可开启外窗自然排烟，也可以设置独立的机械加压送风系统。独立的机械加压送风系统能够确保在火灾情况下，即使其他区域的送风系统出现故障或失效，避难层、避难间的送风系统仍然能够正常工作，这种独立性增加了系统的可靠性和安全性。

问题 9：封闭楼梯间与疏散走道之间的压差设置不符合规范要求。

参考规范：《消防设施通用规范》(GB 55036—2022)第11.2.5条

解析：机械加压送风系统通过向楼梯间送入新鲜空气，使其内部保持一定的正压。当楼梯间与走道之间存在适当的压差时，可以形成一道"气幕"，有效阻挡外界烟气通过门窗缝隙等进入楼梯间。这种正压环境能够减少烟气的积聚，提高楼梯间的空气质量，为疏散人员提供更好的逃生条件。具体来说，封闭楼梯间与疏散走道之间的压差设置为25~30Pa，这是为了在保障正压效果的同时，避免过大的压差对楼梯间门造成过大的压力，导致门难以开启或损坏。防烟楼梯间与疏散走道之间的压差为40~50Pa，是因为防烟楼梯间前室与走道之间已经存在25~30Pa压差，防烟楼梯间需要更高的正压值来确保烟气的有效阻挡，才能防止烟气进入。

问题 10：设置在高处的常闭送风口，未在1.3~1.5m高度处设置手动开启装置。

参考规范：《建筑防烟排烟系统技术标准》(GB 51251—2017)第6.4.3条

解析：在火灾等紧急情况下，如果机械加压送风系统未启动，人员可能需要手动开启送风口，以联动启动加压送风机。将手动开启装置设置在1.3~1.5m的高度处，这个高度不会太高，不需要攀爬或借助工具就能操作。

问题 11：建筑高度大于100m的建筑中，防烟楼梯间及其前室的机械加压送风系统，竖向未分段独立设置。

参考规范：《消防设施通用规范》(GB 55036—2022)第11.2.2条

解析：机械加压送风系统的主要作用是在火灾情况下，通过向楼梯间及其前室送入新鲜空气，保持其内部的正压状态，从而有效阻止外界烟气通过门窗缝隙等进入，为疏散人员提供一个相对安全、无烟的逃生通道。对于建筑高度大于100m的建筑，由于其高度较

高,如果采用单一的送风系统,其送风管道过长、阻力过大等会导致送风量不足或送风不均匀,从而影响系统的有效性。将机械加压送风系统竖向分段独立设置,可以降低每段系统的高度,降低送风管道的阻力和损失,确保每段系统都能够提供足够的送风量,并保持楼梯间及其前室的内部正压。同时,分段独立设置还可以提高系统的可靠性,即使某一段系统出现故障或失效,也不会影响其他段系统的正常运行,从而确保整个建筑在火灾情况下的防火安全。对于建筑高度大于 100m 的建筑中的防烟楼梯间及其前室,其机械加压送风系统应竖向分段独立设置,且每段的系统服务高度不应大于 100m。

问题 12:封闭楼梯间、防烟楼梯间及其前室、消防电梯前室、合用前室,设计图纸中的余压探测器未安装,余压监控、调节系统未施工完毕,旁通管路上泄压调节阀未接线,余压监控系统不能实现余压调节功能。

参考规范:《建筑防烟排烟系统技术标准》(GB 51251—2017)第 3.4.4 条

解析:在火灾发生时,机械加压送风系统通过向楼梯间及其前室送入新鲜空气,保持其内部的正压状态,从而有效阻止外界烟气通过门窗缝隙等进入,为疏散人员提供一个相对安全、无烟的逃生通道。而余压监控系统则是用来监测和控制楼梯间及其前室内的压力,确保其在火灾情况下能够保持在合理的范围,既不会过高导致门难以开启,也不会过低而失去防烟效果。如果旁通管路上的泄压调节阀未接线,余压监控系统就无法准确感知楼梯间及其前室内的压力变化,也就无法对泄压调节阀进行精确的控制,从而无法实现余压调节功能。这将导致楼梯间及其前室内的压力可能过高或过低,无法保持在一个合理的范围,严重影响防烟效果。

问题 13:验收时联动测试,任一常闭加压送风口开启不能联动启动相应的加压风机。

参考规范:《消防设施通用规范》(GB 55036—2022)第 11.1.5 条

解析:加压送风机应具有现场手动启动、与火灾自动报警系统联动启动和在消防控制室手动启动的功能。当系统中任一常闭加压送风口开启时,相应的加压风机均应能联动启动,这是为了确保在火灾等紧急情况下,人员在疏散的同时,可紧急通过操作前室的常闭加压送风口联动启动相应的加压风机,可以迅速增大楼梯间及其前室的送风量,保持其内部的正压状态,有效阻止外界烟气通过门窗缝隙等进入,为疏散人员提供一个相对安全、无烟的逃生通道。多一种联动启动机械加压送风机的操作方式作为冗余设计,可增加系统的安全性和可靠性。

问题 14:机械加压送风系统联动逻辑不符合规范要求,应能在防火分区内的火灾信号确认后 15s 内联动,同时开启该防火分区的全部疏散楼梯间、该防火分区所在着火层及其相邻上下各一层疏散楼梯间及其前室或合用前室的常闭加压送风口和加压送风机。

参考规范:《消防设施通用规范》(GB 55036—2022)第 11.2.6 条

解析:机械加压送风系统应与火灾自动报警系统联动,并应能在防火分区内的火灾信号确认后 15s 内联动同时开启该防火分区的全部疏散楼梯间、该防火分区所在着火层及其相邻上下各一层疏散楼梯间及其前室或合用前室的常闭加压送风口和加压送风机。

问题 15:设置机械加压送风系统的楼梯间、前室或合用前室,消防验收时测试送风量、余压值不能满足设计要求，其原因是加压送风机未按照设计选型，或采用土建风道等不光滑的风道，密闭性能差导致漏风量过大。

参考规范：《消防设施通用规范》（GB 55036—2022）第 11.1.3 条、第 11.1.4 条

解析：机械加压送风管道和机械排烟管道均应采用不燃性材料，且管道的内表面应光滑，管道的密闭性能应满足火灾时加压送风或排烟的要求。加压送风机和排烟风机的公称风量，在计算风压条件下不应小于计算所需风量的 1.2 倍。

送风量是保证楼梯间、前室或合用前室内部正压状态的关键因素。如果送风量不足，那么这些区域的正压状态可能无法维持，导致烟气侵入，给疏散人员带来安全隐患。余压值则是衡量楼梯间、前室或合用前室内部压力状态的重要指标。如果余压值过高或过低，都可能影响防烟效果。例如，余压值过高可能导致门难以开启，而余压值过低则可能失去防烟作用。

风机选型不当可能导致风量和风压不足，影响防烟效果。土建风道表面粗糙增加阻力，漏风导致压力损失，密闭性能差导致漏风量过大，不能保证所需要的压差。

问题 16：水平设置的机械加压送风管道采用镀锌钢板，未按照设计采用耐火极限加强保护措施。

参考规范：《建筑防烟排烟系统技术标准》（GB 51251—2017）第 3.3.8 条

解析：水平设置的机械加压送风管道，当设置在吊顶内时，其耐火极限不应低于 0.50h；当未设置在吊顶内时，其耐火极限不应低于 1.00h。水平机械加压送风管道未按设计要求采取耐火保护措施，镀锌钢板在高温下容易变形或失去结构强度，在火灾时管道无法维持结构完整性和防烟功能，耐火极限不满足规范要求，导致烟气扩散，威胁人员安全。可选用 A 级防火板（如岩棉板、硅酸钙板）或柔性防火卷材包裹管道，厚度需满足耐火测试报告要求。

问题 17：防烟楼梯间前室、消防电梯前室、合用前室设置的常闭式加压送风口，防火阀质量欠佳关闭不严，漏风较大影响送风量，联动测试部分楼层无法建立压差，起不到加压送风系统的作用。

解析：防烟系统的送风量和压差是关键指标。常闭式加压送风口和防火阀关闭不严，导致漏风，影响送风量，联动测试时部分楼层无法建立压差。这直接关系加压送风系统的有效性，火灾时烟气侵入前室，威胁人员疏散。

问题 18：机械加压送风机房或前室墙体上存在未封堵的施工孔洞，漏风，影响加压送风系统的效果。

参考规范：《建筑防火通用规范》（GB 55037—2022）第 7.1.8 条

解析：除疏散楼梯间及其前室的出入口、外窗和送风口，住宅建筑疏散楼梯间前室或合用前室内的管道井检查门外，疏散楼梯间及其前室或合用前室内的墙上不应设置其他门、窗等开口。未封堵的孔洞会导致漏风，影响压差，影响系统的安全性甚至使系统失效。楼梯间墙体应采用耐火极限不低于 2.0h 的防火隔墙及乙级防火门、窗，孔洞的防火封堵应不低于墙体的耐火极限。

问题 19：送风机的进风口与排烟风机的出风口未按图施工，设在同一面并竖向布置时，送风机的进风口与排烟出口最小垂直距离小于 6.0m；其水平布置时，两者边缘最小水平距离小于 20.0m。

参考规范：《建筑防烟排烟系统技术标准》（GB 51251—2017）第 3.3.5 条

解析：防止烟气被重新吸入系统，确保送风系统的空气新鲜，避免交叉污染，以及维持系统的有效性。当送风机和排烟机的出风口距离过近时，排出的烟气可能会被送风机再次吸入，导致送风中含有烟雾，降低防烟效果，甚至威胁人员安全。规范要求：送风机的进风口不应与排烟风机的出风口设在同一面。当确有困难时，送风机的进风口与排烟风机的出风口应分开布置，且竖向布置时，送风机的进风口应设置在排烟出口的下方，其两者边缘最小垂直距离不应小于 6.0m；水平布置时，两者边缘最小水平距离不应小于 20.0m。

问题 20：设计的加压送风系统的吸风井在地面层安装了玻璃，导致机械加压送风机的进风口不能从室外吸气。

参考规范：《建筑防烟排烟系统技术标准》（GB 51251—2017）第 3.3.5 条

解析：送风机的进风口宜设在机械加压送风系统的下部，进风口应直通室外，且应采取防止烟气被吸入的措施。若吸风井被玻璃封闭，进风口可能无法有效吸取室外空气，导致系统风量不足，影响防烟效果。

5.2 排烟系统

问题 1：建设单位平面布置未按图施工，将民用建筑原本多个建筑面积不超 100m² 的房间或多个建筑面积不超 300m² 的丙类生产场所或丙类仓库合并，合并后未设置排烟设施。

参考规范：《建筑防火通用规范》（GB 55037—2022）第 8.2.2 条，《建设工程消防设计审查验收管理暂行规定》（住建部令〔2023〕第 58 号）第二十六条

解析：建设、设计、施工单位不得擅自修改经审查合格的消防设计文件。确需修改的，建设单位应当依照本规定重新申请消防设计审查。

规范要求建筑面积大于 300m²，且经常有人停留或可燃物较多的地上丙类生产场所，丙类厂房内建筑面积大于 300m²，且经常有人停留或可燃物较多的地上房间；建筑面积大于 300m² 的地上丙类库房；公共建筑内建筑面积大于 100m² 且经常有人停留的房间；公共建筑内建筑面积大于 300m² 且可燃物较多的房间；以及建筑高度大于 32m 的厂房或仓库内长度大于 20m 的疏散走道，其他厂房或仓库内长度大于 40m 的疏散走道，民用建筑内长度大于 20m 的疏散走道，均应设置排烟设施。

建设单位合并了多个原本不需要单独设置排烟设施的小面积房间或丙类场所，导致合并后的空间超过了规定的面积阈值，需要设置排烟设施，现场未设置。

问题 2：自然排烟窗未按门窗表订货，可开启扇未布置在储烟仓内。

参考规范：《建筑防烟排烟系统技术标准》（GB 51251—2017）第 4.3.3 条、第 4.6.2 条

解析：当采用自然排烟方式时，储烟仓的厚度不应小于空间净高的20%，且不应小于500mm；自然排烟窗（口）应设置在排烟区域的顶部或外墙，当设置在外墙上时，自然排烟窗（口）应在储烟仓以内，但走道、室内空间净高不大于3m的区域的自然排烟窗（口）可设置在室内净高度的1/2以上；自然排烟窗（口）的开启形式应有利于火灾烟气的排出。

排烟窗的位置直接影响排烟效果，储烟仓是火灾时烟气聚集的区域，自然排烟窗未按门窗表订货，可开启扇未布置在储烟仓内，可能导致有效排烟面积不足，影响排烟效率。可开启扇不在储烟仓内，烟气无法有效排出，可能导致烟气滞留，威胁人员疏散，增加火灾危险性。

问题3：自然排烟窗未按门窗表订货，自然排烟窗储烟仓内可开启面积、开启角度不能满足设计要求。

参考规范：《建筑防烟排烟系统技术标准》（GB 51251—2017）第4.6.3条、第4.6.5条、第4.3.5条。

解析：储烟仓内的可开启面积不足，排烟效率不足，会导致火灾时烟气无法及时排出，影响人员疏散，增加中毒风险。

问题4：设置在高处的自然排烟窗未设置距地面高度1.3~5m的手动开启装置，不便于火灾时开启。

参考规范：《建筑防烟排烟系统技术标准》（GB 51251—2017）第4.3.6条

解析：自然排烟窗（口）应设置手动开启装置，设置在高位不便于直接开启的自然排烟窗（口），应设置距地面高度1.3~5m的手动开启装置，以便在紧急情况下人员能够方便操作。

问题5：净空高度大于9m的中庭、建筑面积大于2000m²的营业厅、展览厅、多功能厅等场所，自然排烟窗（口）未设置集中手动开启装置和自动开启设施。

参考规范：《建筑防烟排烟系统技术标准》（GB 51251—2017）第4.3.6条

解析：自然排烟窗（口）应设置手动开启装置，净空高度大于9m的中庭、建筑面积大于2000m²的营业厅、展览厅、多功能厅等场所，尚应设置集中手动开启装置和自动开启设施。手动开启可能是为了在火灾时即使自动系统失效，人员也能紧急操作；而自动开启则是为了快速响应，减少人为延误。考虑这些场所面积大，分散操作不便，集中手动开启装置更有效。

问题6：设置在防火墙两侧的自然排烟窗（口）之间最近边缘的水平距离小于2.0m，或防火墙内转角两侧墙上自然排烟窗（口）之间小于4.0m。个别项目利用设置在防火墙两侧的乙级防火窗作为自然排烟窗，防火窗要求火灾时关闭，排烟窗火灾时需要打开才能排烟，出现矛盾。

参考规范：《建筑防烟排烟系统技术标准》（GB 51251—2017）第4.3.3条，《建筑设计防火规范（2018年版）》（GB 50016—2014）第6.1.3条、第6.1.4条

解析：防火墙两侧的自然排烟窗最近边缘水平距离小于2.0m，或者转角处小于

4.0m，间距不足可能导致火灾时烟气或火焰通过排烟窗扩散到另一侧，降低防火墙的阻火效果。尤其是转角处，火势可能绕过防火墙，火灾时烟气或火焰通过排烟窗扩散到另一防火分区。部分项目使用乙级防火窗作为自然排烟窗。排烟窗应在火灾时开启，防火墙两侧或拐角处的乙级防火窗设置目的是防止火灾蔓延，火灾时要求防火窗自行关闭，此处设置的防火窗自行关闭后不能用作排烟窗。

问题 7：个别项目利用设置在防火墙两侧的乙级防火窗作为自然排烟窗，防火窗要求火灾时关闭，排烟窗火灾时需要打开才能排烟，排烟和防止火灾蔓延出现矛盾。

参考规范：《建筑防烟排烟系统技术标准》（GB 51251—2017）第 4.3.3 条

解析：防火墙两侧或拐角处的乙级防火窗设置目的是防止火灾蔓延，火灾时要求防火窗自行关闭，此处设置的防火窗自行关闭后不能用作排烟窗。

问题 8：设计的挡烟垂壁未施工或个别漏装，未按图施工。

参考规范：《建筑防烟排烟系统技术标准》（GB 51251—2017）第 4.2.1 条

解析：设置排烟系统的场所或部位应采用挡烟垂壁、结构梁及隔墙等划分防烟分区。防烟分区不应跨越防火分区。挡烟垂壁的作用是阻止烟气扩散，确保疏散通道和安全区域的可见度，这对火灾时的生命安全至关重要。如果未按图纸安装，可能会导致烟气迅速蔓延，影响人员疏散和消防救援。

问题 9：挡烟垂壁的形式与设计不一致，设计活动式挡烟垂壁，现场安装固定式挡烟垂壁；或设计为防火玻璃的挡烟垂壁，现场安装无机纤维布的挡烟垂壁。

参考规范：《建筑防烟排烟系统技术标准》（GB 51251—2017）第 6.4.4 条

解析：挡烟垂壁的型号、规格、下垂的长度和安装位置应符合设计要求。

挡烟垂壁的形式与设计不一致，不仅影响排烟效果，同时需要火灾自动报警系统的联动控制，因此随意变动挡烟垂壁的形式，如设计为防火玻璃的挡烟垂壁，现场安装无机纤维布的挡烟垂壁，火灾时需要火灾自动报警系统联动控制，需要预留穿线管。因此挡烟垂壁形式变动应同步考虑其控制系统的配套变动。

问题 10：挡烟垂壁的高度与设计不一致，致使储烟仓厚度不满足要求。

参考规范：《建筑防烟排烟系统技术标准》（GB 51251—2017）第 4.6.2 条

解析：当采用自然排烟方式时，储烟仓的厚度不应小于空间净高的 20%，且不应小于 500mm；当采用机械排烟方式时，不应小于空间净高的 10%，且不应小于 500mm。同时储烟仓底部距地面的高度应大于安全疏散所需的最小清晰高度。挡烟垂壁的高度不满足储烟仓厚度，导致烟气蔓延，人员窒息风险上升，疏散通道能见度下降，人员逃生时间延长，排烟系统效率降低，烟气蔓延至相邻防烟分区，甚至火势扩大。

问题 11：挡烟垂壁顶部、侧面未分隔彻底，或挡烟垂壁之间衔接不严，防烟分区之间通过吊顶顶部或挡烟垂壁与墙体之间缝隙连通。

参考规范：《建筑防烟排烟系统技术标准》（GB 51251—2017）第 6.4.4 条

解析：防烟分区设置的目的是将烟气控制在着火区域所在的空间范围内，并限制烟气从储烟仓内向其他区域蔓延。烟气层高度需控制在储烟仓下沿以上一定高度内，以保证人员安全疏散及消防救援。挡烟垂壁分隔不彻底会导致火灾时烟气蔓延。活动挡烟垂壁与建筑结构（柱或墙）面的缝隙不应大于60mm，由2块或2块以上的挡烟垂帘组成的连续性挡烟垂壁，各块之间不应有缝隙，搭接宽度不应小于100mm。

问题12：挡烟垂壁设置位置调整，与设计不一致，导致个别防烟分区长边长度超过允许值。

参考规范：《建筑防烟排烟系统技术标准》（GB 51251—2017）第4.2.4条

解析：挡烟垂壁位置变动会影响防烟分区面积、防烟分区长边长度，变动后防烟分区面积、防烟分区长边长度可能超过允许值，不利于烟气的及时排出，甚至个别区域离最近排烟口、排烟窗距离超过允许值。

问题13：敞开楼梯、自动扶梯穿越楼板的开口部未设置挡烟垂壁等设施。

参考规范：《建筑防烟排烟系统技术标准》（GB 51251—2017）第4.2.3条

解析：设置排烟设施的建筑内，敞开楼梯和自动扶梯穿越楼板的开口部应设置挡烟垂壁等设施。上、下层之间应是两个不同防烟分区，烟气应该在着火层及时排出，否则容易造成烟气向上层蔓延的混乱情况，给人员疏散和扑救都带来不利。在敞开楼梯和自动扶梯穿越楼板的开口部位应设置挡烟垂壁或卷帘，以阻挡烟气向上层蔓延。不得叠加计算防烟分区。如果在敞开楼梯和自动扶梯这些垂直开口处未设置挡烟垂壁，烟气会通过这些开口迅速蔓延到其他楼层，导致防烟分区失效。

问题14：疏散通道上的活动式挡烟垂壁降落后净高度不足2.1m，影响人员疏散。

参考规范：《建筑防火通用规范》（GB 55037—2022）第7.1.5条

解析：疏散通道、疏散走道、疏散出口的净高度均不应小于2.1m。挡烟垂壁的主要功能是形成储烟仓，防止烟气扩散，如果高度不足，可能导致储烟仓厚度不够，影响排烟效果，进而威胁人员安全。疏散通道的净高要求通常是为了确保人员能够顺利疏散，火灾情况下如果挡烟垂壁降落后疏散通道净高度不足2.1m，影响人员安全疏散和消防救援。

问题15：活动挡烟垂壁未在距楼地面1.3～1.5m设置手动操作按钮。

参考规范：《建筑防烟排烟系统技术标准》（GB 51251—2017）第6.4.4条

解析：活动挡烟垂壁的手动操作按钮应固定安装在距楼地面1.3～1.5m便于操作、明显可见处。活动式挡烟垂壁设置手动操作按钮是消防安全的双重保障机制，火灾自动报警系统故障或联动模块损坏时，挡烟垂壁可能无法自动降落。部分区域探测器未报警时，可通过手动按钮优先控制挡烟垂壁降落，防止烟气扩散。

问题16：活动挡烟垂壁采用遥控器操控，未在便于操作、明显可见处固定安装。

参考规范：《建筑防烟排烟系统技术标准》（GB 51251—2017）第6.4.4条

解析：活动挡烟垂壁采用遥控器操控可能不可靠，比如电池没电、信号干扰或紧急情况下找不到遥控器。这种情况下，挡烟垂壁可能无法及时启动，影响排烟和人员疏散。

问题17：活动式挡烟垂壁联动逻辑错误，现场常见同一防火分区的两只独立感烟火灾探测器的报警信号作为联动触发信号，由消防联动控制器联动控制本防火分区所有电动挡烟垂壁的降落。

参考规范：《火灾自动报警系统设计规范》（GB 50116—2013）第 4.5.1 条

解析：应由同一防烟分区内且位于电动挡烟垂壁附近的两只独立的感烟火灾探测器的报警信号，作为电动挡烟垂壁降落的联动触发信号，并应由消防联动控制器联动控制电动挡烟垂壁的降落。

问题 18：吊顶开孔不均匀、开孔率≤25%时，储烟仓厚度计算错误，吊顶内空间高度不得计入储烟仓厚度。

参考规范：《建筑防烟排烟系统技术标准》（GB 51251—2017）第 4.2.2 条

解析：对于有吊顶的空间，当吊顶开孔不均匀或开孔率小于或等于25%时，吊顶内空间高度不得计入储烟仓厚度。

问题 19：新建汽车库内预留分散充电设施的区域，图纸上标注预留防火单元之间的墙体、防火卷帘、防火门，现场墙体和防火卷帘未施工也未设置挡烟垂壁，导致汽车库防烟分区建筑面积大于 2000m²。

参考规范：《汽车库、修车库、停车场设计防火规范》（GB 50067—2014）第 8.2.2 条，《电动汽车分散充电设施工程技术标准》（GB/T 51313—2018）第 6.1.5 条

解析：汽车库防烟分区的建筑面积不宜大于 2000m²，且防烟分区不应跨越防火分区。防烟分区可采用挡烟垂壁、隔墙或从顶棚下突出不小于 0.5m 的梁划分。配建分散充电设施的地下汽车库每个防火单元的最大允许建筑面积不应超过 1000m²。每个防火单元应采用耐火极限不小于 2.0h 的防火隔墙或防火卷帘、防火分隔水幕等与其他防火单元和汽车库其他部位分隔。

在图纸上标注了预留防火单元之间的墙体、防火卷帘和防火门，但现场这些结构未施工，也没有设置挡烟垂壁，无法有效控制火灾烟气的蔓延，增加了火灾风险，导致防烟分区面积超过 2000m²。解决方案包括补建防火分隔结构或增设挡烟垂壁来划分防烟分区。但根据规范，挡烟垂壁不能替代防火墙或防火卷帘的防火分隔功能，只能作为防烟分隔。因此，必须首先完成墙体或防火卷帘的施工，以满足防火单元的要求，同时结合挡烟垂壁来控制防烟分区面积。

问题 20：排烟风机未按照设计图纸订货，常见中庭区域的排烟风机排烟量不满足设计要求和规范要求。

参考规范：《建筑防烟排烟系统技术标准》（GB 51251—2017）第 4.6.5 条

解析：如果排烟风机参数不达标，比如风量或风压不够，可能无法有效快速排出烟气，导致能见度下降，CO 浓度升高，增加人员伤亡风险。

问题 21：平面布置变动或挡烟垂壁位置变动，导致防烟分区面积变大，按照图纸选购的排烟风机的排烟量不能满足现场需求。

参考规范：《消防设施通用规范》（GB 55036—2022）第 11.1.4 条，《建筑防烟排烟系统技术标准》（GB 51251—2017）第 4.6.4 条

解析：加压送风机和排烟风机的公称风量，在计算风压条件下不应小于计算所需风量

的1.2倍。

当一个排烟系统担负多个防烟分区排烟时，当系统负担具有相同净高场所时，对于建筑空间净高大于6m的场所，应按排烟量最大的一个防烟分区的排烟量计算；对于建筑空间净高为6m及以下的场所，应按同一防火分区中任意两个相邻防烟分区的排烟量之和的最大值计算。当系统负担具有不同净高场所时，应采用上述方法对系统中每个场所所需的排烟量进行计算，并取其中的最大值作为系统排烟量。平面布置变动或挡烟垂壁位置变动，导致防烟分区面积变大，应重新核算排烟风机的排烟量是否满足需求，否则应更换排烟风机。

问题22：走道部位吊顶内的排烟管道耐火极限不能满足1.00h的要求。

参考规范：《建筑防烟排烟系统技术标准》（GB 51251—2017）第4.4.8条

解析：水平设置的排烟管道应设置在吊顶内，其耐火极限不应低于0.50h；当确有困难时，可直接设置在室内，但管道的耐火极限不应小于1.00h。设置在走道部位吊顶内的排烟管道，以及穿越防火分区的排烟管道，其管道的耐火极限不应小于1.00h，但设备用房和汽车库的排烟管道耐火极限可不低于0.50h。耐火极限不足可能导致火灾时排烟系统失效，烟气无法有效排出，导致走道能见度降低，人员疏散困难，或高温烟气可能通过管道蔓延到其他区域，扩大火灾影响。整改建议，可更换符合耐火极限的管道材料、增加防火包裹措施等。

问题23：纵向设置的排烟管道，设计的排烟管道井井壁现场未施工完毕，多数项目管道井内的排烟管道采用镀锌钢板，无法满足管道井内排烟管道耐火极限不低于0.50h的要求。

参考规范：《建筑防烟排烟系统技术标准》（GB 51251—2017）第4.4.11条

解析：高温烟气在管道井中的蔓延速度，普通情况下可能达到3~5m/s，如果井壁不封闭，会加速扩散。设置排烟管道的管道井应采用耐火极限不小于1.00h的隔墙与相邻区域分隔；当墙上必须设置检修门时，应采用乙级防火门。如果井壁未施工完毕，耐火极限无法达标，可能导致排烟系统失效，烟气扩散到其他区域。火灾时高温烟气可能通过未封闭的井壁蔓延到其他楼层，造成火势扩大。

问题24：验收时排烟管道井的检修门采用丙级防火门，规范要求应采用乙级防火门。

参考规范：《建筑防火通用规范》（GB 55037—2022）第6.4.4条

解析：排烟管道井的耐火极限不应低于1.00h，检修门要求不低于乙级防火门。丙级防火门耐火极限不符合要求，会导致整个井道的耐火性能不达标。

问题25：排烟管道未按图纸标注高度施工，导致排烟口未在储烟仓内。

参考规范：《建筑防烟排烟系统技术标准》（GB 51251—2017）第4.4.12条

解析：排烟口应设在储烟仓内，但走道、室内空间净高不大于3m的区域，其排烟口可设置在其净空高度的1/2以上；当设置在侧墙时，吊顶与其最近边缘的距离不应大于0.5m。

储烟仓通常是火灾时烟气聚集的区域，排烟口设在此处能有效排出烟气。如果不在储烟仓内，可能导致排烟效率低下，烟气无法及时排出，能见度降低，增加人员中毒或窒息的危险，影响人员疏散和灭火救援。

问题 26：排烟口面积、数量与设计不一致。

参考规范：《建筑防烟排烟系统技术标准》（GB 51251—2017）第 4.4.12 条

解析：如果排烟口面积过小或数量不足，可能导致排烟速度不够，无法有效排出烟气，影响人员疏散。

问题 27：排烟口被吊顶或其他障碍物遮挡，影响排烟量。

参考规范：《建筑防烟排烟系统技术标准》（GB 51251—2017）第 4.4.12 条

解析：排烟口被吊顶或其他障碍物遮挡，导致有效面积减小；未及时排出的高温烟气，烟气层快速下沉；还有可能导致系统压力失衡。

问题 28：板式排烟口或排烟阀关闭不严，漏烟严重，影响着火防烟分区的排烟效果，洁净厂房、病房区域板式排烟口或排烟阀关闭不严会影响洁净效果。

参考规范：《建筑防烟排烟系统技术标准》（GB 51251—2017）第 6.2.2 条

解析：排烟防火阀、送风口、排烟阀或排烟口等必须符合有关消防产品标准的规定，其型号、规格、数量应符合设计要求，手动开启灵活、关闭可靠严密。板式排烟口或排烟阀关闭不严，漏烟严重，可能还会导致火灾或烟气蔓延。尤其是洁净厂房和病房楼都属于对空气洁净度和安全要求极高的场所。洁净厂房可能有精密仪器或生产环境，对灰尘、微粒敏感；病房楼尤其是ICU或手术室，病人免疫力低，容易感染。排烟口关闭不严对这些地方的影响会比普通建筑更严重，需要特别强调对洁净环境的破坏和交叉感染的风险。

问题 29：排烟口与附近安全出口相邻边缘之间的水平距离小于1.5m。排烟口的设置位置不合适，烟流方向与人员疏散方向相同，影响疏散人员识别安全出口位置，不利于人员的安全疏散。

参考规范：《建筑防烟排烟系统技术标准》（GB 51251—2017）第 4.4.12 条

解析：排烟口的设置宜使烟流方向与人员疏散方向相反，排烟口与附近安全出口相邻边缘之间的水平距离不应小于1.5m。为了确保人员的安全疏散，应要求烟流方向与人员疏散方向宜相反布置。正因为烟气会不断从起火区涌来，所以在排烟口的周围始终聚集着一团浓烟，如果排烟口的位置不避开安全出口，这团浓烟正好堵住安全出口，影响疏散人员识别安全出口位置，不利于人员的安全疏散。

问题 30：个别项目缩短了排烟管道长度，导致防烟分区内任一点与最近的排烟口之间的水平距离大于30m。

参考规范：《建筑防烟排烟系统技术标准》（GB 51251—2017）第 4.4.12 条

解析：防烟分区内任一点与最近的排烟口之间的水平距离不应大于30m。排烟管道长度调整、排烟口位置调整，可能导致防烟分区内任一点与最近的排烟口之间的水平距离大于30m，不利于起火区域产生的烟气能有效、快速地排出。

问题 31：常闭排烟口开启后不能联动启动对应的排烟风机。

参考规范：《消防设施通用规范》（GB 55036—2022）第 11.1.5 条

解析：排烟风机除就地启动和火灾报警系统联动启动外，还应具有消防控制室内直接控制启动和系统中任一排烟阀（口）开启后联动启动。当火灾确认后，火灾自动报警系统应在 15s 内联动开启相应防烟分区的全部排烟阀、排烟口、排烟风机和补风设施。发生火灾时，现场人员发现火灾，可直接打开常闭排烟阀，可及时联动相应的风机启动，及时排烟，防止烟气蔓延，为人员疏散和消防救援提供有利条件。

问题 32：排烟口的风速大于 10m/s，不利于排烟。

参考规范：《建筑防烟排烟系统技术标准》（GB 51251—2017）第 4.4.12 条

解析：风速过大会过多吸入周围空气，高速气流可能卷吸周围空气，降低排烟效率，影响实际排烟量。风管容易产生啸叫及振动等现象，容易影响风管的结构完整及稳定性。

问题 33：设置在高处的常闭排烟口未在距楼地面 1.3～1.5m 设置手动驱动装置。

参考规范：《建筑防烟排烟系统技术标准》（GB 51251—2017）第 6.4.3 条

解析：常闭排烟口在自动系统失效时，手动操作是最后的保障。如果没有手动装置，火灾时可能无法及时开启排烟口，导致烟气积聚，影响疏散和救援。

问题 34：建设单位随意变更设计，增加房间隔墙，设计图纸中的一个防烟分区被分隔成多个区域，排烟口被分隔在其中一个区域，导致部分区域缺少排烟设施。

参考规范：《建筑防火通用规范》（GB 55037—2022）第 8.2.2 条

解析：建设单位未按图施工，增加隔墙，分隔后建筑面积超过 100m² 且经常有人停留的房间或可燃物较多建筑面积超过 300m² 的房间，应设置排烟设施。

问题 35：风机房内，排烟风机两侧未留出检修空间；或设计的排烟机房墙体未施工，导致排烟风机裸露在屋面。

参考规范：《建筑防烟排烟系统技术标准》（GB 51251—2017）第 4.4.5 条

解析：排烟风机应设置在专用机房内，专用机房可以防止火灾蔓延，保护风机不受高温影响，减少噪声对人员的影响，便于维护和检修。

问题 36：设置在屋面的排烟风机的出风口与送风机的进风口之间间距不满足设计要求、规范要求。

参考规范：《建筑防烟排烟系统技术标准》（GB 51251—2017）第 3.3.5 条

解析：机械加压送风机的进风口不应与排烟风机的出风口设在同一面上。当确有困难时，送风机的进风口与排烟风机的出风口应分开布置，且竖向布置时，送风机的进风口应设置在排烟出口的下方，其两者边缘最小垂直距离不应小于 6.0m；水平布置时，两者边缘最小水平距离不应小于 20.0m。本条规定的目的是防止排烟系统的烟气被重新吸入加压送风系统。首先加压送风系统的作用是向疏散通道送风，保持正压，防止烟气进入。如果进风口和排烟口太近，排出的高温烟气可能被吸入送风系统，导致送风被污染，降低防烟效果，威胁人员安全。其次是避免气流短路。如果 2 个风口距离太近，排烟风机排出的气流可能直接干扰加压送风机的进风，导致气流短路。

问题37：一个排烟系统负担多个防烟分区的排烟支管上漏设排烟防火阀。

参考规范：《消防设施通用规范》（GB 55036—2022）第11.3.5条

解析：当多个防烟分区共用一个排烟系统时，每个支管上安装排烟防火阀：一是隔离不同防烟分区，防止烟气倒流；二是在某个分区火灾烟气温度达到280℃后，关闭该分区的排烟防火阀，避免继续排烟影响其他区域；三是防止火势通过风管蔓延到其他分区。漏装排烟防火阀，火灾烟气温度达到280℃时，无法有效控制，导致火势蔓延。

问题38：个别施工人员安装时未区分排烟防火阀和70℃防火阀。

参考规范：《消防设施通用规范》（GB 55036—2022）第11.3.5条

解析：排烟管道穿越防火分区处应设置排烟防火阀，排烟防火阀应具有在280℃时自行关闭和联锁关闭相应排烟风机、补风机的功能。排烟系统在火灾中需要承受高温烟气，排烟防火阀需要在280℃时关闭，以阻止火势蔓延，同时保证排烟系统持续工作到关键时刻。如果错误安装70℃的防火阀，它在较低温度下就会关闭，导致排烟系统过早停止工作，无法有效排出烟气，影响人员疏散和灭火救援。

问题39：排烟风机入口处的排烟防火阀280℃自行关闭，不能联锁关闭相应排烟风机、补风机。一个排烟系统负担多个防烟分区的排烟支管上的排烟防火阀、垂直主排烟管道与每层水平排烟管道连接处的水平管段上的排烟防火阀280℃自行关闭，不能联动关闭相应排烟风机、补风机。

参考规范：《消防设施通用规范》（GB 55036—2022）第11.3.5条

解析：排烟防火阀应具有在280℃时自行关闭和联锁关闭相应排烟风机、补风机的功能。首先，如果不能联动关闭排烟风机，继续运行，可能会将高温烟气吸入其他区域，导致火势蔓延。其次，如果补风机未关闭，可能向火场输送新鲜空气，助长火势。

问题40：排烟防火阀安装方向错误，未顺气流方向关闭。

参考规范：《建筑防烟排烟系统技术标准》（GB 51251—2017）第6.4.1条

解析：排烟防火阀的阀门应顺气流方向关闭，防火分区隔墙两侧的排烟防火阀距墙端面不应大于200mm。首先，排烟防火阀安装方向错误，未顺气流方向关闭，当防火阀需要关闭时，气流压力可能会阻碍阀门的关闭，导致密封不严，烟气泄漏。这可能在火灾时让有毒烟气扩散到其他区域，威胁人员安全。其次，如果阀门在关闭时受到反向气流的冲击，机械部件可能承受更大的压力，导致变形或损坏，缩短使用寿命，甚至无法正常工作。最后，如果阀门不能正确关闭，连锁关闭排烟风机的信号可能无法正常发送，导致风机继续运行，加剧火势蔓延。同时，补风机如果也未关闭，可能持续向火场送氧，助长火势。

问题41：排烟阀手动驱动装置安装完毕后，墙体装修后，手动驱动装置面板不能紧贴墙体，按钮缩在面板内部，不能操作。

参考规范：《建筑防烟排烟系统技术标准》（GB 51251—2017）第6.4.3条

解析：常闭送风口、排烟阀或排烟口的手动驱动装置应固定安装在明显可见、距楼地面1.3～1.5m便于操作的位置，预埋套管不得有"死弯"及瘪陷，手动驱动装置操作应灵活。如果按钮被缩进面板内部，紧急情况下无法手动启动排烟阀，导致排烟系统不能及时启动，烟气无法排出，威胁人员疏散和消防救援。

问题 42：原设计的封闭吊顶未施工，该场所净空高度、储烟仓厚度均发生变化，自然排烟窗、机械排烟口高度未及时调整。

解析：取消封闭式吊顶后，建筑净空高度增加，储烟仓的厚度可能不足，导致储烟能力下降，排烟效率降低。当采用自然排烟方式时，储烟仓的厚度不应小于空间净高的 20%，且不应小于 500mm；当采用机械排烟方式时，不应小于空间净高的 10%，且不应小于 500mm。

自然排烟窗、机械排烟口应设在储烟仓内，但走道、室内空间净高不大于 3m 的区域，其排烟口可设置在其净空高度的 1/2 以上。取消封闭式吊顶后，自然排烟窗和机械排烟口的位置如果没有进行相应调整，自然排烟窗和机械排烟口可能没有在储烟仓内，无法有效排出烟气影响排烟效果。补风系统的位置也需要相应调整，避免气流短路。

问题 43：施工各工序之间配合不当，个别项目机械排烟系统施工完毕后增加了封闭式吊顶，排烟口被封闭在吊顶内；个别项目外窗安装完毕后，二次装修增加了吊顶，吊顶的设置影响排烟窗开启。

参考规范：《建筑防火通用规范》(GB 55037—2022) 第 6.5.1 条

解析：建筑内部装修不应擅自减少、改动、拆除、遮挡消防设施或器材及其标识、疏散指示标志、疏散出口、疏散走道或疏散横通道，不应擅自改变防火分区或防火分隔、防烟分区及其分隔，不应影响消防设施或器材的使用功能和正常操作。

排烟口被封闭在吊顶内，这会导致在火灾时排烟系统无法正常工作，烟气无法被有效排出，影响人员疏散和灭火。装修后吊顶影响排烟窗无法正常开启，会导致自然排烟失效，无法有效排出火灾产生的烟雾，增加人员疏散的难度，同时可能导致烟气层下降，影响清晰高度，威胁人员安全。

问题 44：无可开启外窗的地上任一层建筑面积大于 2500m³ 的商店营业厅、展览厅、会议厅、多功能厅、宴会厅，以及这些建筑中长度大于 60m 的走道，未按规范要求在其每层外墙和（或）屋顶上设置应急排烟排热设施。

参考规范：《建筑防火通用规范》(GB 55037—2022) 第 2.2.5 条

解析：任一层建筑面积大于 2500m³ 的商店营业厅、展览厅、会议厅、多功能厅、宴会厅，以及这些建筑中长度大于 60m 的走道，无可开启外窗时应在其每层外墙和（或）屋顶上设置应急排烟排热设施，且该应急排烟排热设施应具有手动、联动或依靠烟气温度等方式自动开启的功能。这类场所因为面积大、人员密集，火灾时产生的烟气和热量会迅速积聚，影响疏散和救援。应急排烟排热设施保证建筑内的排烟系统在失效情况下能及时排出火灾的烟气和热，便于消防救援行动。未按规范要求在其每层外墙和（或）屋顶上设置应急排烟排热设施可能在排烟系统失效情况下，人员疏散受阻、烟气毒性危害、火势蔓延、财产损失等。

问题 45：应急排烟排热设施仅设置手动操作，未设置自动开启功能，个别项目应急排烟排热设施设置了火灾时联动开启，联动测试机械排烟系统和应急排烟排热设施（电动窗）同时启动，影响排烟效果。

参考规范：《建筑防火通用规范》（GB 55037—2022）第 2.2.5 条

解析：如果应急排烟排热设施只有手动，手动操作需要人员介入，可能耽误时间，导致排烟不及时，烟气在火灾初期无法及时排出，影响疏散通道的能见度，增加逃生难度。高温烟气积聚还会加速火势蔓延，增加毒性气体的浓度，威胁人员生命安全。此外，手动操作依赖人员的反应速度和操作能力，在紧急情况下可能不可靠，特别是如果现场人员未经过培训或处于恐慌状态，可能导致系统无法有效启动。

问题 46：防烟与排烟系统风管穿过防火隔墙、楼板和防火墙时，穿越处风管上的防火阀、排烟防火阀两侧各 2.0m 范围内的风管未采用耐火风管，风管外壁未采取防火保护措施，耐火极限不满足该防火分隔体的耐火极限。

参考规范：《建筑防火通用规范》（GB 55037—2022）第 6.3.5 条，《建筑设计防火规范（2018 年版）》（GB 50016—2014）第 6.3.5 条

解析：通风和空气调节系统的管道、防烟与排烟系统的管道穿过防火墙、防火隔墙、楼板、建筑变形缝处，建筑内未按防火分区独立设置的通风和空气调节系统中的竖向风管与每层水平风管交接的水平管段处，均应采取防止火灾通过管道蔓延至其他防火分隔区域的措施。

风管穿过防火隔墙、楼板和防火墙时，穿越处风管上的防火阀、排烟防火阀两侧各 2.0m 范围内的风管应采用耐火风管或风管外壁应采取防火保护措施，且耐火极限不应低于该防火分隔体的耐火极限。

风管外壁未采取防火保护措施，耐火极限不足，风管在火灾中很快失效，无法阻止火焰和高温烟气扩散。防火阀的作用是，在一定温度下关闭，以阻断火势，如果周围的风管不防火，火焰可能绕过阀门，继续蔓延。此外，结构稳定性也是一个问题，风管变形或破裂会影响整个排烟系统的功能，导致排烟不畅，人员疏散困难。

问题 47：图纸设计的补风设施未按图施工。

参考规范：《消防设施通用规范》（GB 55036—2022）第 11.3.6 条

解析：除地上建筑的走道或地上建筑面积小于 $500m^3$ 的房间外，设置排烟系统的场所应能直接从室外引入空气补风，且补风量和补风口的风速应满足排烟系统有效排烟的要求。排烟时大量排出空气会导致室内负压，使得排烟效率降低，甚至可能让烟气倒流；补风能维持压力平衡，确保排烟效果；此外，补风有助于稀释烟气，提高人员疏散的安全性。

问题 48：验收现场联动测试，排烟系统的联动逻辑错误，排烟口、排烟窗或排烟阀动作的联动触发信号未按防烟分区设置。

参考规范：《建筑防烟排烟系统技术标准》（GB 51251—2017）第 5.2.4 条

解析：当火灾确认后，担负 2 个及 2 个以上防烟分区的排烟系统，应仅打开着火防烟分区的排烟阀或排烟口，其他防烟分区的排烟阀或排烟口应呈关闭状态。为保证排烟效果，对担负 2 个及 2 个以上防烟分区的排烟系统宜采用漏风量小的高气密性的排烟阀，非

排烟区的排烟阀（口）处于关闭状态，既有利于减少对排烟区的干扰和分流，防止烟气被引入非着火区，又可保证非排烟区的空间气体压力略高于排烟区的压力，更好地防止烟气的蔓延。

问题49：任一排烟阀或排烟口开启时，相应的排烟风机能联动启动，未设置联动启动补风机的逻辑。

参考规范：《消防设施通用规范》（GB 55036—2022）第 11.1.5 条

解析：加压送风机、排烟风机、补风机应具有现场手动启动、与火灾自动报警系统联动启动和在消防控制室手动启动的功能。当系统中任一常闭加压送风口开启时，相应的加压风机均应能联动启动；当任一排烟阀或排烟口开启时，相应的排烟风机、补风机均应能联动启动。

排烟风机启动后补风机未能联动启动，排烟风机单独运行会导致室内负压过高，影响排烟量，甚至导致疏散门难以开启。排烟效率的下降会影响烟气层的高度，缩短安全疏散时间。例如，烟气层可能快速下降，导致能见度降低和有毒气体积聚。

问题50：风机的型号、规格、数量与设计不符，或产品的质量合格证明文件的型号、规格与实际安装的产品不一致。

参考规范：《建筑防烟排烟系统技术标准》（GB 51251—2017）第 8.2.7 条

解析：系统工程质量验收判定条件中，系统的设备、部件型号规格与设计不符，无出厂质量合格证明文件及符合国家市场准入制度规定的文件定为 A 类不合格。

如果实际风机的型号、规格、数量与设计不符，首先，会影响系统的排烟效率，导致排烟量不足，负压失衡，进而影响人员疏散。其次，质量证明文件与实际产品不一致可能涉及产品认证的问题，比如消防产品必须经过强制性认证（CCC），如果文件不符，将被认定为使用不合格产品，受到法律处罚。

问题51：防烟、排烟系统中的送风口、排烟口、排烟防火阀、送风风机、排烟风机、固定窗等未设置明显永久标识。

参考规范：《消防设施通用规范》（GB 55036—2022）第 2.0.10 条

解析：消防设施上或附近应设置区别于环境的明显标识，说明文字应准确、清楚且易于识别，颜色、符号或标志应规范。手动操作按钮等装置处应采取防止误操作或被损坏的防护措施。

防烟、排烟系统中的送风口、排烟口、排烟防火阀、送风风机、排烟风机、固定窗等设置明显永久标识，在火灾时能够及时、准确找到相应设施和组件并进行应急操作，确保及时启动消防设施。

问题52：净空高度大于 9m 的中庭、建筑面积大于 2000m² 的营业厅、展览厅、多功能厅等场所，自然排烟窗（口）集中手动开启装置被锁在房间内，不便于火灾时操作。

参考规范：《建筑防烟排烟系统技术标准》（GB 51251—2017）第 4.3.6 条

解析：净空高度大于 9m 的中庭、建筑面积大于 2000m² 的营业厅、展览厅、多功能厅等场所，尚应设置集中手动开启装置和自动开启设施。

条文说明中表示，手动开启一般是通过操作机械装置实现排烟窗的开启，为便于人员操作和保护装置本条规定了开启装置的设置高度。当手动开启装置集中设置于一处确实困难时，可分区、分组集中设置，但应确保任意一个防烟分区内的所有自然排烟窗均能统一集中开启，且应设置在人员疏散口附近。集中手动开启装置被锁在房间内，火灾时可能需要找钥匙、开门，延误排烟。

问题 53：机械排烟风机设置橡胶减振装置。

参考规范：《建筑防烟排烟系统技术标准》（GB 51251—2017）第 6.5.3 条

解析：风机应设在混凝土或钢架基础上，且不应设置减振装置；若排烟系统与通风空调系统共用且需要设置减振装置时，不应使用橡胶减振装置。减振装置大部分采用橡胶、弹簧或两者的组合，当设备在高温下运行时，橡胶会变形熔化、弹簧会失去弹性或性能变差，影响排烟风机可靠地运行，因此安装排烟风机时不宜设置减振装置。若与通风空调系统合用风机时，也不应选用橡胶或含有橡胶减振装置。

问题 54：独立的加压送风系统、机械排烟系统的风机与风管之间加设柔性短管，未直接连接。或合用系统的柔性短管无法满足高温 280℃下持续安全运行 30min 及以上的要求。

参考规范：《通风与空调工程施工质量验收规范》（GB 50243—2016）第 5.2.7 条及其条文说明

解析：防排烟系统的柔性短管必须采用不燃材料。柔性短管通常用的材料是橡胶或者帆布，这些材料在高温下可能会软化或燃烧，导致漏烟或者结构失效。排烟系统在火灾时需要承受高温，比如在 280℃下持续工作，普通材料可能无法满足。另外，排烟风机运行时会有振动，柔性短管可以减振，但如果材料不耐高温，不能保证系统的完整性和气密性。

问题 55：排烟井道的检查门未向管井内开启，送、补风机房井道的检查门未向井道外开启，发生火灾时不利于排除烟气、吸入新风。

解析：井道的检查门在火灾时顺气流方向关闭，逆气流方向开启，在火灾时，气流压力会帮助门更好地密封，防止烟气泄漏。这有助于维持井道内的负压，确保烟气有效排出，而不会倒灌到其他区域，从而提高排烟效率。

5.3 通风、空调系统

问题 1：通风、空气调节系统的风管未按照设计图纸安装 70℃的防火阀，经常出现漏装。

参考规范：《建筑防火通用规范》（GB 55037—2022）第 6.3.5 条，《建筑设计防火规范（2018 年版）》（GB 50016—2014）第 9.3.11 条

解析：通风和空气调节系统的管道、防烟与排烟系统的管道穿过防火墙、防火隔墙、楼板、建筑变形缝处，建筑内未按防火分区独立设置的通风和空气调节系统中的竖向风管与每层水平风管交接的水平管段处，均应采取防止火灾通过管道蔓延至其他防火分隔区域

的措施。通风、空气调节系统的风管在穿越防火分区处、穿越通风、空气调节机房的房间隔墙和楼板处、穿越重要或火灾危险性大的场所的房间隔墙和楼板处、穿越防火分隔处的变形缝两侧、竖向风管与每层水平风管交接处的水平管段上等部位，应设置公称动作温度为70℃的防火阀。

当风管内的温度达到一定值时，防火阀会自动关闭，防止火势通过风管蔓延。通风、空气调节系统的风管未按照设计图纸安装70℃的防火阀，火灾时可能存在火势蔓延的风险。

问题2：个别项目厨房的油烟管道上错误安装了70℃的防火阀，应安装150℃的防火阀。

参考规范：《建筑设计防火规范（2018年版）》（GB 50016—2014）第9.3.12条

解析：厨房油烟管道因为高温和油脂堆积，防火阀的熔断温度应该更高，应设置公称动作温度为150℃的防火阀。而70℃的阀可能在正常操作中过早关闭，导致排烟不畅，甚至引发火灾风险。错误温度可能无法有效阻止真实火灾中的火势蔓延。

问题3：宾馆、公寓、集体宿舍等类似建筑的浴室、卫生间的竖向排风管，支管上70℃的防火阀漏装。

参考规范：《建筑设计防火规范（2018年版）》（GB 50016—2014）第9.3.12条

解析：浴室和卫生间的排风管通常是竖向的，连接多个楼层。如果发生火灾，火势或高温烟气可能会通过这些管道蔓延到其他楼层。安装70℃的防火阀的作用就是在一定温度下自动关闭，阻止火势扩散。

问题4：在防火阀两侧各2.0m范围内的风管采用橡塑保温，绝热材料未采用不燃材料。

参考规范：《建筑设计防火规范（2018年版）》（GB 50016—2014）第9.3.13条

解析：在防火阀两侧各2.0m范围内的风管及其绝热材料应采用不燃材料。防火阀的主要作用是在火灾时关闭，阻止火势和烟气通过风管蔓延。如果周围的保温材料是可燃的，那么即使防火阀关闭了，火焰或高温也可能引燃这些材料，导致火势绕过防火阀继续扩散。所以，要求绝热材料采用不燃材料，确保在防火阀附近形成可靠的防火屏障，维持阀门的有效性。

问题5：甲乙类生产、仓储场所排除有燃烧或爆炸危险性气体、蒸气或粉尘的排风系统，风机及通风管道未采取静电防护措施。

参考规范：《建筑防火通用规范》（GB 55037—2022）第9.3.3条

解析：排除有燃烧或爆炸危险性气体、蒸气或粉尘的排风系统应采取静电导除等静电防护措施；排风设备不应设置在地下或半地下；排风管道应具有不易积聚静电的性能，所排除的空气应直接通向室外安全地点。在排风系统中，风机运转和气体流动会导致摩擦，从而产生静电。如果这些静电不能及时导除，可能会在金属管道或设备上积累，形成火花放电，点燃爆炸性混合物。所以，防静电措施的关键在于防止电荷积累和及时导除静电。

问题6：甲乙类生产、仓储场所排除有燃烧或爆炸危险性气体、蒸气或粉尘的排风系统，设置了可燃气体浓度探测、有毒气体浓度探测系统，当可燃气体浓度探测、有毒气体浓度探测系统报警后不能连锁启动排风系统。

解析：甲乙类场所可燃气体爆炸下限＜10％，报警后若排风系统未启动，气体浓度很快达到爆炸极限；一旦遇见静电火花、设备过热等，与高浓度气体接触后爆炸概率≥90％。

问题 7：甲乙类生产、仓储场所排除有燃烧或爆炸危险性气体、蒸气或粉尘的排风系统，风机、防火阀未按照设计要求采用对应防爆级别的电气设备。

参考规范：《建筑设计防火规范（2018年版）》（GB 50016—2014）第9.3.16条

解析：燃油或燃气锅炉房应设置自然通风或机械通风设施。燃气锅炉房应选用防爆型的事故排风机。当采取机械通风时，机械通风设施应设置导除静电的接地装置。

若风机/防火阀防爆等级低于环境需求，设备内部火花或表面高温可直接引燃有燃烧或爆炸危险性气体、蒸气或粉尘。防爆级别低的防火阀壳体耐压值低于爆炸冲击压力，可能被炸裂，火焰窜入相邻防火分区；阀门防爆结构不匹配，火灾时无法快速关闭，导致烟气快速扩散。

问题 8：爆炸性粉尘环境内的事故排风用电动机将控制箱设置在风机附近，生产发生事故的情况下，无法进入操作，应在便于操作的地方设置事故启动按钮等控制设备，如室外安全地点。

参考规范：《爆炸危险环境电力装置设计规范》（GB 50058—2014）第5.1.1条

解析：在粉尘爆炸环境中，如果不能及时启动排风，粉尘浓度可能迅速达到爆炸下限，遇到点火源就会爆炸。同时，有毒气体积聚可能导致人员中毒。控制箱的位置不当会直接影响应急响应时间，可能使事故后果加剧。

问题 9：锅炉房事故风机通风量不满足设计要求。

参考规范：《建筑设计防火规范（2018年版）》（GB 50016—2014）第9.3.16条

解析：燃油锅炉房的正常通风量应按换气次数不少于3次/h确定，事故排风量应按换气次数不少于6次/h确定；燃气锅炉房的正常通风量应按换气次数不少于6次/h确定，事故排风量应按换气次数不少于12次/h确定。若事故风机通风量不足，可能导致有害气体积聚，增加爆炸或中毒的风险；无法及时排出可燃气体，导致浓度达到爆炸极限等。

问题 10：地下防护区和无窗或设固定窗扇的地上气体灭火系统的防护区、地下气体灭火系统储瓶间未设置机械排风装置，或设置的机械排风装置未能直通室外。

参考规范：《气体灭火系统设计规范》（GB 50370—2005）第6.0.4条、第6.0.5条

解析：灭火后的防护区应通风换气，地下防护区和无窗或设固定窗扇的地上防护区，应设置机械排风装置，排风口宜设在防护区的下部并应直通室外。通信机房、电子计算机房等场所的通风换气次数应不少于5次/h。地下储瓶间应设机械排风装置，排风口应设在下部，可通过排风管排出室外。

地下储瓶间应设机械排风装置，防止灭火剂泄漏引发窒息或中毒；储瓶间通常为封闭空间，泄漏后若无排风，人员进入机械应急操作、检修设备时易窒息死亡；瓶阀密封失效

或误喷时，高压气体瞬间释放，若为惰性气体混合剂，高速气流摩擦可能产生静电火花。

储瓶间如果在地下，自然通风本来就差，设置的机械排风不能排出室外，排风管道在室内循环，灭火剂泄漏无法有效排出，会导致浓度积聚。

问题 11：地下防护区和无窗或设固定窗扇的地上气体灭火系统的防护区设置机械排风装置，火灾时未关闭防护区域的送（排）风机及送（排）风阀门、未停止通风和空气调节系统及关闭设置在该防护区域的电动防火阀；部分项目未设置电动防火阀。

参考规范：《火灾自动报警系统设计规范》（GB 50116—2013）第 4.4.2 条

解析：气体灭火系统需要封闭空间来有效灭火，如果通风系统继续运行，可能会降低灭火剂浓度，导致灭火失败。防火阀未关闭，火势可能通过风管蔓延到其他区域，扩大灾害范围。通风系统的存在可能助长火势，增加危险程度。

问题 12：排烟系统与通风、空气调节系统合用系统，每个排烟合用系统的管道上需联动关闭的通风和空气调节系统的控制阀门超过 10 个。

参考规范：《建筑防烟排烟系统技术标准》（GB 51251—2017）第 4.4.3 条

解析：如果阀门数量超过 10 个，联动控制的复杂性越高，故障点也越多。阀门数量过多，每个阀门都需要接收信号并执行关闭动作，如果其中某个阀门故障或响应延迟，可能导致系统无法及时关闭，进而影响排烟效果，甚至让烟雾和火势通过未关闭的阀门扩散到其他区域。

消防电气

6.1 消防供配电及电气

问题1：未按设计图纸要求设置一级负荷供电的消防系统供电，现场从同一个变电站引进两个回路电源，只能满足二级负荷供电。

参考规范：《供配电系统设计规范》（GB 50052—2009）第3.0.2条、第3.0.7条，《建筑设计防火规范（2018年版）》（GB 50016—2014）第10.1.4条

解析：一级负荷应由双重电源供电，当一电源发生故障时，另一电源不应同时受到损坏。具备下列条件之一的供电，可视为一级负荷：①电源来自2个不同发电厂；②电源来自2个区域变电站（电压一般在35kV及以上）；③电源来自一个区域变电站，另一个设置自备发电设备。

二级负荷的供电系统，宜由两回线路供电。在负荷较小或地区供电条件困难时，二级负荷可由一回6kV及以上专用的架空线路供电。

问题2：设计的柴油发电机未安装或安装后未调试，供电不能满足一级负荷或二级负荷供电需求。

参考规范：《建筑设计防火规范（2018年版）》（GB 50016—2014）第10.1.4条，《民用建筑电气设计标准》（GB 51348—2019）第13.7.9条

解析：消防用电按一、二级负荷供电的建筑，当采用自备发电设备作为备用电源时，自备发电设备应设置自动和手动启动装置。当采用自动启动方式时，应能保证在30s内供电。《民用建筑电气设计标准》（GB 51348—2019）规定，当一级消防应急电源由低压发电机组提供时，应设自动启动装置，并应在30s内供电。当采用高压发电机组时，应在60s内供电。当二级消防应急电源由低压发电机组提供，且自动启动有困难时，可手动启动。

柴油发电机未安装或安装后未调试，可能导致火灾时电力中断，消防水泵、消防电梯、排烟风机等消防设备断电停运，关键系统瘫痪；未调试机组存在爆燃风险。

问题3：一级负荷、二级负荷供电的项目，供电部门未正式送电，或只有一路正式电源。

解析：供电部门未正式送电或只有一路正式电源，无法满足一级负荷、二级负荷供电可靠性、持续性要求，一旦一路电源发生故障，此时发生火灾消防设备将无法运行，将造成巨大的损失。

问题4：消防控制室、消防水泵房的消防用电设备及消防电梯等的供电，未在其配电

线路的最末一级配电箱内设置自动切换装置。

参考规范：《建筑防火通用规范》（GB 55037—2022）第 10.1.6 条

解析：除按照三级负荷供电的消防用电设备外，消防控制室、消防水泵房的消防用电设备及消防电梯等的供电，应在其配电线路的最末一级配电箱内设置自动切换装置。防烟和排烟风机房的消防用电设备的供电，应在其配电线路的最末一级配电箱内或所在防火分区的配电箱内设置自动切换装置。防火卷帘、电动排烟窗、消防潜污泵、消防应急照明和疏散指示标志等的供电，应在所在防火分区的配电箱内设置自动切换装置。

规范要求一级负荷、二级负荷供电的消防控制室、消防水泵房等消防设备应有两路电源，并在最末一级配电箱切换，以确保任何一路电源故障时能无缝切换。若在配电室设置自动切换装置，配电室至消防控制室、消防水泵房之间的线路故障（如短路、断路）将直接导致消防设备断电，故障影响范围扩大。

问题 5：按一、二级负荷供电的消防设备，其配电箱未独立设置，常见消防控制室与监控室合用的情况下，监控系统、空调电源均接自消防控制室消防设备电源柜，消防配电设备未设置明显标志。

参考规范：《建筑设计防火规范（2018 年版）》（GB 50016—2014）第 10.1.9 条

解析：按一、二级负荷供电的消防设备，其配电箱应独立设置；按三级负荷供电的消防设备，其配电箱宜独立设置。消防配电设备应设置明显标志。

如果消防设备和非消防设备共用配电箱，非消防设备故障可能影响消防设备，如短路或过载跳闸，导致供电可靠性下降，故障风险增加。

问题 6：消防水泵、消防电梯、消防控制室等的 2 个供电回路，未从变电所或总配电室放射式供电，常见消防控制室、消防电梯的供电回路接自所在建筑的配电柜。

参考规范：《民用建筑电气设计标准》（GB 51348—2019）第 13.7.5 条

解析：消防水泵、消防电梯、消防控制室等的 2 个供电回路，应由变电所或总配电室放射式供电。放射式供电指的是每个消防设备直接从变电所或总配电室单独引出供电回路，而不是与其他设备共用线路。如果采用树干式供电，一个回路故障可能影响多个设备断电，而放射式供电只影响单一设备，供电更可靠。

问题 7：建筑高度大于 150m 的建筑，应急电源的消防供电未设置专用母线段。

参考规范：《建筑防火通用规范》（GB 55037—2022）第 10.1.1 条

解析：建筑高度大于 150m 的工业与民用建筑的消防用电应按特级负荷供电，应急电源的消防供电回路应采用专用线路连接至专用母线段；消防用电设备的供电电源干线应有 2 个路由。

专用母线段的作用主要是隔离和可靠性，避免非消防负荷的干扰，确保电源的独立性；提高故障隔离能力，防止其他回路故障影响消防设备；满足耐火和供电持续性的更高要求。

问题 8：不超过 50m 的一类高层公共建筑、建筑体积大于 100000m³ 的公共建筑，其消防用电设备的备用消防电源供电时间不满足 3.0h，设计人员未按照《建筑防火通用规范》（GB 55037—2022）要求的火灾延续时间设计备用消防电源。

参考规范：《建筑防火通用规范》（GB 55037—2022）第10.1.5条

解析：建筑内的消防用电设备应采用专用的供电回路，当其中的生产、生活用电被切断时，应仍能保证消防用电设备的用电需要。除三级消防用电负荷外，消防用电设备的备用消防电源的供电时间和容量，应能满足该建筑火灾延续时间内消防用电设备的持续用电要求。

备用电源供电时间不足会导致消防设备在火灾中无法持续运行。例如，消防水泵持续供水时间不足会影响火灾扑救，排烟风机如果提前停止，会导致烟雾积聚，影响人员疏散和灭火救援。应急照明和疏散指示系统如果断电，会增加人员恐慌和逃生难度。

问题9：设置在公共区域的消防设备配电箱或控制箱无防火保护措施。

参考规范：《建筑设计防火规范（2018年版）》（GB 50016—2014）第10.1.9条

解析：火场的温度往往很高，如果安装在建筑中的消防设备的配电箱和控制箱无防火保护措施，当箱体内温度达到200℃及以上时，箱内电器元件的外壳就会变形跳闸，不能保证消防供电。对消防设备的配电箱和控制箱应采取防火隔离措施，可以较好地确保火灾时配电箱和控制箱不会因为自身防护不好而影响消防设备正常运行。通常的防火保护措施：将配电箱和控制箱安装在符合防火要求的配电间或控制间内；采用内衬岩棉对箱体进行防火保护。

问题10：消防设备电源箱或配电柜内未设置消防电源监控模块，部分项目安装了消防电源监控模块，但未调试，无法监控供电电源和备用电源的工作状态和故障报警信息。

参考规范：《消防控制室通用技术要求》（GB 25506—2010）第3.1节、第5.7节

解析：消防电源监控系统的意义主要在于实时监测消防水泵房、消防控制室、防排烟机房等消防设备电源状态，一旦停电立即报警、处理，预防故障，确保消防设备供电正常，防止意外停电火灾时影响消防救援。

问题11：明敷的消防配电线路（包括敷设在吊顶内）未穿金属导管或采用封闭式金属槽盒保护，常见吊顶内的消防配电线路未穿金属导管或采用封闭式金属槽盒保护；或穿管后未采取涂刷防火涂料等保护措施。

参考规范：《建筑防火通用规范》（GB 55037—2022）第10.1.7条，《建筑设计防火规范（2018年版）》（GB 50016—2014）第10.1.10条

解析：消防配电线路的设计和敷设，应满足在建筑的设计火灾延续时间内为消防用电设备连续供电的需要。消防配电线路明敷时（包括敷设在吊顶内），应穿金属导管或采用封闭式金属槽盒保护，金属导管或封闭式金属槽盒应采取防火保护措施；当采用阻燃或耐火电缆并敷设在电缆井、沟内时，可不穿金属导管或采用封闭式金属槽盒保护；当采用矿物绝缘类不燃性电缆时，可直接明敷。

消防线路在火灾时需要保持通电，确保消防设备运行，因此线路必须能够在高温下维持一段时间。金属材料如钢导管具有较高的耐火性能，可以在一定时间内阻止火焰和高温对电缆的损害。机械保护也是一个重要因素。明敷的线路容易受到物理损伤，比如撞击、挤压等，金属导管或槽盒可以提供物理屏障，防止线路被破坏，从而保证电力供应的连续

性。尤其是在吊顶内，可能有其他设备安装或维护活动，金属保护层能降低意外损坏的风险。消防线路可能需要与其他电力线路或通信线路并行，金属导管可以屏蔽电磁干扰，确保信号传输的稳定性，尤其是对于消防报警系统等敏感设备来说，这一点尤为重要。

问题 12：消防配电线路与其他配电线路敷设在同一电缆井、沟内，消防配电线路未采用矿物绝缘类不燃性电缆。

参考规范：《建筑防火通用规范》（GB 55037—2022）第 10.1.7 条，《建筑设计防火规范（2018 年版）》（GB 50016—2014）第 10.1.10 条

解析：消防配电线路和其他线路共井敷设，可能存在火灾时互相影响的风险。矿物绝缘电缆在高温下仍能保持正常运作，而普通电缆可能会燃烧，导致短路或断电，影响消防设备运行。矿物绝缘电缆具有很高的耐火性能，防止火势蔓延、保证消防设备供电的可靠性。电缆井内一旦发生火灾，普通电缆燃烧会释放大量烟雾和有毒气体，影响人员疏散和灭火救援；矿物绝缘电缆不会燃烧，也不会释放有毒气体，有助于维持井内的安全环境。

问题 13：母线槽、电缆桥架、母线电气竖井内穿越楼板、穿越不同防火分区处未做防火封堵，或封堵不彻底、不规范。

参考规范：《建筑防火通用规范》（GB 55037—2022）第 6.3.4 条

解析：电气线路和各类管道穿过防火墙、防火隔墙、竖井井壁、建筑变形缝处和楼板处的孔隙应采取防火封堵措施。防火封堵组件的耐火性能不应低于防火分隔部位的耐火性能要求。

未封堵的竖井中火灾时形成"烟囱效应"，高温烟气沿竖井垂直扩散速度≥5m/s（普通区域仅 0.5m/s），加剧火势蔓延速度；合规防火封堵可阻止火势蔓延率≥95%，未封堵场景火势跨楼层概率≥90%。封堵失效＝致命毒气通道，导致毒烟水平扩散。浓烟携带 CO、HCN 等有毒气体通过桥架缝隙扩散至相邻防火分区，有毒气体浓度变大，影响人员安全疏散。未封堵的电缆桥架、母线电气竖井火灾时存在短路引发连锁反应，引起电气二次灾害。

未封堵的电缆桥架、母线电气竖井，可能导致火焰侵入桥架，高温熔毁电缆绝缘层，导致短路跳闸，消防设备断电概率增加；电弧引燃邻近电缆，形成"火瀑布"效应，燃烧面积扩大。

问题 14：消防设备供电线路与图纸中配电系统图标注的材质、线径不一致。

解析：消防设备供电线路与图纸中配电系统图标注的材质不符的影响。如设计图纸要求耐火电缆或矿物绝缘电缆，而实际使用普通电缆。耐火电缆能在高温下维持电路完整性更长时间，而普通电缆可能在火灾中很快失效，导致消防设备断电。此外，线径不符也会引发问题。线径决定了导体的截面面积，直接影响电流承载能力和电压降。如果线径比设计的小，线路可能过载，线路自身成"点火源"。同时，电压降过大会影响消防设备的启动和运行，如消防泵可能无法正常启动，排烟风机转速不足等。

问题 15：消防水泵电源柜、控制柜防护等级不符合设计要求、规范要求，尤其是上进线的电源柜、控制柜，电缆穿线空洞未进行封堵处理。

参考规范：《消防设施通用规范》（GB 55036—2022）第 3.0.12 条

解析： 消防水泵控制柜位于消防水泵控制室内时，其防护等级不应低于 IP30；位于消防水泵房内时，其防护等级不应低于 IP55。防护等级是设备对外物和水的防护能力。如果设计的防护等级是 IP55，而实际只有 IP30，设备容易进入灰尘和水，特别是在消防水泵房这种可能有水汽或喷淋的环境里。灰尘和湿气可能导致电气元件短路，控制柜内的接触器或继电器受潮后可能无法接通，导致水泵无法启动，延误灭火。

上进线意味着电缆从柜体顶部进入，如果电源柜和控制柜的电缆穿线孔未封堵，水或火可能通过孔洞进入柜内。发生火灾时，火焰和高温烟气可能通过这些孔洞侵入，损坏内部电路，导致控制失灵。同时，未封堵的孔洞可能成为小动物或昆虫的通道，造成线路短路。

问题 16： 可能处于潮湿环境的消防电气设备，外壳的防尘与防水等级不能满足 IP45 的要求。常见预作用阀室、雨淋阀室的电气设备，报警阀室的压力开关、信号阀等设备、干式消火栓系统设置在地下阀门井中的电磁阀（或电动阀），防护等级不满足规范要求。

参考规范：《建筑防火通用规范》（GB 55037—2022）第 10.1.12 条

解析： 可能处于潮湿环境内的消防电气设备，外壳的防尘与防水等级不应低于 IP45。

防尘防水等级不足可能导致水汽和灰尘进入设备内部，引发短路或腐蚀。在潮湿环境中尤其严重，因为湿度高，水汽容易凝结。如应急照明、排烟风机、消防水泵等消防设备及其供电，如果因为外壳防护不够引发短路、绝缘降低等，可能会延误灭火，增加人员伤亡风险。如消防水泵无法提供消防用水，影响火灾扑救；如排烟风机停机，烟气无法排出，人员疏散受阻。

问题 17： 设置在室外的消防设备，外壳的防尘与防水等级不能满足 IP45 要求，常见工艺装置区、罐区的手动报警按钮、声光警报器、应急照明灯具等。

参考规范：《建筑防火通用规范》（GB 55037—2022）第 10.1.12 条

解析： 室外的消防设备，若防水等级不足，会因为雨水渗透引发"致命短路"，特别是暴雨时；雨水侵入设备内部导致绝缘电阻下降，漏电跳闸概率加大。若防尘等级不足，沙尘堆积成隐形杀手，沙尘侵入设备触点，导致接触电阻升高，影响电气设备；或有其他金属固体异物进入消防电气设备内部，可能造成电气短路。

问题 18： 位于爆炸危险性环境的供水管道及泡沫灭火系统或其他灭火介质输送管道和组件，未采取静电接地措施。

参考规范：《消防设施通用规范》（GB 55036—2022）第 2.0.4 条，《石油化工企业设计防火标准（2018 年版）》（GB 50160—2008）第 9.3.1 条、第 9.3.3 条

解析： 消防给水与灭火设施中位于爆炸危险性环境的供水管道及其他灭火介质输送管道和组件，应采取静电防护措施。在易燃易爆环境中，任何静电火花都可能引发爆炸或火灾。管道在输送液体或泡沫等介质时，由于流动摩擦，尤其是非导电介质，容易产生静电积累。如果没有有效的接地措施，静电电荷无法导出，积聚到一定程度可能放电，产生火花足以点燃混合物，导致爆炸。

问题 19： 爆炸危险性环境内的事故风机、工艺电机或电磁阀、电动阀等、起重设备

电机等非消防电气设备及加油机内部的电气设备，厂家配套提供，防爆级别和组别不能满足设计需求。

参考规范：《爆炸危险环境电力装置设计规范》（GB 50058—2014）第5.2.1条、第5.2.3条

解析：防爆电气设备的级别和组别不应低于该爆炸性气体环境内爆炸性气体混合物的级别和组别。如果防爆级别和组别不能满足设计需求，设备在爆炸性环境中可能引发电火花或高温引发爆炸；不符合防爆等级，设备无法遏制内部爆炸，导致火焰传播；温度组别不匹配，设备表面温度超过可燃物的燃点。

问题20：专用蓄电池室灯具未采用防爆型，室内装设普通型开关和电源插座，不符合要求。

参考规范：《建筑电气与智能化通用规范》（GB 55024—2022）第3.2.5条

解析：专用蓄电池室应采用防爆型灯具，室内不得装设普通型开关和电源插座。

条文说明中表示，专用蓄电池室因爆炸危险性较高，所以规定有电气连接的照明、开关、电源插座等，安装在室内时应采用防爆型产品，否则应安装在室外。

问题21：仓库内设置了配电箱、开关，不满足规范要求，应设置在仓库外。

参考规范：《建筑设计防火规范（2018年版）》（GB 50016—2014）第10.2.5条，《仓库防火安全管理规则》（公安部令第6号）第四十一条

解析：配电箱及开关应设置在仓库外。库区的每个库房应当在库房外单独安装开关箱，保管人员离库时，必须拉闸断电。禁止使用不合规格的保险装置。

6.2 火灾自动报警系统

问题1：漏设火灾自动报警系统，常见建筑面积≥100m² 的商店建筑、客房≥15间（套）的旅馆建筑、歌舞娱乐放映游艺场所、任一层建筑面积大于500m² 或总建筑面积大于1000m² 的其他儿童活动场所未按照规范要求设置火灾自动报警系统。

参考规范：《建筑防火通用规范》（GB 55037—2022）第8.3.2条

解析：火灾自动报警系统具有早期发现火灾信息，及早发出火灾警报，通知人员疏散、灭火或联动相关消防设施的功能。应设置火灾自动报警系统的设置范围主要为可燃物较多、火灾蔓延迅速、扑救困难，或同一时间停留人数较多的场所或建筑。

未按规范要求设置火灾自动报警系统，火灾发现延迟、初期火灾失控，错过火势"黄金3min"；因为未设置火灾自动报警系统，防火分隔设施、防排烟设施、预作用自喷或雨淋灭火系统等消防设施无法自动启动，影响火灾扑救、防烟排烟、人员疏散。

问题2：老年人照料设施中的老年人用房未设置火灾探测器和声警报装置或消防广播。

参考规范：《建筑设计防火规范（2018年版）》（GB 50016—2014）第8.4.1条

解析：老年人照料设施中的老年人用房及其公共走道，均应设置火灾探测器和声警报装置或消防广播。老年人行动不便，反应可能较慢，所以在火灾发生时，早期预警和有效

疏散至关重要。老年人听力/视力下降，房间内设置声光警报器，可大大降低老年人火灾死亡率；火灾探测器触发后，启动消防应急广播、声光警报器，疏散效率大大提升。

问题 3：高度超过 100m 的高层公共建筑的避难层内的消防应急广播未采用独立的广播分路。

参考规范：《民用建筑电气设计标准》（GB 51348—2019）第 13.3.3 条

解析：高度超过 100m 的高层公共建筑，各避难层内的消防应急广播应采用独立的广播分路。

避难层作为高层建筑中的重要安全区域，其消防设施的独立性和可靠性至关重要。超高层建筑一旦发生火灾，疏散和救援难度大，如果消防广播与其他楼层共用线路，一旦线路在火灾中受损，可能导致广播失效，无法指导人员疏散。独立分路可以提高系统的可靠性，确保在紧急情况下广播能正常工作。

问题 4：系统选型错误，需要联动机械排烟、防烟系统、雨淋或预作用自动喷水灭火系统、固定消防水炮灭火系统、气体灭火系统等自动消防设备的建筑，未采用集中报警系统或控制中心报警系统。

参考规范：《火灾自动报警系统设计规范》（GB 50116—2013）第 3.2.1 条

解析：不仅需要报警，同时需要联动自动消防设备，且只设置一台具有集中控制功能的火灾报警控制器和消防联动控制器的保护对象，应采用集中报警系统，并应设置一个消防控制室。设置 2 个及以上消防控制室的保护对象，或已设置 2 个及以上集中报警系统的保护对象，应采用控制中心报警系统。若系统选型错误，如建筑内存在需要联动的机械排烟、防烟系统等消防设施，应选择集中报警系统，因为区域报警系统不具有消防联动功能。

问题 5：有 2 个及以上消防控制室的控制中心报警系统，未确定主消防控制室。

参考规范：《火灾自动报警系统设计规范》（GB 50116—2013）第 3.2.4 条

解析：有 2 个及以上消防控制室时，应确定 1 个主消防控制室。主消防控制室应能显示所有火灾报警信号和联动控制状态信号，并应能控制重要的消防设备。

主消防控制室的意义可能涉及统一指挥、协调联动、避免混乱。多个消防控制室如果没有主次之分，可能在火灾发生时出现指令冲突或信息不统一，影响救援效率。如 1 个建筑群有多个控制室各自独立操作，可能导致排烟系统、喷淋系统、应急广播等设备无法协同工作，甚至相互干扰。

问题 6：控制中心报警系统的主消防控制室不能控制重要的消防设备，如消防水泵、排烟风机、加压送风机、自动跟踪定位射流灭火系统的电磁阀和水泵。

参考规范：《火灾自动报警系统设计规范》（GB 50116—2013）第 3.2.4 条

解析：主消防控制室在集中报警系统中扮演核心角色，负责统一指挥和协调。如果无法控制关键设备，可能会导致系统响应延迟，影响灭火和疏散效率。如消防水泵无法及时启动可能导致火势蔓延；排烟风机和加压送风机失效会导致烟雾积聚，影响人员逃生。自动射流灭火系统的电磁阀和水泵如果不能远程控制，可能无法及时扑灭火源。

问题 7：超高层建筑设置的转输水泵连锁控制信号错误，未采用转输水箱上的液位控制器控制，未设置主消防控制室控制，现场多数设置低压压力开关、高位水箱流量开关连锁启泵和分消防控制室控制多线盘控制。

参考规范：《民用建筑电气设计标准》（GB 51348—2019）第 13.3.1 条，《消防给水及消火栓系统技术规范》（GB 50974—2014）第 11.0.11 条

解析：超高层建筑设置的转输水泵，应由设置在避难层的转输水箱上的液位控制器控制，转输水泵的控制应自成系统，均由主消防控制室控制。各转输水箱上的液位、转输泵的运行信号应在主消防控制室显示。《消防给水及消火栓系统技术规范》（GB 50974—2014）强调启动顺序的重要性，规定当消防给水分区供水采用转输消防水泵时，从转输水箱吸水的供水泵先启动，转输泵后启动，防止先启动转输泵造成转输水箱溢流，造成浪费消防用水；当消防给水分区供水采用串联消防水泵时，上区消防水泵宜在下区消防水泵启动后再启动。

问题 8：消防控制室内未设置直接报火警的外线电话。

参考规范：《消防设施通用规范》（GB 55036—2022）第 12.0.10 条

解析：消防控制室内应设置消防专用电话总机和可直接报火警的外线电话，消防专用电话网络应为独立的消防通信系统。消防控制室内设置可直接报火警的外线电话，可确保通信的独立性，避免依赖建筑内部可能失效的通信系统；可快速报警，减少中间步骤，缩短响应时间；在电力或网络中断时，外线电话仍能使用，比手机、无线通信更可靠。

问题 9：分期建设的项目或一期项目包含多个建筑单体或多个施工队各自采购，多个品牌的火灾自动报警系统设备之间不兼容，无法直接通信。

参考规范：《消防设施通用规范》（GB 55036—2022）第 12.0.2 条

解析：火灾自动报警系统各设备之间应具有兼容的通信接口和通信协议。分期建设或多个施工队采购不同品牌的设备，导致无法直接通信。这可能会引发几个问题：①系统碎片化。不同品牌的设备可能使用不同的通信协议，导致无法集成，形成"信息孤岛"。②响应延迟。当火灾发生时，各子系统之间无法及时传递信号，影响整体应急响应速度。③维护成本增加。需要维护多个独立系统，备件和人力成本上升。

问题 10：个别项目的火灾自动报警系统设备选用新品牌，无法提供中国国家强制性产品认证证书。

参考规范：《火灾自动报警系统设计规范》（GB 50116—2013）第 3.1.3 条，《中华人民共和国消防法》第二十四条

解析：火灾自动报警系统设备应选择符合国家有关标准和有关市场准入制度的产品。依法实行强制性产品认证的消防产品，由具有法定资质的认证机构按照国家标准、行业标准的强制性要求认证合格后，方可生产、销售、使用。

问题 11：集中火灾报警系统或控制中心报警系统的消防控制室未设置图形显示装置，或已设置图形显示装置但无法接收电气火灾监控、可燃气体报警等信号。

参考规范：《火灾自动报警系统设计规范》(GB 50116—2013)第6.9.2条

解析：消防控制室图形显示装置与火灾报警控制器、消防联动控制器、电气火灾监控器、可燃气体报警控制器等消防设备之间，应采用专用线路连接。消防控制室图形显示能快速定位火警位置，相比文字报警信息，能减少确认时间，避免误判。此外，图形装置可能整合建筑平面图，显示疏散路线、消防设施位置，帮助指挥救援。

问题 12：消防控制室图形显示装置显示信息不全，如不能显示建筑基本信息、消防安全重点部位的信息、防排烟设施的状态等。

参考规范：《火灾自动报警系统设计规范》(GB 50116—2013)第3.2.3条

解析：规范要求，图形显示装置必须完整展示建筑平面图、消防设备位置、安全重点部位等信息，如防排烟设施状态（风机电源状态、风机运行状态、排烟阀、排烟防火阀等阀门状态）需实时动态显示。关键信息缺失将影响火场指挥效能。

问题 13：消防控制室设备平面布置过于紧凑，不能保证操作、维修所必需的空间。

参考规范：《火灾自动报警系统设计规范》(GB 50116—2013)第3.4.8条

解析：消防控制室内设备面盘前的操作距离，单列布置时不应小于1.5m；双列布置时不应小于2m。在值班人员经常工作的一面，设备面盘至墙的距离不应小于3m。设备面盘后的维修距离不宜小于1m 设备面盘的排列长度大于4m时，其两端应设置宽度不小于1m的通道。

问题 14：消防控制室接地板与建筑接地体之间，未采用线芯截面面积不小于$25mm^3$的铜芯绝缘导线连接，现场多数采用扁铁接地，不符合规范要求。消防控制室内的电气和电子设备的金属外壳、机柜、机架和金属管、槽等，未做等电位连接。

参考规范：《火灾自动报警系统设计规范》(GB 50116—2013)第10.2.2条至第10.2.4条

解析：消防控制室内的电气和电子设备的金属外壳、机柜、机架和金属管、槽等，应采用等电位连接。由消防控制室接地板引至各消防电子设备的专用接地线应选用铜芯绝缘导线，其线芯截面面积不应小于$4mm^3$。消防控制室接地板与建筑接地体之间，应采用线芯截面面积不小于$25mm^3$的铜芯绝缘导线连接。

消防控制室的设备对接地要求较高，如果接地不良，可能在发生雷击或电气故障时，无法有效泄放电流，导致设备损坏或引发火灾，影响整个消防系统的正常运行。扁铁易氧化锈蚀（尤其潮湿环境），长期使用后接地性能下降，而铜芯导线及绝缘层可显著延缓腐蚀，保障长期稳定性。

问题 15：消防控制室电源未从变电所或总配电室放射式供电，常见消防控制室位置变动的情况，变动后就近取电源，忽略了应从变电所或总配电室放射式供电。

参考规范：《民用建筑电气设计标准》(GB 51348—2019)第13.7.5条

解析：消防水泵、消防电梯、消防控制室等的2个供电回路，应由变电所或总配电室放射式供电。放射式供电的优势，高可靠性、独立性、抗干扰能力。放射式供电仅服务单一负荷，故障影响范围最小化，防止"连带断电"；独立敷设路径减少电磁干扰，确保火灾报警控制器、联动设备的信号稳定性，避免误动作或通信失效；检修其他区域电路时，无须切断消防控制室电源。

问题 16：一级负荷、二级负荷供电的消防控制室，消防设备未设置独立的配电箱，常见监控系统或空调与消防设备共用配电箱。

参考规范：《建筑设计防火规范（2018 年版）》（GB 50016—2014）第 10.1.9 条

解析：按一、二级负荷供电的消防设备，其配电箱应独立设置；按三级负荷供电的消防设备，其配电箱宜独立设置。消防配电设备应设置明显标志。

如果和其他设备共用配电箱，一旦非消防设备出现故障，可能会引起跳闸，导致消防设备断电。其次是故障隔离的问题，共用配电箱故障影响范围扩大，维护时可能需要停电，影响消防系统的正常运行。

问题 17：消防控制室图形显示装置、消防应急广播的电源、水位显示装置等设备，未设置蓄电池备用电源。

参考规范：《火灾自动报警系统设计规范》（GB 50116—2013）第 10.1.2 条、第 10.1.3 条

解析：图形显示装置用于监控火灾情况，应急广播用于疏散指导，水位显示装置可能关系到消防用水的供应。如果主电源中断，没有备用电源的话，这些设备会停止工作，可能导致火灾时无法有效监控和指挥，影响人员疏散和灭火救援。

问题 18：消防设备应急电源蓄电池组的容量缺少计算，由厂家配套，不能保证火灾自动报警及联动控制系统在火灾状态同时工作负荷条件下连续工作 3h 以上。

参考规范：《火灾自动报警系统设计规范》（GB 50116—2013）第 10.1.5 条

解析：消防设备应急电源输出功率应大于火灾自动报警及联动控制系统全负荷功率的 120%，蓄电池组的容量应保证火灾自动报警及联动控制系统在火灾状态同时工作负荷条件下连续工作 3h 以上。若未计算蓄电池容量，蓄电池实际容量不足时可能导致报警控制器、消防广播、防排烟系统联动设备在火灾尚未扑灭前提前断电。如消防水泵控制柜、防火卷帘控制器因供电中断无法执行联动指令，火势可能蔓延失控。

问题 19：火灾自动报警系统主电源设置了剩余电流动作保护和过负荷保护装置。

参考规范：《火灾自动报警系统设计规范》（GB 50116—2013）第 10.1.4 条

解析：火灾自动报警系统主电源不应设置剩余电流动作保护和过负荷保护装置。剩余电流保护主要是检测漏电，防止电击和火灾，而过负荷保护则是防止线路过载导致过热。如果保护装置动作，切断电源会导致消防系统断电，影响正常运行。所以规范要求主电源不应设置这些保护，以确保持续供电。

问题 20：火灾自动报警系统的供电线路、消防联动控制线路未采用燃烧性能不低于 B_2 级的耐火铜芯电线电缆；在人员密集场所疏散通道的火灾自动报警系统的报警总线，未选择燃烧性能 B_1 级的电线、电缆。

参考规范：《消防设施通用规范》（GB 55036—2022）第 12.0.16 条，《民用建筑电气设计标准》（GB 51348—2019）第 13.8.4 条

解析： 火灾自动报警系统线路的选型是系统布线设计的关键环节，线路的防火性能直接影响系统在火灾工况下的安全性和运行可靠性。系统的供电线路、消防联动控制线路需要在火灾时继续工作，应具有相应的耐火性能，其他传输线路等要求具有一定的阻燃性，以避免在火灾中发生延燃。火灾自动报警系统的供电线路、消防联动控制线路应采用燃烧性能不低于 B_2 级的耐火铜芯电线电缆，报警总线、消防应急广播和消防专用电话等传输线路应采用燃烧性能不低于 B_2 级的铜芯电线电缆。在人员密集场所疏散通道采用的火灾自动报警系统的报警总线，应选择燃烧性能 B_1 级的电线、电缆；其他场所的报警总线应选择燃烧性能不低于 B_2 级的电线、电缆。消防联动总线及联动控制线应选择耐火铜芯电线、电缆。

问题 21： 超高层建筑避难层（间）与消控中心的通信线路、消防广播线路、监控摄像的视频和音频线路采用阻燃线路，未按照规范要求采用耐火电线或耐火电缆。

参考规范：《民用建筑电气设计标准》（GB 51348—2019）第 13.8.4 条

解析： 通信线路确保消控中心能指挥调度；消防广播需要持续指导疏散；监控视频和音频线路提供实时火情信息，帮助决策。如果这些线路在火灾中损坏，后果严重。超高层建筑避难层和消控中心之间的线路如果中断，可能导致通信、广播、监控失效，影响疏散和救援。超高层建筑避难层（间）与消控中心的通信线路、消防广播线路、监控摄像的视频和音频线路应采用耐火电线或耐火电缆。

问题 22： 线缆电压等级选择错误，火灾自动报警系统的传输线路和 50V 以下供电的控制线路，现场采用电压等级 300V/300V 的铜芯绝缘导线或铜芯电缆，未按照规范要求和设计要求采用电压等级不低于交流 300V/500V 的铜芯绝缘导线或铜芯电缆。

参考规范：《火灾自动报警系统设计规范》（GB 50116—2013）第 11.1.1 条

解析： 火灾自动报警系统的传输线路和 50V 以下供电的控制线路，应采用电压等级不低于交流 300V/500V 的铜芯绝缘导线或铜芯电缆。300V/500V 的电缆比 300V/300V 的绝缘层更厚，耐压能力更好，尤其在高温或潮湿环境下更能防止击穿。300V/300V 铜芯绝缘导线或铜芯电缆绝缘层耐压不足，火灾高温下易击穿导致信号中断。

问题 23： 设有消防控制室的建筑物设计的消防电源监控系统现场未安装。

参考规范：《民用建筑电气设计标准》（GB 51348—2019）第 13.3.8 条

解析： 设有消防控制室的建筑物必须设置消防电源监控系统，实时监测消防电源（主电、备电、应急电源）的工作状态，并传输至消防控制室。未安装消防电源监控系统，导致系统监控失效，无法及时发现市电停电，导致备用电源未及时切换，消防设备瘫痪；备用蓄电池组容量不足，充电故障未被监测，火灾时备用电源无法供电。

问题 24： 验收时个别项目火灾自动报警系统中控制与显示类设备的主电源使用电源插头连接，常见气体灭火控制器、应急照明控制器、可燃气体报警控制器、消防电源监控器、厨房灭火装置控制器等；

参考规范：《消防设施通用规范》（GB 55036—2022）第 12.0.17 条

解析： 火灾自动报警系统中控制与显示类设备的主电源应直接与消防电源连接，不应使用电源插头，主电源与消防电源供电线路直接连接是确保供电可靠性的基本要求。

问题 25：设置在室外的火灾自动报警系统的供电线路和传输线路沿电缆桥架敷设，未考虑保障系统运行的稳定性，应埋地敷设。

参考规范：《火灾自动报警系统设计规范》（GB 50116—2013）第 11.1.3 条

解析：火灾自动报警系统的供电线路和传输线路设置在室外时，应埋地敷设，可保护线路免受机械损伤、天气因素或者电磁干扰等外部环境的影响，埋地敷设可避免火灾时线路被破坏，影响报警系统的运行。埋地敷设相比其他敷设方式，架空敷设容易受到雷击或者人为破坏，而埋地可以避免这些问题。

问题 26：部分项目消火栓箱内未按照规范要求设置消火栓按钮。

参考规范：《民用建筑电气设计标准》（GB 51348—2019）第 13.4.7 条

解析：设置消防控制室的公共建筑，消火栓旁应设置消火栓按钮；设置消防控制室的 54m 及以上住宅建筑，消火栓旁应设置消火栓按钮；当住宅建筑群有 54m 及以上住宅建筑，亦有 27m 以下住宅建筑时，27m 以下住宅建筑可不设消火栓按钮。

当建筑物内无火灾自动报警系统时，消火栓按钮用导线直接引至消防泵控制箱（柜），手动启动消防泵，确保在火灾时能够及时供水。当建筑物内设有火灾自动报警系统时，消火栓按钮的动作信号作为火灾报警系统和消火栓系统的联动触发信号，由消防联动控制器联动控制消防泵启动。消火栓按钮可作为启动干式消火栓系统的快速启闭装置。

问题 27：防火分区之间用于防火分隔的防火卷帘两侧习惯性设置感温探测器，联动逻辑设置为两步降。非疏散通道上的防火卷帘的联动控制，应由防火分区内任意两只感烟探测器的报警信号联动防火卷帘一次下落到底。

参考规范：《民用建筑电气设计标准》（GB 51348—2019）第 13.4.2 条

解析：疏散通道上的防火卷帘的联动控制，应由防火分区内任意两只感烟探测器或一只感烟探测器和一只防火卷帘专用感烟探测器的报警信号，联动控制防火卷帘下落至 1.8m；任意一只防火卷帘专用感温探测器的报警信号联动防火卷帘下落到底。非疏散通道上的防火卷帘的联动控制，应由防火分区内任意两只感烟探测器的报警信号联动防火卷帘一次下落到底。

问题 28：汽车库内配建的分散充电设施采用防火卷帘划分防火单元，火灾时联动逻辑错误，仅联动降落本防火单元内的防火卷帘，未按照防火分区考虑，应联动控制本防火分区内全部防火卷帘降落。

参考规范：《火灾自动报警系统设计规范》（GB 50116—2013）第 4.6.3 条、第 4.6.4 条

解析：疏散通道上设置的防火卷帘，采用联动控制方式，防火分区内任意两只独立的感烟火灾探测器或任意一只专门用于联动防火卷帘的感烟火灾探测器的报警信号应联动控制防火卷帘下降至距楼板面 1.8m 处；任意一只专门用于联动防火卷帘的感温火灾探测器的报警信号应联动控制防火卷帘下降到楼板面；在卷帘的任一侧距卷帘纵深 0.5~5.0m 应设置不少于意 2 只专门用于联动防火卷帘的感温火灾探测器。非疏散通道上设置的防火

卷帘的联动控制方式，应由防火卷帘所在防火分区内任意 2 只独立的火灾探测器的报警信号，作为防火卷帘下降的联动触发信号，并应联动控制防火卷帘直接下降到楼板面。

问题 29：湿式自动喷水灭火系统喷淋消防泵未设置联动控制启动喷淋消防泵。

参考规范：《民用建筑电气设计标准》（GB 51348—2019）第 13.4.1 条

解析：喷淋消防泵的联动控制，应由湿式报警阀压力开关信号与一个火灾探测器或一个手动报警按钮的报警信号的"与"逻辑信号启动喷淋消防泵。

问题 30：消火栓系统未设置联动控制消防泵启动的联动逻辑，或联动逻辑错误；现场常见一只火灾探测器与消火栓按钮的信号作为联动触发信号，消防联动控制器应发出控制消防泵启动的启动信号，不符合规范逻辑要求。

参考规范：《火灾自动报警系统施工及验收标准》（GB 50166—2019）第 4.17.6 条

解析：任一报警区域的 2 只火灾探测器，或一只火灾探测器和一只手动火灾报警按钮的报警信号，加消火栓按钮动作，消防联动控制器应发出控制消防泵启动的启动信号，消防泵控制箱、柜应控制消防泵启动。

问题 31：防烟楼梯间前室、消防电梯前室或合用前室机械加压送风系统常闭加压送风口联动开启的范围不正确，部分项目所有楼层前室的加压送风口全部打开，导致着火层送风量不满足，无法保证余压值；部分项目联动逻辑设置为仅打开着火层的常闭加压送风口，相邻层不能及时建立安全屏障避免烟气的侵入。

参考规范：《消防设施通用规范》（GB 55036—2022）第 11.2.6 条

解析：机械加压送风系统应与火灾自动报警系统联动，并应能在防火分区内的火灾信号确认后 15s 内联动同时开启该防火分区的全部疏散楼梯间、该防火分区所在着火层及其相邻上下各一层疏散楼梯间及其前室或合用前室的常闭加压送风口和加压送风机。

问题 32：当火灾确认后，担负 2 个及以上防烟分区的排烟系统的排烟阀或排烟口全部打开，排烟量不能满足要求，排烟口打开的范围不符合规范要求。

参考规范：《建筑防烟排烟系统技术标准》（GB 51251—2017）第 5.2.3 条、第 5.2.4 条

解析：机械排烟系统中的常闭排烟阀或排烟口应具有火灾自动报警系统自动开启、消防控制室手动开启和现场手动开启功能，其开启信号应与排烟风机联动。当火灾确认后，火灾自动报警系统应在 15s 内联动开启相应防烟分区的全部排烟阀、排烟口、排烟风机和补风设施，并应在 30s 内自动关闭与排烟无关的通风、空调系统。

当火灾确认后，担负 2 个及以上防烟分区的排烟系统，应仅打开着火防烟分区的排烟阀或排烟口，其他防烟分区的排烟阀或排烟口应呈关闭状态。

问题 33：任一常闭加压送风口开启不能联动启动相应的加压风机；当任一排烟阀或排烟口开启不能联动启动相应的排烟风机、补风机。

参考规范：《消防设施通用规范》（GB 55036—2022）第 11.1.5 条

解析：加压送风机、排烟风机、补风机应具有现场手动启动、与火灾自动报警系统联动启动和在消防控制室手动启动的功能。当系统中任一常闭加压送风口开启时，相应的加

压风机均应能联动启动；当任一排烟阀或排烟口开启时，相应的排烟风机、补风机均应能联动启动。

问题 34：通风空调管道出口的 70℃ 防火阀，未接线，未设置信号反馈模块，阀门关闭信号不能反馈至消防控制室。停止相关部位空调机组通过停电方式进行，未通过联动控制。

参考规范：《民用建筑电气设计标准》（GB 51348—2019）第 13.4.4 条

解析：设于空调通风管道出口的防火阀，应采用定温保护装置，并应在风温达到 70℃ 时直接动作，阀门关闭；关闭信号应反馈至消防控制室，并应停止相关部位空调机组。

问题 35：探测器选型错误，常见平面布置与设计不符的项目中，房间功能改变后消防设施配置未及时改变；如普通房间改为厨房、锅炉房、发电机房等，未及时设置感温探测器。

参考规范：《火灾自动报警系统设计规范》（GB 50116—2013）第 5.2.5 条

解析：厨房、锅炉房、发电机房、烘干车间等不宜安装感烟火灾探测器的场所，宜选择点型感温火灾探测器；且应根据使用场所的典型应用温度和最高应用温度选择适当类别的感温火灾探测器。

问题 36：建筑物闷顶、夹层、电气管道井、楼梯间、消防电梯前室未安装火灾探测器。

参考规范：《火灾自动报警系统设计规范》（GB 50116—2013）第 3.3.3 条

解析：下列场所应单独划分探测区域：①敞开或封闭楼梯间、防烟楼梯间。②防烟楼梯间前室、消防电梯前室、消防电梯与防烟楼梯间合用的前室、走道、坡道。③电气管道井、通信管道井、电缆隧道。④建筑物闷顶、夹层。

问题 37：净高超过 2.6m 且可燃物较多的技术夹层未安装火灾探测器。

参考规范：《火灾自动报警系统设计规范》（GB 50116—2013）附录 D

解析：技术夹层内通常布置管线、设备，堆积了较多可燃物，火灾风险较高。根据规范要求，净高超过 2.6m 且可燃物较多的技术夹层应设置火灾探测器。

问题 38：常见汽车库、装配式建筑、工业厂房，梁突出顶棚的高度超过 600mm 时，未能在被梁隔断的每个梁间区域至少设置一只探测器。

参考规范：《火灾自动报警系统设计规范》（GB 50116—2013）第 6.2.3 条

解析：当梁突出顶棚的高度超过 600mm 时，被梁隔断的每个梁间区域应至少设置一只探测器；当梁突出顶棚的高度小于 200mm 时，可不计梁对探测器保护面积的影响；当梁突出顶棚的高度为 200~600mm 时，应按规范确定梁对探测器保护面积的影响和一只探测器能够保护的梁间区域的数量。当梁间净距小于 1m 时，可不计梁对探测器保护面积的影响。

问题 39：火灾探测器安装不规范，如探测器距空调送风口的水平距离小于 1.5m；探测器距墙壁、梁边、障碍物的水平距离小于 0.5m。

参考规范：《火灾自动报警系统设计规范》（GB 50116—2013）第 6.2.5 条、第 6.2.6 条、第 6.2.8 条

解析：墙壁、梁等障碍物阻碍热烟气流上升路径，形成探测盲区，改变烟雾自然流动方向，导致探测延迟，规范要求点型探测器至墙壁、梁边的水平距离，不应小于 0.5m，点型探测器周围 0.5m 内，不应有遮挡物。空调送风口会影响烟雾或热气的流动，送风气流会把烟雾吹散，导致探测器响应延迟，因此点型探测器至空调送风口边的水平距离不应小于 1.5m，并宜接近回风口安装。探测器至多孔送风顶棚孔口的水平距离不应小于 0.5m。

问题 40：火灾探测器距自动喷水灭火系统洒水喷头小于 0.3m；探测器距照明灯具的水平距离小于 0.2m。

参考规范：《建筑电气常用数据》（19DX101-1）火灾探测器、手动火灾报警按钮安装要求

解析：为防止喷头启动时水流冲击可能导致探测器误动作或物理损坏，防止喷头周围热气流被冷却水雾改变，考虑喷头检修时工具操作需预留安全空间，要求火灾探测器距自动喷水灭火系统洒水喷头应不小于 0.3m。灯具发热可能触发感温探测器误报，高频镇流器或 LED 驱动电路产生电磁噪声，影响探测器信号稳定性，强光直射光电式探测器可能导致光敏元件误判，要求探测器距照明灯具的水平距离应不小于 0.2m。

问题 41：宽度小于 3m 的内走道上，火灾探测器的安装间距、与端墙的距离超过允许值，火灾探测器平面布置图中，未考虑结构梁、挡烟垂壁等影响探测器布置的障碍物，施工人员完全按图施工，验收现场 2 个火灾探测器之间存在固定式挡烟垂壁、结构梁，应根据现场情况增加火灾探测器。

参考规范：《火灾自动报警系统设计规范》（GB 50116—2013）第 6.2.4 条

解析：在宽度小于 3m 的内走道顶棚上设置点型探测器时，宜居中布置。感温火灾探测器的安装间距不应超过 10m；感烟火灾探测器的安装间距不应超过 15m；探测器至端墙的距离，不应大于探测器安装间距的 1/2。设计图纸可能没有完全考虑到建筑结构的所有细节，当梁的高度超过一定范围时，探测器的布置需要调整。通常，当梁深超过 600mm 时，需要在梁间区域增加探测器，或者调整探测器的位置以确保每个区域都被覆盖。此外，挡烟垂壁也会影响烟雾的流动，探测器需要布置在合适的位置以避免盲区。针对此类问题，可采取现场调整探测器位置、增加探测器数量的措施；也可根据现场具体情况，选用不同类型的探测器（如红外光束或吸气式探测器）来适应结构障碍。另外，还需要与设计单位沟通，进行设计变更。

问题 42：设置点型火灾探测器的场所，个别区域超出火灾探测器的保护面积和保护半径，存在保护盲区。

参考规范：《火灾自动报警系统设计规范》（GB 50116—2013）第 6.2.2 条

解析：每个探测器都有其最大有效覆盖范围，超出这个范围就会存在盲区，导致无法及时探测火灾。根据烟雾或热量的扩散速度和路径，如果探测器间距过大，火灾可能发生

在未被覆盖的区域，无法及时报警。在开放空间中，烟雾上升并扩散，如果探测器间距超过其半径，烟雾可能无法在关键时刻触发最近的探测器，导致延误。同时，不同探测器的类型（感烟、感温等）可能有不同的覆盖范围。

问题 43：设置格栅吊顶的场所，镂空面积与总面积的比例大于 30%，探测器未按照规范要求设置在吊顶上方。

参考规范：《火灾自动报警系统设计规范》（GB 50116—2013）第 6.2.18 条

解析：镂空面积与总面积的比例大于 30% 时，感烟探测器应设置在吊顶上方；镂空面积与总面积的比例不大于 15% 时，感烟探测器应设置在吊顶下方；镂空面积与总面积的比例为 15%~30% 时，感烟探测器的设置部位应根据实际试验结果确定。探测器设置在吊顶上方且火警确认灯无法观察时，应在吊顶下方设置火警确认灯。

问题 44：坡度大于 15°的"人"字形屋顶及锯齿形屋顶未在屋脊处设置一排点型探测器。

参考规范：《火灾自动报警系统设计规范》（GB 50116—2013）第 6.2.10 条

解析：房屋各处的烟易于集中在屋脊处，在坡度大于 15°的锯齿形屋顶情况下，屋顶有几米高，烟不容易从一个屋顶扩散到另一个屋顶。根据规范要求，锯齿形屋顶和坡度大于 15°的"人"字形屋顶，应在每个屋脊处设置一排点型探测器。

问题 45：倾斜安装的点型探测器倾斜角大于 45°，个别项目点型火灾探测器垂直安装在侧墙上。

参考规范：《火灾自动报警系统设计规范》（GB 50116—2013）第 6.2.11 条

解析：如果探测器倾斜过大，烟雾进入探测室的路径受阻，导致响应延迟或无法检测，特别是对于电离式或光电式探测器来说，内部结构设计为在水平位置最优工作。规范要求点型探测器宜水平安装，当倾斜安装时倾斜角不应大于 45°。

问题 46：相邻两组探测器的水平距离大于 14m，探测器至侧墙水平距离大于 7m。高度大于 12m 的空间场所线型光束感烟火灾探测器未采用分层组网的探测方式，或上层与下层探测器未交错布置。

参考规范：《火灾自动报警系统设计规范》（GB 50116—2013）第 6.2.15 条、第 12.4.3 条

解析：相邻两组线型光束感烟火灾探测器的水平距离不应大于 14m，探测器至侧墙水平距离不应大于 7m，且不应小于 0.5m，探测器的发射器和接收器之间的距离不宜超过 100m。

烟雾在上升过程中会因空气流动、温度分层等而扩散，单一层的探测器可能无法及时捕捉烟雾。此时分层布置可以覆盖不同高度的烟雾层，提高探测效率。此外，高层空间的火灾在初期阶段可能在不同高度形成烟雾层，分层组网有助于早期预警。为了避免探测器之间的盲区，确保整个空间无死角覆盖。交错排列可以优化探测范围，减少垂直方向的探测间隙，特别是在烟雾可能因气流而横向扩散的情况下，交错的布局能更有效地捕捉烟雾信号。

净空高度超过12m高大净空空间，线型光束感烟火灾探测器宜采用分层组网的探测方式：建筑高度不超过16m时，宜在6～7m增设一层探测器；建筑高度超过16m但不超过26m时，宜在6～7m和11～12m处各增设一层探测器；由开窗或通风空调形成的对流层为7～13m时，可将增设的一层探测器设置在对流层下面1m处。分层设置的探测器保护面积可按常规计算，并宜与下层探测器交错布置。

问题47：建筑内可能散发可燃气体、可燃蒸气的公共厨房、锅炉房等场所未设置可燃气体探测报警装置。

参考规范：《建筑防火通用规范》（GB 55037—2022）第8.3.3条

解析：可燃气体泄漏可能导致爆炸或火灾，可燃气体探测器在达到气体爆炸下限前发出警报。同时，联动必要的设施如自动切断气源、启动排风系统，避免气体积累到危险浓度。因此规范规定，除住宅建筑的燃气用气部位外，建筑内可能散发可燃气体、可燃蒸气的场所应设置可燃气体探测报警装置。

问题48：设有可燃气体探测器场所，现场测试探测器报警后不能自动关闭可燃气体阀门。

参考规范：《民用建筑电气设计标准》（GB 51348—2019）第13.3.5条

解析：可燃气体探测器在检测到气体泄漏时需要联动关闭阀门以防止事故扩大。

问题49：宾馆、饭店等场所未在每个报警区域设置一台区域显示器（火灾显示盘），或设置的区域显示器被锁在房间内。

参考规范：《火灾自动报警系统设计规范》（GB 50116—2013）第6.4.1条、第6.4.2条

解析：区域显示器的作用是实时显示本区域的火灾报警信息，帮助现场人员快速定位火源，及时获知具体火情位置，启动应急程序，特别是在宾馆、饭店这种人员密集场所更为重要。根据规范要求，每个报警区域宜设置一台区域显示器（火灾显示盘）；宾馆、饭店等场所应在每个报警区域设置一台区域显示器。当一个报警区域包括多个楼层时，宜在每个楼层设置一台仅显示本楼层的区域显示器。区域显示器应设置在出入口等明显和便于操作的部位。

问题50：消防应急广播未能与火灾声警报器交替工作方式循环播放。

参考规范：《火灾自动报警系统设计规范》（GB 50116—2013）第4.8.9条

解析：消防应急广播的单次语音播放时间宜为10～30s，应与火灾声警报器分时交替工作，可采取1次火灾声警报器播放、1次或2次消防应急广播播放的交替工作方式循环播放。

问题51：在确认火灾后，未能启动全楼的消防应急广播、火灾声警报器，在确认火灾后，未能启动全楼的消防应急广播、火灾声警报器，常见住宅仅联动本单元的消防应急广播、火灾声警报器、应急照明和疏散指示；通过裙房连接的建筑物，不少项目火灾时仅能联动本单体（或单元）的消防应急广播、火灾声警报器，联动范围不正确，不利于火灾时人员疏散。

参考规范：《消防设施通用规范》（GB 55036—2022）第12.0.5条，《火灾自动报警系统设计规范》（GB 50116—2013）第4.8.8条

解析：为及时通知所有人员，避免延误疏散，声光警报和应急广播互补，确保不同环境下的人员都能接收警报信息，要求在确认火灾后，火灾自动报警系统应能启动所有火灾声、光警报器、应急广播，向全楼进行播报。

问题52：火灾自动报警系统内不同电压等级、不同电流类别的线路共同敷设在同一线槽内，未进行分隔。

参考规范：《消防设施通用规范》（GB 55036—2022）第12.0.15条

解析：火灾自动报警系统应单独布线，相同用途的导线颜色应一致，且系统内不同电压等级、不同电流类别的线路应敷设在不同线管内或同一线槽的不同槽孔内。不同电压和电流类型的线路如果混在一起，会相互干扰导致信号传输不稳定，影响火灾报警系统的可靠性。高压线路和低电压线路如果混在一起，一旦发生绝缘破损，可能会引发短路或火灾风险。

问题53：火灾确认后，火灾自动报警系统未能联动打开门禁系统控制的门，未能自动开启门厅的电动旋转门。

参考规范：《民用建筑电气设计标准》（GB 51348—2019）第13.4.5条

解析：火灾确认后，应自动打开疏散通道上由门禁系统控制的门，并应自动开启门厅的电动旋转门和打开庭院的电动大门。火灾时如果不能及时开启门禁系统、电动旋转门，将出现以下连锁反应：门禁未开→疏散流量下降→有毒烟气积聚→能见度下降→心理恐慌→决策错误率上升→二次伤害加剧。

问题54：火灾发生后立即切断客梯电源，不利于人员疏散。

参考规范：《火灾自动报警系统设计规范》（GB 50116—2013）第4.7.1条、第4.7.2条，《民用建筑电气设计标准》（GB 51348—2019）第13.4.8条

解析：火灾发生后，除超高层建筑中参与疏散人员的电梯外，其他客梯应依次停于首层或电梯转换层，并切断电源。对于非消防电梯不能一发生火灾就立即切断电源，会将电梯里的人关在电梯轿厢内，这是相当危险的，因此规范要求电梯应具备降至首层或电梯转换层的功能，以便有关人员全部撤出电梯再切断电源。

问题55：验收时联动测试，常见火灾发生后立即切断了全楼的正常照明等非消防电源，不利于人员疏散。

参考规范：《火灾自动报警系统设计规范》（GB 50116—2013）第4.10.1条

解析：消防联动控制器应具有切断火灾区域及相关区域的非消防电源的功能，当需要切断正常照明时，宜在自动喷淋系统、消火栓系统动作前切断。

条文说明中表示，只要能确认不是供电线路发生的火灾，都可以先不切断电源，尤其是正常照明电源，如果发生火灾时正常照明正处于点亮状态，则应予以保持，因为正常照明的照度较高，有利于人员的疏散。正常照明、生活水泵供电等非消防电源只要在水系统动作前切断，就不会引起触电事故及二次灾害；其他在发生火灾时没必要继续工作的电

源，或切断后也不会带来损失的非消防电源，可以在确认火灾后立即切断。火灾时可立即切断的非消防电源：普通动力负荷、自动扶梯、排污泵、空调用电、康乐设施、厨房设施等。火灾时不应立即切掉的非消防电源：正常照明、生活给水泵、安全防范系统设施、地下室排水泵、客梯和Ⅰ～Ⅲ类汽车库作为车辆疏散口的提升机。

问题 56：气体灭火系统储瓶间、预作用报警阀室、雨淋报警阀室等灭火控制系统操作装置处未按照规范要求设置消防专用电话分机。

参考规范：《火灾自动报警系统设计规范》（GB 50116—2013）第 6.7.4 条

解析：消防水泵房、发电机房、配变电室、计算机网络机房、主要通风和空调机房、防排烟机房、灭火控制系统操作装置处或控制室、企业消防站、消防值班室、总调度室、消防电梯机房及其他与消防联动控制有关的且经常有人值班的机房应设置消防专用电话分机。消防专用电话分机，应固定安装在明显且便于使用的部位，并应有区别于普通电话的标识。

问题 57：火灾自动报警系统总线上每只短路隔离器所带消防设备点位数超 32 个点或在总线穿越防火分区处未设置总线短路隔离器。

参考规范：《消防设施通用规范》（GB 55036—2022）第 12.0.4 条

解析：火灾自动报警系统总线上应设置总线短路隔离器，每只总线短路隔离器保护的火灾探测器、手动火灾报警按钮和模块等设备的总数不应大于 32 点。总线在穿越防火分区处应设置总线短路隔离器。

问题 58：验收现场常见消防水泵房、消防控制室、防排烟机房的配电箱、控制柜内放置模块。

参考规范：《消防设施通用规范》（GB 55036—2022）第 12.0.12 条

解析：联动控制模块严禁设置在配电柜（箱）内，一个报警区域内的模块不应控制其他报警区域的设备。同一报警区域内的模块宜集中安装在金属箱内。联动控制模块是消防联动控制系统实现消防联动控制功能的基本现场部件，具体设置需要注意：一是设置位置要保证自身工作的稳定性，确保其工作不受电磁等因素干扰；二是不能采用跨报警区域的方式控制，要确保其仅控制本报警区域的设备。

问题 59：点型火焰探测器和图像型火灾探测器的探测视角内存在遮挡物，平面布置图中未考虑使用单位的需求，安装设备、货架后对探测器的影响考虑不周。

参考规范：《火灾自动报警系统施工及验收标准》（GB 50166—2019）第 3.3.10 条

解析：点型火焰探测器和图像型火灾探测器的安装位置应保证其视场角覆盖探测区域，并应避免光源直接照射在探测器的探测窗口，探测器的探测视角内不应存在遮挡物；在室外或交通隧道场所安装时，应采取防尘、防水措施。

问题 60：天棚高度大于 16m 的场所未采用高灵敏度吸气式感烟火灾探测器。

参考规范：《火灾自动报警系统施工及验收标准》（GB 50166—2019）第 3.3.9 条

解析：高灵敏度吸气式感烟火灾探测器当设置为高灵敏度时，可安装在天棚高度大于 16m 的场所，并应保证至少有 2 个采样孔低于 16m；非高灵敏型吸气式感烟火灾探测器灵敏度较低，其采样管网安装高度不应超过16m。

问题61：吸气式感烟火灾探测器安装时未考虑气流方向，验收时部分采样孔背对气流方向。

参考规范：《火灾自动报警系统施工及验收标准》（GB 50166—2019）第3.3.9条

解析：吸气式感烟火灾探测器通过主动抽取空气样本，检测其中的烟雾颗粒。采样孔的位置和方向直接影响空气样本的采集效率。如果采样孔背对气流方向，会影响空气进入采样管的效率，导致检测延迟或漏报。

问题62：气体灭火系统的防护区火灾探测器未选用灵敏度级别高的火灾探测器。

参考规范：《气体灭火系统设计规范》（GB 50370—2005）等5.0.1条

解析：采用气体灭火系统的防护区，应设置火灾自动报警系统，应选用灵敏度级别高的火灾探测器。气体灭火通常用于保护重要的设备或场所，如数据中心、档案室等，一旦发生火灾损失会非常大。所以探测器需要尽快发现火情以便及时启动灭火系统，防止火势蔓延。高灵敏度意味着探测器能在火灾初期就发出警报。因为越早启动灭火，就能减少损失。如果探测器不够灵敏，可能会延误灭火时机，导致火势扩大。

问题63：消防应急广播扬声器、火灾警报器壁挂方式安装时，底边距地面高度小于2.2m；走道末端距最近的消防应急广播扬声器距离大于12.5m。

参考规范：《火灾自动报警系统设计规范》（GB 50116—2013）第6.6.1条、第6.6.2条

解析：民用建筑内消防应急广播扬声器应设置在走道和大厅等公共场所。每个扬声器的额定功率不应小于3W，其数量应能保证从一个防火分区内的任何部位到最近一个扬声器的直线距离不大于25m，走道末端距最近的扬声器距离不应大于12.5m。在环境噪声大于60dB的场所设置的扬声器，在其播放范围内最远点的播放声压级应高于背景噪声15dB。壁挂扬声器的底边距地面高度应大于2.2m。

问题64：吊顶内火灾自动报警系统线路裸露设置在吊顶内，未采用金属管、可挠（金属）电气导管或金属封闭线槽保护。

参考规范：《火灾自动报警系统设计规范》（GB 50116—2013）第11.2.3条

解析：线路暗敷设时，应采用金属管、可挠（金属）电气导管或B_1级以上的刚性塑料管保护，并应敷设在不燃烧体的结构层内，且保护层厚度不宜小于30mm；线路明敷设时，应采用金属管、可挠（金属）电气导管或金属封闭线槽保护。矿物绝缘类不燃性电缆可直接明敷。

问题65：部分项目消火栓按钮定义类型、地址注释错误，未区分手动报警按钮与消火栓按钮，消防验收现场测试消火栓按钮，火灾报警控制器（联动型）显示"火警"，并参与火灾自动报警系统的联动逻辑，不符合规范要求。

参考规范：《火灾自动报警系统施工及验收标准》（GB 50166—2019）第4.17.4条

解析：手动报警按钮主要用于触发火灾报警信号并定位火源位置，进一步参与火灾自动报警系统的联动，如防排烟、广播、电梯等系统。消火栓按钮专用于消火栓系统，精准

定位人员按下消火栓按钮的位置。当建筑物内无火灾自动报警系统时，消火栓按钮用导线直接引至消防泵控制箱（柜），手动启动消防泵，确保在火灾时能够及时供水。当建筑物内设有火灾自动报警系统时，消火栓按钮的动作信号作为火灾报警系统和消火栓系统的联动触发信号，由消防联动控制器联动控制消防泵启动。消火栓按钮可作为启动干式消火栓系统的快速启闭装置。

问题 66：消防联动控制器的手动控制盘上未设置雨淋阀组电磁阀、预作用阀组和快速排气阀入口前的电动阀的直接手动控制（多线盘控制）；如果发生火灾，无法通过操作设置在消防控制室内的消防联动控制器的手动控制盘直接启动向配水管道供水的阀门和供水泵。

参考规范：《火灾自动报警系统设计规范》（GB 50116—2013）第 4.2.2 条、第 4.2.3 条

解析：预作用系统的手动控制方式，应将喷淋消防泵控制箱（柜）的启动和停止按钮、预作用阀组和快速排气阀入口前的电动阀的启动和停止按钮，用专用线路直接连接至设置在消防控制室内的消防联动控制器的手动控制盘，直接手动控制喷淋消防泵的启动、停止及预作用阀组和电动阀的开启。

雨淋系统的手动控制方式，应将雨淋消防泵控制箱（柜）的启动和停止按钮、雨淋阀组的启动和停止按钮，用专用线路直接连接至设置在消防控制室内的消防联动控制器的手动控制盘，直接手动控制雨淋消防泵的启动、停止及雨淋阀组的开启。

6.3　应急照明和疏散指示标志

问题 1：消防应急照明和灯光疏散指示标志的备用电源连续供电时间不满足规范要求和设计要求，尤其是集中控制系统未考虑增加非火灾状态下系统主电源断电后灯具持续应急点亮时间。

参考规范：《建筑防火通用规范》（GB 55037—2022）第 10.1.4 条，《消防应急照明和疏散指示系统技术标准》（GB 51309—2018）第 3.2.4 条、第 3.6.6 条

解析：建筑内消防应急照明和灯光疏散指示标志的备用电源的连续供电时间应满足人员安全疏散的要求，且不应小于规定值。如果集中控制系统非火灾状态下系统主电源断电后，需要消防应急照明和疏散指示标志系统点亮，持续工作时间应分别增加设计文件规定的灯具持续应急点亮时间。灯具持续应急点亮时间应符合设计文件的规定，且不应超过 0.5h。

问题 2：疏散照明灯具选型不合理或安装高度、安装间距、数量不满足设计要求，导致设置消防应急照明的场所实测疏散照明的地面最低水平照度不满足要求。

参考规范：《建筑防火通用规范》（GB 55037—2022）第 10.1.10 条

解析：疏散楼梯间、疏散楼梯间的前室或合用前室、避难走道及其前室、避难层、避难间、消防专用通道，疏散照明的地面最低水平照度不应低于 10.0lx；疏散走道、人员密集的场所，不应低于 3.0lx；其他场所，不应低于 1.0lx。照度不足可能导致人员疏散

时跌倒、碰撞，延长疏散时间，增加伤亡风险。

问题3：疏散指示标志灯规格问题，在部分高大空间的项目中，疏散指示标志灯的规格全部采用小型标志灯，不符合《消防应急照明和疏散指示系统技术标准》（GB 51309—2018）的规定。

参考规范：《消防应急照明和疏散指示系统技术标准》（GB 51309—2018）第3.2.1条

解析：室内高度大于4.5m的场所，标志灯应选择特大型或大型标志灯；室内高度为3.5～4.5m的场所，应选择大型或中型标志灯；室内高度小于3.5m的场所，应选择中型或小型标志灯。

在烟雾中，较大的标志可能更容易被看到，特大型/大型标志，高亮度及大尺寸支持远距离识别，适用于开阔空间，降低标志密度。小型标志，近距离精准指示，但需密集安装，否则易导致路径中断。

问题4：应急照明和疏散指示标志防护等级不满足规范要求，尤其是地面上的疏散指示标志灯具及室外的应急照明和疏散指示标志灯具。

参考规范：《消防应急照明和疏散指示系统技术标准》（GB 51309—2018）等3.2.1条

解析：消防应急照明和疏散指示标志及其连接附件在室外或地面上设置时，防护等级不应低于IP67；在隧道场所、潮湿场所内设置时，防护等级不应低于IP65；B型灯具的防护等级不应低于IP34。防护等级不足会导致设备在恶劣环境中失效，例如，在室外或地面上等潮湿或多尘的环境中，防护等级低的设备可能进水或积尘，严重时会短路，从而延误疏散。而防护等级IP67的设备则能在这些环境中保持正常运行，确保指示清晰可见。

问题5：需要借用相邻防火分区疏散的防火分区，建筑图纸与应急照明平面布置不协调，未考虑火灾时相邻防火分区可借用和不可借用的两种情况，仅设置"安全出口"标志灯具，未设置"禁止入内"标志灯具，火灾时无法给予正确的疏散引导。

参考规范：《消防应急照明和疏散指示系统技术标准》（GB 51309—2018）第3.1.4条

解析：具有一种疏散指示方案的区域，应按照最短路径疏散的原则确定该区域的疏散指示方案。具有两种及以上疏散指示方案的区域，需要借用相邻防火分区疏散的防火分区，应根据火灾时相邻防火分区可借用和不可借用的两种情况，分别按最短路径疏散原则和避险原则确定相应的疏散指示方案。根据被借用防火分区未发生火灾和发生火灾两种不同的工况条件，分别确定该防火分区内各区域疏散路径的流向。被借用防火分区未发生火灾时，通向相邻防火分区的甲级防火门可作为该防火分区相关区域的疏散出口，此时应按照最短路径疏散的原则确定该防火分区各区域疏散路径的流向；被借用防火分区发生火灾时，相关区域的人员不能借用相邻防火分区疏散，此时应按照避险原则重新为相关区域分配疏散出口，并根据疏散出口的调整情况，重新调整相关区域疏散路径的流向，该防火分区其他未重新分配安全出口或疏散出口的区域中疏散路径的流向应保持不变。

问题6：系统选择错误，未设置消防控制室的场所选择了集中控制型系统。

参考规范：《消防应急照明和疏散指示系统技术标准》（GB 51309—2018）第 3.1.2 条

解析：设置消防控制室的场所应选择集中控制型系统；设置火灾自动报警系统，但未设置消防控制室的场所宜选择集中控制型系统；其他场所可选择非集中控制型系统。

问题 7：灯具选择错误，设置在距地面 8m 及以下的灯具未选择 A 型灯具，常见于工业建筑及改造项目。

参考规范：《消防应急照明和疏散指示系统技术标准》（GB 51309—2018）第 3.2.1 条

解析：设置在距地面 8m 及以下的灯具应选择 A 型灯具；地面上设置的标志灯应选择集中电源 A 型灯具；未设置消防控制室的住宅建筑，疏散走道、楼梯间等场所可选择自带电源 B 型灯具。

火灾发生时，自动喷水灭火系统、消火栓系统等水灭火系统产生的水灭火介质很容易导致灯具的外壳发生导电现象，为了避免人员在疏散过程中触及灯具外壳而发生电击事故，要求设置在此高度范围内的灯具采用电压等级为安全电压的 A 型灯具。

问题 8：设置在距地面 1m 及以下的标志灯的面板或灯罩采用了易碎材料或玻璃材质。

参考规范：《消防应急照明和疏散指示系统技术标准》（GB 51309—2018）第 3.2.1 条

解析：除地面上设置的标志灯的面板可以采用厚度 4mm 及以上的钢化玻璃外，设置在距地面 1m 及以下的标志灯的面板或灯罩不应采用易碎材料或玻璃材质；在顶棚、疏散路径上方设置的灯具的面板或灯罩不应采用玻璃材质。考虑安全因素，1m 以下的位置容易被人踢倒或碰撞，产生的碎片可能伤人，影响人员疏散速度。玻璃或易碎材料在受到冲击时可能破裂，影响标志灯的可见性和功能，导致疏散指示失效。

问题 9：疏散指示标志未指向最近的安全出口。

参考规范：《消防应急照明和疏散指示系统技术标准》（GB 51309—2018）第 4.5.11 条

解析：方向标志灯的设置应保证标志灯的箭头指示方向与疏散指示方案一致。

问题 10：转角处的标志灯与边墙的距离超过 1m。

参考规范：《消防应急照明和疏散指示系统技术标准》（GB 51309—2018）第 4.5.11 条

解析：方向标志灯安装在疏散走道、通道上方时室内高度不大于 3.5m 的场所，标志灯底边距地面的高度宜为 2.2~2.5m；室内高度大于 3.5m 的场所，特大型、大型、中型标志灯底边距地面高度不宜小于 3m，且不宜大于 6m。当安装在疏散走道、通道转角处的上方或两侧时，标志灯与转角处边墙的距离不应大于 1m。

问题 11：安全出口或疏散门在疏散走道侧边，未在疏散走道增设标志面与疏散方向垂直的方向标志灯，将箭头指向安全出口或疏散门。

参考规范：《消防应急照明和疏散指示系统技术标准》（GB 51309—2018）第 4.5.11 条

解析：当安全出口或疏散门在疏散走道侧边时，在疏散走道增设的方向标志灯应安装在疏散走道的顶部，且标志灯的标志面应与疏散方向垂直、箭头应指向安全出口或疏散门。

当安全出口或疏散门位于疏散走道的侧边时，疏散路径的可见性和方向指示不够明确，在紧急情况下人员容易错过出口或门的位置，导致疏散效率降低。因此，疏散走道增设的方向标志灯是为了增强引导效果，确保人员能够快速、准确地识别出口方向。

问题 12：出口标志灯设置位置不当，常见首层的楼梯间、前室、合用前室，出口标志灯未设置在直通室外疏散门的上方。

参考规范：《消防应急照明和疏散指示系统技术标准》（GB 51309—2018）第 3.2.8 条

解析：首层楼梯间作为疏散的最终出口点，标志灯的位置直接影响人员能否快速识别出口方向。前室和合用前室作为过渡区域，标志灯的设置需要确保人员在进入这些区域后能够立即看到出口指引，避免迷失方向。

出口标志灯应设置在敞开楼梯间、封闭楼梯间、防烟楼梯间、防烟楼梯间前室入口的上方；地下或半地下建筑（室）与地上建筑共用楼梯间时，应设置在地下或半地下楼梯通向地面层疏散门的上方；应设置在室外疏散楼梯出口的上方；应设置在直通室外疏散门的上方；在首层采用扩大的封闭楼梯间或防烟楼梯间时，应设置在通向楼梯间疏散门的上方；应设置在直通上人屋面、平台、天桥、连廊出口的上方；地下或半地下建筑（室）采用直通室外的竖向梯疏散时，应设置在竖向梯开口的上方；需要借用相邻防火分区疏散的防火分区中，应设置在通向被借用防火分区甲级防火门的上方；应设置在步行街两侧商铺通向步行街疏散门的上方；应设置在避难层、避难间、避难走道防烟前室、避难走道入口的上方；应设置在观众厅、展览厅、多功能厅和建筑面积大于 $400m^3$ 的营业厅、餐厅、演播厅等人员密集场所疏散门的上方。

问题 13：出口标志灯设置位置不当，出口标志灯设置与疏散门开启方向不一致，常见首层的楼梯间、前室、合用前室，出口标志灯未设置在直通室外疏散门的上方。

参考规范：《消防应急照明和疏散指示系统技术标准》（GB 51309—2018）第 3.2.8 条

解析：方向标志灯箭头的指示方向应按照疏散指示方案指向疏散方向，并导向安全出口。出口标志灯应设置在敞开楼梯间、封闭楼梯间、防烟楼梯间、防烟楼梯间前室入口的上方，首层应设置在直通室外疏散门的上方。

问题 14：个别区域漏设出口标志灯，常见地下或半地下建筑（室）采用直通室外的竖向梯疏散时，在竖向梯开口的上方未设置安全出口。

参考规范：《消防应急照明和疏散指示系统技术标准》（GB 51309—2018）第 3.2.8 条

解析：地下或半地下建筑（室）采用直通室外的竖向梯疏散时，应设置在竖向梯开口的上方。

问题 15：住宅地下室连通地下汽车库、半地下汽车库通道，仅作为连通门不作为疏散门的上方，人防专用通道，不应设置安全出口标志，电施图纸未按照建施图纸中的疏散方案设置安全出口标志。

参考规范：《汽车库、修车库、停车场设计防火规范》（GB 50067—2014）第 6.0.7 条

解析：仅作为连通门不作为疏散门的上方，人防专用通道，不应设置安全出口标志。

问题 16：避难间入口处漏设"避难间"标志灯、安全出口标志灯；直通上人屋面、平台、天桥、连廊出口的上方漏设安全出口标志灯。

参考规范：《消防应急照明和疏散指示系统技术标准》（GB 51309—2018）第 3.2.8 条

解析：避难间入口处必须同时设置"避难间"指示标志灯和安全出口标志灯。直通上人屋面、平台、天桥、连廊的出口正上方应设置安全出口标志灯。如果漏设，疏散路径不明确、增加逃生时间、在烟雾中难以识别出口、导致人员聚集或误入危险区域等。

问题 17：进入屋顶停机坪的途径楼梯或通道上，以及安全出口外面及附近区域、连廊的两端，漏设疏散照明灯具。

参考规范：《消防应急照明和疏散指示系统技术标准》（GB 51309—2018）第 3.2.5 条

解析：进入屋顶停机坪的途径楼梯或通道上，以及安全出口外面及附近区域、连廊的两端，应设置疏散照明灯具。

屋顶停机坪的途径楼梯或通道通常是紧急疏散的关键路径，尤其是超高层建筑，这些区域的照明不足会导致人员疏散时跌倒或迷失方向，疏散照明确保人员能够快速识别路径。连廊两端设置照明灯具，因为连廊作为连接不同建筑或区域的通道，在紧急情况下可能成为疏散的重要路径。安全出口外部设置疏散照明的主要目的是确保人员在离开安全出口后，仍能清晰地识别疏散路径，提高疏散效率，防止踩踏等二次事故。

问题 18：火灾光警报装置与消防应急疏散指示标志灯具安装在同一面墙，距离小于 1m，火灾时火灾光警报装置闪烁，可能影响人员视觉，容易错过安全出口。

参考规范：《火灾自动报警系统施工及验收标准》（GB 50166—2019）第 3.3.19 条

解析：火灾光警报装置应安装在楼梯口、消防电梯前室、建筑内部拐角等处的明显部位，且不宜与消防应急疏散指示标志灯具安装在同一面墙，确需安装在同一面墙时，距离不应小于 1m。火灾时火灾光警报装置闪烁，可能影响人员视觉，容易错过安全出口。

问题 19：消防应急照明和疏散指示系统线路明敷设时，未采用金属管、可弯曲金属电气导管或槽盒保护，常见吊装的疏散指示标志灯具线路。

参考规范：《消防应急照明和疏散指示系统技术标准》（GB 51309—2018）第 4.3.1 条

解析：消防应急照明和疏散指示系统的线路暗敷时，应采用金属管、可挠（金属）电气导管或 B_1 级及以上的刚性塑料管保护；系统线路明敷设时，应采用金属管、可挠（金属）电气导管或槽盒保护；矿物绝缘类不燃性电缆可直接明敷。

消防应急照明和疏散指示系统线路明敷设要求使用金属保护的原因：耐火保护，保障关键功能；机械防护，避免意外损坏；电磁屏蔽，确保信号稳定；环境适应性，延长使用寿命。

问题 20：从接线盒、管路、槽盒等处引到灯具的线路，采用可弯曲金属电气导管保护长度大于 2m，无法保证防护管路整体的强度要求。

参考规范：《消防应急照明和疏散指示系统技术标准》（GB 51309—2018）第 4.3.15 条

解析：从接线盒、管路、槽盒等处引到系统部件的线路，当采用可弯曲金属电气导管保护时，为了保证防护管路整体的强度要求，其长度不应大于 2m，且金属导管应入盒并固定。

问题 21：部分灯具与电源采用插头连接。为了避免在日常使用过程中非维护人员随意拔出插头,影响灯具的正常运行,应直接连接。

参考规范:《消防应急照明和疏散指示系统技术标准》(GB 51309—2018)第 4.5.5 条

解析:非集中控制型系统中,自带电源型灯具采用插头连接时,应采用专用工具方可拆卸。

问题 22:应急照明配电箱或集中电源的输入及输出回路中装设了剩余电流动作保护器,输出回路接入系统以外的开关装置、插座及其他负载。

参考规范:《消防应急照明和疏散指示系统技术标准》(GB 51309—2018)第 3.3.2 条

解析:应急照明配电箱或集中电源的输入及输出回路中不应装设剩余电流动作保护器,输出回路严禁接入系统以外的开关装置、插座及其他负载。

剩余电流动作保护器(RCD)通常用于检测漏电并切断电路,防止触电和火灾。在应急照明系统输入或输出回路安装了 RCD,可能会因为误动作导致应急电源在火灾时被切断,从而影响应急照明和疏散指示系统的正常运行。火灾时电路可能出现绝缘损坏导致漏电,RCD 动作切断电源,造成应急照明失效,危及人员疏散。如果输出回路接入了普通插座或其他负载,可能出现过载,非系统设备可能在火灾时发生故障,影响应急电源的可靠性。

问题 23:地面上设置标志灯的配电线路和通信线路未采用耐腐蚀橡胶线缆。

参考规范:《消防应急照明和疏散指示系统技术标准》(GB 51309—2018)第 3.5.3 条

解析:灯具设置在地面上时,地面上的积水尤其是卫生清扫时产生的污水极易侵蚀连接灯具的通信及供电线路,因此地面上设置的标志灯的配电线路和通信线路应选择耐腐蚀橡胶线缆。

问题 24:避难走道、配电室、消防控制室、消防水泵房、自备发电机房等发生火灾时仍需工作、值守的区域和相关疏散通道,未单独设置配电回路。

参考规范:《消防应急照明和疏散指示系统技术标准》(GB 51309—2018)第 3.3.3 条

解析:水平疏散区域灯具配电回路,避难走道应单独设置配电回路;防烟楼梯间前室及合用前室内设置的灯具应由前室所在楼层的配电回路供电;配电室、消防控制室、消防水泵房、自备发电机房等发生火灾时仍需工作、值守的区域和相关疏散通道,应单独设置配电回路。

以上区域单独设置配电回路,避免其他回路故障影响关键区域供电,确保这些重要区域在火灾时持续运作;单独回路可能减少线路过载风险,提高系统稳定性。如果多个区域共用同一回路,一旦该回路受损,所有相关区域的应急照明都会失效,单独回路可以隔离故障避免干扰。

问题 25:封闭楼梯间、防烟楼梯间、室外疏散楼梯,未单独设置配电回路。

参考规范:《消防应急照明和疏散指示系统技术标准》(GB 51309—2018)第 3.3.4 条

解析:竖向疏散区域灯具配电回路,封闭楼梯间、防烟楼梯间、室外疏散楼梯应单独设置配电回路。如果和其他区域共用回路,一旦其他区域出现短路或过载,整个回路都会断电,导致楼梯间的应急照明失效,会严重影响人员疏散。

问题 26：应急照明配电箱未采用进、出线口分开设置在箱体下部的产品。

参考规范：《消防应急照明和疏散指示系统技术标准》(GB 51309—2018) 第 3.3.7 条

解析：灯具采用自带蓄电池供电时，应急照明配电箱应选择进、出线口分开设置在箱体下部的产品。

问题 27：防烟楼梯间、人员密集场所每个防火分区未设置独立的应急照明配电箱。

参考规范：《消防应急照明和疏散指示系统技术标准》(GB 51309—2018) 第 3.3.7 条

解析：防烟楼梯间在火灾中是关键的疏散通道，必须确保其应急照明和疏散指示的可靠性。如果和其他区域共用配电箱，一旦其他区域电路故障，可能会影响楼梯间的供电，导致疏散路径中断，所以需要独立设置。商场、剧院等人员密集场所，人流量大、疏散难度高。每个防火分区独立配电箱可以避免某一区域故障影响整体疏散系统，独立配电箱能防止故障扩散，保障其他区域的应急照明正常运作。

问题 28：避难间（层）未设置备用照明；设置备用照明的场所照度达不到正常照度。

参考规范：《建筑防火通用规范》(GB 55037—2022) 第 10.1.11 条，《消防应急照明和疏散指示系统技术标准》(GB 51309—2018) 第 3.8.1 条

解析：避难间（层）、消防控制室、消防水泵房、自备发电机房、配电室、防排烟机房以及发生火灾时仍需正常工作的消防设备房应设置备用照明、疏散照明和疏散指示标志。

问题 29：建筑高度超过 100m 的高层民用建筑的屋顶直升机停机坪漏设备用照明。

参考规范：《民用建筑电气设计标准》(GB 51348—2019) 第 13.2.3 条

解析：建筑高度超过 100m 的高层民用建筑的避难层及屋顶直升机停机坪，设置的消防备用照明照度不应低于正常工作的照度。

问题 30：雨淋阀室、预作用阀室、气体灭火气瓶间等发生火灾时仍需正常工作的消防设备房未设计备用照明。

参考规范：《建筑防火通用规范》(GB 55037—2022) 第 10.1.11 条

解析：消防控制室、消防水泵房、自备发电机房、配电室、防排烟机房以及发生火灾时仍需正常工作的消防设备房应设置备用照明，其作业面的最低照度不应低于正常照明的照度。

问题 31：系统功能调试不全，在验收测试中，当应急照明控制器与集中电源或应急照明配电箱之间，以及集中电源或应急照明配电箱与灯具之间出现通信中断时，系统无反应，非持续型灯具的光源未应急点亮、持续型灯具的光源未转入应急点亮模式。

参考规范：《消防应急照明和疏散指示系统技术标准》(GB 51309—2018) 第 3.6.3 条、第 3.6.4 条

解析：集中电源或应急照明配电箱与灯具的通信中断时，非持续型灯具的光源应应急点亮、持续型灯具的光源应由节电点亮模式转入应急点亮模式。应急照明控制器与集中电源或应急照明配电箱的通信中断时，集中电源或应急照明配电箱应连锁控制其配接的非持

续型照明灯的光源应急点亮、持续型灯具的光源由节电点亮模式转入应急点亮模式。

问题 32：验收时，部分产品的应急照明控制器不能接收、显示、保持其配接的灯具、集中电源或应急照明配电箱的工作状态信息。

参考规范：《消防应急照明和疏散指示系统技术标准》（GB 51309—2018）第 3.4.3 条、第 3.4.5 条

解析：应急照明控制器应能接收、显示、保持火灾报警控制器的火灾报警输出信号。具有两种及以上疏散指示方案场所中设置的应急照明控制器还应能接收、显示、保持消防联动控制器发出的火灾报警区域信号或联动控制信号；应能按预设逻辑自动、手动控制系统的应急启动；应能接收、显示、保持其配接的灯具、集中电源或应急照明配电箱的工作状态信息。

建（构）筑物中存在具有两种及以上疏散指示方案的场所时，所有区域的疏散指示方案、系统部件的工作状态应在应急照明控制器或专用消防控制室图形显示装置上以图形方式显示。

问题 33：验收时测试项目有遗漏，大多数未测试蓄电池电源供电状态下的应急工作时间，第三方检测服务机构也缺少此项目测试，厂家蒙混过关，导致火灾时应急照明和疏散指示系统应急工作时间不满足规范要求、设计要求。

参考规范：《消防应急照明和疏散指示系统技术标准》（GB 51309—2018）第 6.0.2 条

解析：在消防应急照明和疏散指示系统验收中，蓄电池电源供电状态下的应急工作时间测试是核心项目，直接影响火灾时人员疏散的安全性。实际验收中，部分第三方机构仅测试火灾情况下切换功能，忽略蓄电池带载放电测试；厂家虚标参数掩盖蓄电池容量不足问题，例如标称 100Ah，实际 60Ah。为解决此类问题建设单位在组织竣工验收查验环节，在切实落实主体责任。

问题 34：设计人员未考虑日后运营设备、物料摆放，设置的疏散指示标志灯图纸上合理，一旦投用就被遮挡。例如，车位中间的标志灯可能会被车辆遮挡；厂房、仓库设置在边墙上的疏散指示标志，应考虑适用性。

解析：此类问题属于设计阶段与运营场景脱节导致的典型消防隐患，设计缺陷，疏散标志灯仅按图纸静态布置，未考虑运营后动态遮挡（如车辆、货架、设备）；遮挡导致标志灯无法满足"任何位置可见"；火灾时人员因视线受阻无法识别逃生路径，增加伤亡风险。为解决此类问题，现场预演测试，施工完成后模拟运营场景（如停放车辆、堆放货物），测试标志灯可见性，调整至无盲区。运营管理阶段，设备布置、货物堆放、停放车辆时应充分考虑，尽可能避免遮挡安全出口、疏散指示标志，确实遮挡时，应在适当位置增加安全出口、疏散指示标志，保证火灾时有效引导人员疏散。

问题 35：应急照明和疏散指示产品属于强制性产品认证的消防产品，现场验收部分产品不能提供中国国家强制性产品认证证书，或者强制性产品认证证书超过有效期。

参考规范：《中华人民共和国消防法》第二十四条

解析：应急照明和疏散指示产品属于强制性产品认证的消防产品。依法实行强制性产

品认证的消防产品，由具有法定资质的认证机构按照国家标准、行业标准的强制性要求认证合格后，方可生产、销售、使用。实行强制性产品认证的消防产品目录，由国务院产品质量监督部门会同国务院应急管理部门制定并公布。依照本条规定经强制性产品认证合格或者技术鉴定合格的消防产品，国务院应急管理部门应当予以公布。